中国气象局科技成果评价优秀成果（2016—2023年）

中国气象局科技与气候变化司　编著

气象出版社
China Meteorological Press

内容简介

本书主要介绍了2016—2023年中国气象局科技成果评价优秀气象科技成果，包括基础研究领域、天气预报领域、气候与气候变化领域、气象信息领域、气象服务与应用气象领域、综合气象观测领域的最新科学研究技术方法与成果产出，具体包括项目的基本信息、成果综述、创新程度、成果绩效等内容。不断创新的气象科技成果助力经济社会高质量发展，气象部门将持续推动气象科技自主创新能力建设，加快实现关键核心技术自主可控和关键科技领域重大突破。本书有助于推进优秀成果的宣传推广和转化应用，促进气象科技与经济社会发展更加紧密结合，不断提升我国气象科技创新水平，引领行业高质量发展。

图书在版编目（CIP）数据

中国气象局科技成果评价优秀成果 ：2016—2023年 / 中国气象局科技与气候变化司编著. -- 北京 ：气象出版社，2023.3
ISBN 978-7-5029-7937-9

Ⅰ. ①中… Ⅱ. ①中… Ⅲ. ①气象学－科技成果－汇编－中国 Ⅳ. ①P4-12

中国国家版本馆CIP数据核字(2023)第044348号

中国气象局科技成果评价优秀成果（2016—2023年）
Zhongguo Qixiangju Keji Chengguo Pingjia Youxiu Chengguo（2016—2023 Nian）

出版发行：气象出版社
地　　址：北京市海淀区中关村南大街46号　　邮　　编：100081
电　　话：010-68407112（总编室）　010-68408042（发行部）
网　　址：http：//www.qxcbs.com　　E-mail：qxcbs@cma.gov.cn
责任编辑：邵　华　张玥滢　　终　　审：吴晓鹏
责任校对：张硕杰　　责任技编：赵相宁
封面设计：楠竹文化
印　　刷：北京建宏印刷有限公司
开　　本：889 mm×1194 mm 1/16　　印　　张：16.5
字　　数：395千字
版　　次：2023年3月第1版　　印　　次：2023年3月第1次印刷
定　　价：98.00元

前言

科技创新是一个国家走向繁荣富强的立身之本，是在国际竞争中纵横捭阖的制胜之道。党的十八大以来，以习近平同志为核心的党中央把科技创新摆在国家发展全局的核心位置，以改革驱动创新、以创新驱动发展，我国经济实力、科技实力、综合国力跃上新的台阶。当前，我国迈上全面建设社会主义现代化国家、向第二个百年奋斗目标进军新征程，比历史上任何时期都更接近、更有信心和能力实现中华民族伟大复兴的目标。实现这一目标，必须坚持科技是第一生产力、人才是第一资源、创新是第一动力，把科技自立自强作为我国现代化建设的基础性、战略性支撑，开辟发展新领域新赛道，不断塑造发展新动能新优势。

气象事业是科技型、基础性、先导性社会公益事业，气象工作关系生命安全、生产发展、生活富裕、生态良好，做好气象工作意义重大、责任重大。习近平总书记指出，要加快科技创新，做到监测精密、预报精准、服务精细，推动气象事业高质量发展，提高气象服务保障能力，发挥气象防灾减灾第一道防线作用，努力为实现“两个一百年”奋斗目标、实现中华民族伟大复兴的中国梦做出新的更大的贡献。气象现代化水平是反映国家现代化水平的重要因素，加快气象科技创新是实现气象现代化的关键。气象事业发展得益于气象科学技术的发展，得益于科学技术在气象领域的融合应用。

“十三五”以来，气象科学技术发展迅速，取得了一批优秀的基础研究与应用开发类科技成果。气象科技创新由跟跑为主向并跑并存迈进。为贯彻落实国务院办公厅《关于完善科技成果评价机制的指导意见》和中国气象局党组关于加强气象科技创新工作的有关要求，科学评价气象科技成果的质量、绩效和贡献，发挥科技成果评价在气象科技活动中的指挥棒作用，引导科技人员致力于核心技术突破，促进气象科技创新与气象业务服务紧密结合，提升气象科技成果转化为业务服务的能力，推动气象事业高质量发展，中国气象局组织开展了“十三五”以来气象科技成果评价工作，在择优推荐、专家评审和综合评价的基础上，94 项成果脱颖而出，涵盖基础研究天气预报、气候与气候变化、气象信息、气象服务与应用气象、综合气象观测等领域，为气象高质量发展注入了新动能。

中国气象局科技与气候变化司与气象干部培训学院联合对优秀成果按业务领域进行了分类整理，并汇编成册。本书有助于推进优秀成果的宣传推广和转化应用，促进气象科技与经济社会发展更加紧密结合，不断提升我国气象科技创新水平，引领行业高质量发展。面向新征程，我们要坚持以习近平新时代中国特色社会主义思想为指导，深入学习贯彻习近平总书记关于科技创新的重要论述，加快科技创新和体制机制创新步伐，为经济社会高质量发展提供源源不断的科技创新成果供给，以高水平的自立自强塑造发展新优势，加快探索实践一条从人才强、科技强到产业强、经济强、国家强的创新发展新路径，为实现第二个百年奋斗目标提供强有力的科技支撑。

编　者

2023 年 3 月

目 录

CONTENTS

第 2 章　天气预报

第 3 章　气候与气候变化

第 4 章　气象信息

第 5 章　气象服务与应用气象

第 6 章 综合气象观测

附 录

第 1 章

基础研究

1.1　北方重点城市空气污染的气象成因与健康影响研究

1.1.1　基本信息

完成单位：中国科学院大气物理研究所、成都信息工程大学、兰州大学公共卫生学院、中部战区空军参谋部气象处

完成人：辛金元、王式功、王敏珍、张莹、郑山、冯鑫媛、李沛、马永敬

1.1.2　成果简介

1. 成果综述

空气污染与污染物过量排放和不利气象条件息息相关。本项研究以探析我国第一个发现光化学烟雾的兰州市空气污染气象成因为开端，在国家重点研发计划、国家自然科学基金等资助下，相继开展了兰州及西部地区、华北城市群大气污染特征与气象成因的系统观测与研究。研究团队在气溶胶与边界层相互作用、环境气象与健康影响学科交叉领域进行了开创性研究，率先探究了北方城市（兰州、北京）大气污染气象成因及其对相关人群危害风险，定量揭示华北区域大气污染协同管控效果及环境健康影响，发现了不同属性气溶胶辐射强迫对大气边界层稳定性的影响机制与阈值效应。研究成果为我国城市大气污染防治、致病风险防范和重大活动的应急管控都提供了重要科学依据。

2. 创新程度、学术水平或技术进步

（1）率先在兰州地区发现日间稳定边界层现象并研究揭示其成因，探究了复杂地形上污染气象参数变化特征和锋面过境对城市空气污染的影响与机制，系统开展了沙尘天气对城市空气质量影响的研究，提出我国北方春季“沙尘型重污染”和冬季“静稳型重污染”的空气重污染分型，探明沙尘路径与源地分布；创建了以污染天气型和气象参数为基础的空气污染预报理论与方法。（2）在北京构建了超大城市大气边界层热力、动力与物质垂直结构高分辨率探测技术体系，探明高浓度气溶胶辐射强迫显著加热边界层上部大气、冷却地表，出现接地或脱地逆温，形成日间稳定边界层，抑制大气污染扩散的机制；实测发现了气溶胶直接辐射强迫与边界层相互作用的反馈阈值；提出了气溶胶与边界层相

互作用的“火炉”“穹顶”“阳伞效应”的触发机制；系统性工作丰富了污染气象学理论，为区域大气污染管控目标制定提供了科学依据。（3）团队以兰州和北京大气污染长期演变规律研究为基础，率先开展北方重点城市大气污染物健康影响研究，揭示了兰州与北京 $PM_{2.5}$、PM_{10} 对呼吸系统和循环系统疾病人群的危害风险，发现 $PM_{2.5}$ 健康危险度远大于 PM_{10}；随着 $PM_{2.5}$ 浓度增加，颗粒物污染对疾病人群的短期危害风险呈增加趋势；气态污染物对心脑血管疾病人群，特别是老年人危害风险更大。同时，发现大气污染短期应急管控（2008 北京奥运）与长效防治措施（京津冀禁煤区）均显著提升了区域空气质量，降低了危害风险。（4）率先开展了北方典型城市（兰州、北京、天津、石家庄、哈尔滨、长春、沈阳、西宁和乌鲁木齐）大气复合污染物（O_3 和 $PM_{2.5}$）的健康风险研究，发现天气过程与大气污染物交互作用对敏感性疾病发病及死亡率有显著影响，低温和高温均会加剧大气污染对人群健康的危害风险，研究团队提出并量化了特殊气象条件可加剧大气污染物危害风险的协同效应；发现气温在 24 ～ 25 ℃、相对湿度约为 60% 时，污染物危害风险最小。

3. 成果产生的影响或转化应用绩效和贡献

项目发表论文 45 篇，论著 2 部；论文被 *ACP*、*JGR*、*STE*、*British Medical Journal*、*Lancet Planetary Health* 等国际大气科学、医学与公共卫生学一区 SCI 期刊总引 1256 次，他引 1098 次。5 篇代表性论文被 SCI 他引 292 次。

代表论文 1：贺克斌院士团队、张养梅研究员引用指出来自西部的气溶胶长程输送也是导致冬季严重污染的重要因素。

代表论文 2：张人禾院士、张小曳院士、陶澍院士、Markku Kulmala 院士、李占清教授等认为“气溶胶的火炉、穹顶和阳伞效应”对认知气溶胶与边界层相互作用机制有重要价值。

代表论文 3：张小曳院士、朱彤院士和龚威教授认为“气溶胶阈值效应”对理解气溶胶与边界层相互反馈机制具有重要价值。

代表论文 4：英国流行病学家 Katherine Newell、Anoop Shah 博士等引证大气颗粒物及气态污染物对心脑血管疾病人群的发病与死亡具有显著的关联性。

代表论文 5：北大郑晓瑛教授、德国 Jean Krutmann 教授、美国 Bruce Barrettt 教授等引用指明发展中国家细粒子污染对疾病人群存在直接的健康风险。

1.2 北极极涡持续偏移及其对天气气候的影响

1.2.1 基本信息

完成单位：兰州大学大气科学学院、北京师范大学全球变化与地球系统科学研究院

完成人：张健恺、田文寿、谢飞、黄金龙、张重阳

1.2.2 成果简介

1. 成果综述

近年来，冬季北半球中纬度地区极端低温事件频发，如 2008 年中国南方雪灾和 2012 年欧洲极寒等，都不断挑战人们对全球变暖的理解和认识。该成果首次发现自 1980 年以来晚冬北极平流层极涡减弱且向欧亚大陆持续偏移，北极海冰减少和平流层臭氧变化是造成极涡持续偏移的重要原因。极涡偏移与乌拉尔山阻塞高压相配合引起欧亚大陆地表降温。研究还找到了能够延长平流层极涡位置预报时效的有效因子，该成果有助于厘清全球变暖背景下冬季北半球中纬度极端低温事件频发的问题，为提高冬季延伸期预报水平提供了新视角。成果发表于 *Nature Climate Change*、*Nature Communications*、*Journal of Climate*、*Journal of Geophysical Research* 等国际权威期刊，并作为核心代表工作获得 2021 年度甘肃省自然科学奖一等奖。

2. 创新程度、学术水平或科技进步

与国际上同类平流层研究成果相比，关于平流层极涡偏移及其对对流层天气气候影响的研究成果已形成了影响力，特别是首次发现平流层极涡持续偏移的工作成果发表在气候领域顶级期刊 *Nature Climate Change*（影响因子：25.290）和 *Nature Communications*（影响因子：14.919），是国际上较早提出北极海冰减少可以通过平流层过程影响对流层天气气候和大气环境的代表性工作之一。其中 *Nature Climate Change* 论文目前总引 145 次，他引 101 次，于 2018 年入选 ESI 前 1% 高被引论文，其 Altmetric 影响力指数在同时期发表于该期刊上的 75 篇气候领域文章中排名前 2，对国际上的同类研究起到了引领作用。该成果是国内学者在平流层研究领域发表在国际顶级期刊上为数不多的成果之一，提高了国内平流层研究在国际上的影响力。此外，该项成果也作为核心代表作，获得 2021 年度甘肃省自然科学一等奖。

鉴于项目团队的研究影响力，成果第一完成人张健恺教授获“第九届十佳全国优秀青年气象科技工作者”荣誉称号和谢义炳青年气象科技奖。该研究成果一经发表就受到了国际同行的广泛关注和引用。美国气象学会极地气象与海洋委员会主席 Jennifer Francis 教授发表在环境 / 大气领域的国际顶级期刊 *Wiley Interdisciplinary Reviews–Climate Change* 上的文章，对极涡偏移成果给予了正面评价，指出关于“海冰减少引起极涡偏移进而造成中纬度极端低温”的成果是联系北极“快速增暖”与中纬度极端天气的关键物理过程之一。极涡持续偏移的成果还被国际科学组织发布的多个权威评估报告引用，包括 2018 年世界气象组织（WMO）和联合国环境规划署共同组织的《有关臭氧层损耗的科学评估报告（2018 版）》和 2021 年联合国政府间气候变化专门委员会（IPCC）气候变化报告，作为证实极涡变化的支撑文献。

3. 成果产生的影响或转化应用绩效和贡献

极涡持续偏移的研究成果被国内外多家媒体转载报道，如美国《华盛顿邮报》、英国《每日邮报》和《科学美国人》等。上述媒体邀请了多位气候学家讨论研究成果。专家普遍认为“研究结果对于理解北极气候变化产生的深远影响是一项有价值的贡献（a valuable contribution）”。成果也能很好地解释“尽管全球整体在变暖，但是某些地方还是会遭受极端低温事件。这与气候变化和全球变暖的事实并不矛盾”。这些新闻报道均表明，该项成果能很好地帮助公众理解为什么全球变暖背景下冬季北半球中纬度部分地区还会出现极端低温和寒潮事件，使得公众能够科学地认识气候变化产生的复杂而又深远的影响。Nature 官方网站统计发表在 *Nature Climate Change* 的论文自 2016 年 10 月至今已被访问 8000 余次，该论文网络关注度和论文影响力 Altmetric 指数为 1914，在同期发表在 *Nature Climate Change* 期刊上的 75 篇文章中排名前 2。

此外，研究基于新发现的平流层极涡变化及其影响的理论成果，成功实现了我国地球气候系统模式 BCC-ESM 的平流层、对流层模块的双向耦合，为我国气候模式的发展做出了积极贡献，受到了中国气象局地球系统数值预报中心的肯定与好评。

1.3 大气冰核观测、参数化及其对云降水过程的影响

1.3.1 基本信息

完成单位：南京信息工程大学

完成人：银燕、蒋惠、陈魁、陈倩、何川

1.3.2 成果简介

1. 成果综述

冷云降水是我国大陆地区降水的主要形式，而大气冰核是自然界中冷云形成的重要前提条件之一，对云的宏微观结构及降水的形成起着关键作用。为深入了解大气冰核特征及其对云和降水的影响，基于国家自然科学基金重大项目、中国气象局局校合作项目、气象行业科研专项等项目的资助，团队自主搭建了 1 台静力真空水汽扩散云室及大气冰核高压静电采样器，用于大气冰核的采样及活化实验，并在我国不同地区进行了地面和高空的大气冰核观测，建立了大气冰核浓度参数化公式，揭示了冰核浓度的垂直变化特点及气溶胶化学成分对大气冰核的影响。通过在中尺度天气预报模式中引入观测得到的冰核浓度参数化公式，研究了大气冰核浓度变化对对流云降水过程的影响。

2. 创新程度、学术水平或科技进步

大气冰核是自然界中冷云形成的重要前提条件之一，对云的宏、微观结构和降水起着关键的作用。但由于观测条件所限，我国在冰核方面的研究还很薄弱。一方面，国内现有的大气冰核观测仪器设备相对较少，不同仪器之间也存在观测基准不一致等问题；另一方面，目前关于冰核浓度垂直分布的观测资料极为匮乏，近年来高空冰核浓度的分布特征在国际上已经成为了热点问题，而我国目前仅有的观测基本都集中在地面观测。

团队设计建造了 1 台具有订正温度和湿度的测量大气冰核的静力真空水汽扩散云室，改进了冰核采样器，提高了采集效率。在我国不同地区（南京、黄山、泰山、新疆、中天山、河北）通过地面、高山和飞机对不同高度大气冰核浓度及气溶胶理化特性进行了同步观测，得到了不同背景条件下、不

同高度、不同季节冰核浓度的系统观测数据集；根据实地观测的冰核浓度特点，建立了大气冰核浓度参数化公式；揭示了大气冰核浓度的垂直变化特点及其与气象参数的关系。通过比较泰山大气冰核与同时间气溶胶化学组分的相关性，发现山顶大气冰核浓度在白天与老化黑碳和矿物尘气溶胶有着较好的相关性，而在夜间，与有机碳和富钠钾类型的气溶胶有着较高的相关性，揭示了大气气溶胶化学成分的变化对大气冰核有着重要的影响。通过在河北省进行的以冰核浓度为重点的飞机观测，取得了宝贵的冰核浓度垂直分布观测资料，并发现粒径大于 0.5 μm 的气溶胶粒子的活化率随着高度的升高而增大。通过具有详细云物理分档方案的中尺度天气预报模式，结合冰核浓度参数化公式，模拟结果揭示了冰核浓度增加会限制对流云上层均质核化区冰粒子的形成，使得对流层上层冰粒子浓度减小但粒径增加，促进大气向外的红外辐射，从理论上解释了冰核浓度变化对云微物理、光学特性及降水的影响。

3. 成果产生的影响或转化应用绩效和贡献

本研究围绕气象事业发展需求，通过构建新型大气冰核采集和分析设施，提升了我国对大气冰核及其核化机理以及冷云微观过程的研究能力，为我国人工影响天气、人才培养、防灾减灾和应对气候变化服务提供支持。研究成果大幅提升实验室的科研实力，成为我国该领域科技创新的重要平台，为我校相关专业研究生和高年级本科生提供先进的专业教学实验实习平台。

团队成员利用自主搭建的大气冰核采样及分析平台在我国不同地区开展地面、高山和飞机对不同高度大气冰核浓度及气溶胶理化特性的同步观测，为我国对冰核浓度垂直分布的观测资料进行补充。研究成果为我国区域天气预报和气候模拟提供了基于我国不同地区观测的冰核参数化方案，将观测得到的冰核参数化方案引入数值模式中，探讨了大气冰核对冰雹生长机制的影响，为人工防雹作业技术提供理论依据。

研究过程推进了人才培养和学科发展，培养了博士研究生 5 名，硕士研究生 10 名，多名毕业生已经成长为高校、气象和环境部门的团队带头人。

1.4 大气柱气溶胶关键光学 - 辐射特性地基网络化观测研究

1.4.1 基本信息

完成单位：中国气象科学研究院、中国科学院大气物理研究所、中国气象局气象探测中心、中国气象局沈阳大气环境研究所、杭州市气象局、南京信息工程大学、国家卫星气象中心

完成人：车慧正、张小曳、夏祥鳌、张晓春、赵胡笳、齐冰、郑宇、李雷、桂柯、朱君、胡秀清、武云飞、王亚强、缪育聪、王宏

1.4.2 成果简介

1. 成果综述

在国家自然科学基金面上项目、国家杰出青年科学基金项目，国家重点研发计划项目，生态环境部攻关项目的支持下，针对我国大气气溶胶光学 - 辐射特征时空分布及变化规律复杂，对评估气溶胶的气候与环境效应具有较大不确定性的现状，研究团队开展了长期的针对大气柱气溶胶关键光学 - 辐射特性的地基网络化观测研究，通过融合地基观测、卫星遥感、辐射模型等多种研究方法，揭示了中国不同区域关键光学 - 辐射特性空间分布特征及变化规律；指出了气溶胶光学、微物理特性与大气含水量之间的相互联系；量化了大气含水量对气溶胶直接辐射强迫的贡献；基于多角度偏振卫星遥感观测建立了气溶胶组分卫星遥感反演算法，拓展了卫星观测在气溶胶组分遥感、全球及区域气候变化中的应用。

2. 创新程度、学术水平或科技进步

（1）揭示了中国不同区域关键光学 - 辐射特性空间分布特征及变化规律。在京津冀、长三角、东北城市群地区建立了中、小尺度的密集化地基观测网络，获取分钟级大气柱气溶胶关键光学及辐射特性第一手观测资料，揭示了京津冀地区重污染过程中城市、郊区、乡村、背景地区主导消光粒子的差异特征；发现了长三角地区吸湿作用和大气环流对气溶胶消光季节变化有重要影响；量化了东北城市、工业、沿海、背景地区的气溶胶在大气层顶和近地面的直接辐射强迫，指出了城市 / 工业地区

（沈阳、抚顺）气溶胶对近地面的冷却作用更强，对大气层顶起加热作用，而沿海地区（大连）气溶胶对大气层顶的冷却效应更显著。

（2）发展了大气含水量反演算法，提升了大气含水量对气溶胶气候效应的科学认识。发展了大气含水量计算方法，提出了水汽通道的定标方案，从无到有搭建了观测平台，为我国自主开展基于光度计观测反演大气含水量奠定了坚实基础。揭示了我国大气含水量与气溶胶光学和微物理特性的关系，指出了我国不同区域大气含水量差异对气溶胶光学特性及类型的影响；发现了我国吸收性气溶胶与大气含水量长期变化存在重要联系，提出了吸收性气溶胶的增加可能是造成区域性大气含水量减少的主要原因之一；量化了大气含水量对气溶胶直接辐射强迫的贡献，揭示了大气含水量能削弱气溶胶的地表冷却效应。

（3）拓展了卫星观测在气溶胶组分遥感、全球及区域气候变化中的应用。基于多角度偏振卫星遥感观测建立了气溶胶组分卫星遥感反演算法，解析了亚洲地区粗细模态气溶胶自然源和人为源的贡献，揭示了亚洲地区粗细模态气溶胶光学厚度多年季节变化特征；发现了南亚人为活动和西北沙尘对青藏高原气溶胶光学特性有重要贡献，揭示了自然源与人为源对气溶胶光学特性的显著差异影响；揭示了全球不同区域气溶胶光学厚度的气候特征及年际演变规律，阐明了全球及区域气溶胶光学厚度长期演变及其驱动因子，明确了气象条件是决定区域气溶胶年际变化的关键因素。

3. 成果产生的影响或转化应用绩效和贡献

气溶胶光学特性研究成果在 2016—2017 年《中国气候变化监测公报》及 2018—2021 年《中国气候变化蓝皮书》中作为“大气成分”章节中的内容发布。观测研究所发展的仪器标校、数据处理方法被 41 家高校、科研等单位所采用，提升了我国地基遥感大气柱气溶胶关键光学 - 辐射特性的水平。

2016 年，车慧正研究员接受《科学中国人》（2016 年 3 月刊）专栏访问，介绍气溶胶光学—辐射特性研究在应对气候变化、改善环境中的支撑作用。2018 年 8 月 8 日版《中国气象报》（总第 4451 期）报道了车慧正研究员的“气溶胶光学 - 辐射特性及其气候环境效应”项目获得 2018 年度国家杰出青年科学基金资助。2021 年李雷副研究员为第一完成人的《基于遥感观测的气溶胶组分反演研究进展》，被中国气象局科技与气候变化司评为 2020 年度优秀气象科技前沿动态研究报告（气科函〔2021〕22 号）。2021 年车慧正录制完成全国气象部门授课教程《大气化学及环境气象数值预报基础》中第一章第一节“大气气溶胶”“大气气溶胶光学 - 辐射特性”内容。

1.5 东亚冬季风变化的新机制和气候影响

1.5.1 基本信息

完成单位：中国科学院大气物理研究所

完成人：陈文、王林、冯娟、龚海楠、宋磊、马天娇、黄荣辉

1.5.2 成果简介

1. 成果综述

全球变暖背景下，东亚近 20 年来频繁遭遇冷事件侵袭，并且冬季气温常在季节内呈现明显的阶段性变化，造成诸如 2008 年持续雨雪冰冻等重大灾害。在“东亚季风变异特征与机理”、中国科学院前沿科学重点研究计划“东亚冬季风多尺度变异的理论和数值模拟研究”、国家杰出青年科学基金项目“东亚冬季风变异特征和机理”和优秀青年科学基金项目“行星波活动与东亚冬季风变异机理”等的资助下，团队围绕“东亚冬季风变化及其气候影响的新机制”这一关键科学问题开展研究，阐明东亚冬季风年代际变化的特征和机理，揭示出东亚冬季风季节内变化的新规律和机制，率先提出东亚冬季风在 ENSO 影响全球气候中的重要反馈作用。

2. 创新程度、学术水平或科技进步

在团队以往关于东亚冬季风研究的基础上，“十三五”期间取得三方面创新成果。

（1）阐明东亚冬季风年代际变化的特征和机理。全球变暖和气候系统内部变率均能影响东亚冬季风年代际变化，但二者的相对贡献并不清楚。团队最早指出内部变率贡献了过去半个世纪东亚北部冬季气温年代际变化的 80%，其中大气行星波活动异常所起的作用最大。行星波会通过向极水汽输送影响北极海冰与基本气流相互作用改变纬向平均气流这 2 种过程引起北极涛动（AO）位相的变化，进而影响东亚冬季气温。此外，平流层极涡的强度会通过影响行星波反射改变 AO 的空间结构，进而导致 AO 对东亚冬季气温的影响呈现区域性差异。上述机理对于改进 AO 相关的气候影响预测和模式中 AO 的模拟性能均起重要作用。

（2）揭示出东亚冬季风季节内变化的新规律和机制。以往关于东亚冬季风的研究多考虑冬季平均量，对季节内变化的规律和机制认识不足。团队成果率先揭示出我国前、后冬季的气温存在同相变化

和反相变化 2 种模态，后者可以很好地解释近年来多发的冬季气温阶段性反转特征。团队进一步从东亚大槽这一冬季风关键环流系统阐明季节内变化的动力机制，指出上游东传的低频波列及其引发的东亚局地高频波活动的动力反馈各贡献了东亚大槽强度一半的变化，从而构建了东亚冬季风季节内变化的多尺度相互作用模型。

（3）提出东亚冬季风在厄尔尼诺 - 南方涛动（ENSO）影响全球气候中的重要反馈作用。团队原创性成果指出，东亚冬季风不仅能影响东亚地区的天气气候，还能对全球气候产生重要反馈作用。冬季风偏强时有更多的冷空气侵入海洋性大陆，从而增强海洋性大陆的对流活动，这会显著调制与 ENSO 相联系的热带对流活动，改变热带大气热源位置及其强度，进而通过大气遥相关显著影响热带外地区如北美冬季气温，冬季风的这种反馈作用甚至超过了 ENSO 的气候影响；并且，受大气环流基本态的影响，上述反馈作用在不同空间型 ENSO 的冷暖位相中呈现明显的非对称性。

3. 成果产生的影响或转化应用绩效和贡献

团队成果被美国科学院院士 R. L. Edwards、澳大利亚科学院院士 M. H. England 等国际知名学者广泛正面评价，被 SCI 引用 192 次、他引 126 次，中文核心引用 44 次、他引 36 次。IPCC AR6 单独正面引述团队关于人类活动和内部变率相对贡献的工作。龚海楠等基于偏最小二乘法指出，东亚北部近 30 年的气温趋势受到气候系统内部变率特别是北极涛动的强烈影响。国际著名气候动力学家 S-I An 教授在其 *Journal of Climate* 发表的文章中多次引用团队成果来阐释冬季风季节内变异的动力学机理，如宋磊等阐明了天气尺度瞬变波通过涡度强迫对东亚大槽加深的贡献以及背景斜压性的显著作用。

美国科学院院士 R. L. Edwards、澳大利亚科学院院士 M. H. England 等联合发表在 *Nature* 的文章单独引用团队关于冬季风对全球气候反馈的工作作为其结果的机制解释："强大的东亚冬季风是 El Nino 型海温异常情形下，印太暖池降水仍然增强的可能原因。"团队成员连续受邀在 4 年一届的 WMO 国际季风研讨会上做东亚冬季风的特邀报告，并领衔撰写东亚冬季风的综述文章。

1.6 东亚季风次季节至季节变化机理和我国持续性极端气候事件成因

1.6.1 基本信息

完成单位：中国气象科学研究院

完成人：祝从文、刘伯奇、李论、马双梅、蒋宁、鄢钰函

1.6.2 成果简介

1. 成果综述

东亚季风次季节至季节变化是我国持续性极端气候事件的直接成因之一，提高次季节预测时效是我国研究型气候预测业务的国家重大需求。研究团队针对东亚季风次季节至季节变化机理和持续性极端气候事件成因开展研究，解决的关键科学问题有：（1）提出了东亚季风季节和次季节可预报性的新来源；（2）揭示了夏季移出型高原涡对我国天气的影响机制和气候效应；（3）阐明了近年来我国主要持续性极端气候事件的次季节成因，揭示了全球变暖下不同影响因子对我国持续性极端气候事件的协同作用机理。

2. 创新程度、学术水平或科技进步

近 5 年，研究团队在国内外高影响期刊发表成果相关论文 74 篇（SCI 论文 62 篇），完全他引 705 次（SCI 完全他引 579 次）。相关论文获日本气象学会 2019 年度优秀论文奖、入选 ESI 高被引论文数据库和《大气科学进展》封面论文。主要成果总结如下：

（1）提出了东亚季风季节和次季节可预报性的新来源，明确了数值模式对东亚季风的次季节预测瓶颈。证明东亚季风次季节变化是叠加在季节循环（＞90 天）上的大气波动，而季节平均异常的本质是季节循环异常的统计特征；指出气候模式对季节循环和中纬度环流的预测偏差是制约东亚季风次季节预测能力的重要原因。该成果创新地将东亚季风季节循环异常视为全球变暖和大气外强迫影响东亚季风次季节变化的桥梁，为提高东亚季风次季节预测能力奠定了理论基础。

（2）揭示了夏季移出型高原涡的变化机理及其对我国极端降水的影响机制，阐明了高原涡对全球

变暖响应的地域差异及其气候效应。夏季移出型高原涡是我国极端降水事件的重要天气系统。研究表明，大气准双周振荡不仅调制高原涡的发生发展，还影响高原涡的移动方向。全球变暖通过对流层变暖和高空急流异常，令高原涡呈现“北多南少”的变化趋势，直接导致高原夏季“北湿南干”的变化特征。该成果建立了高原天气系统与东亚季风次季节至季节变化的物理联系，为提高我国极端天气事件的预报能力提供了科学线索。

（3）复盘了我国主要持续性极端气候事件，揭示了全球变暖背景下不同因子对我国极端气候事件的协同影响机理。解释了近年来我国超强寒潮、华北持续高温热浪、江南伏秋重旱、江淮“暴力梅”等极端气候事件的次季节成因，阐明了全球变暖背景下，热带海温、青藏高原热力强迫、北大西洋涛动、北极海冰等因子对上述事件的协同影响。该成果揭示了全球变暖通过东亚季风次季节至季节变化造成持续性极端气候事件的机理，为开展持续性极端气候事件的次季节预测提供了科学依据。

3. 成果产生的影响或转化应用绩效和贡献

在机理研究的基础上，引入了大数据机器学习的概念，提出了东亚季风次季节至季节预测的新方法，并研制了“气科院东亚季风统计预测自动化系统”。该系统能够提供我国“月—季—旬”气象要素的客观定量预测结果，预测产品已应用于全国、地区 / 流域和第 24 届北京冬奥会气候预测会商中，服务效果获得东北区域中心、水利部黄河水利委员会、国家海洋环境预报中心和冬奥气象中心认可。

“十三五”期间，研究团队基于上述研究成果向中国气象局报送决策服务材料 15 份，其中 2 份入选中国气象局优秀决策服务材料；向中共中央办公厅和国务院办公厅（简称“两办”）报送气象决策信息 5 份，其中 4 份被“两办”信息刊物单篇采用，为国家气象防灾减灾工作起到了重要的科技支撑作用。例如，在新冠肺炎疫情期间，基于我国 30 ～ 90 天气温预测结果以及新冠病毒传播有利气象条件的初步结果，研究团队于 2020 年 6 月准确预测了 10 月第二波新冠肺炎疫情自北向南影响我国的趋势，相关决策服务建议获得分管国家领导人重要批示，在当年秋季疫情防控工作中起到积极作用。同年秋季，研究团队还给出了 2021 年“春运”期间新冠肺炎疫情可能反复的风险提示，并建议采用“就地过年、减少流动”的防疫措施，对当年春节期间的疫情防控起了重要的指导作用。

1.7 复杂下垫面影响下暴雨精细动力物理结构和多尺度作用机理

1.7.1 基本信息

完成单位：中国气象科学研究院、中国气象局广州热带海洋气象研究所

完成人：罗亚丽、夏茹娣、宝兴华、李明鑫、黄龄、云宇星、高小雨、毕雪岩、陈杨瑞雪、吴梦雯、刘希、姜晓玲、李争辉、孙晓岩、于淑婷、张秋阳、张佳华

1.7.2 成果简介

1. 成果综述

在气候变暖和大规模城市化背景下，我国暴雨发生发展机制更加复杂，认识仍不清楚，造成的灾害也越发严重。在国家重点研发计划重点专项、国家自然科学基金、灾害天气国家重点实验室基本科研业务费、中国气象局创新发展专项等项目支持下，基于新型的高时空分辨率多源观测资料和对流可分辨数值模拟试验，深入研究了我国暴雨触发发展的多尺度特征和物理过程，获得了复杂下垫面（地形、城市、海岸线）影响下以对流尺度、中尺度、天气尺度为重点的暴雨多尺度作用机理与动力物理精细结构的新认识。该成果深化了对东亚季风背景下我国暴雨尤其是极端暴雨形成机制的理解，为数值天气预报模式改进提供思路，为提高暴雨精细化预报水平提供科技支撑。

2. 创新程度、学术水平或科技进步

研究利用双偏振雷达等先进观测手段和对流可分辨数值模式，以广阔、透彻的视角剖析我国暴雨系统的发展过程，揭示其多尺度作用机理和精细动力物理特征。研究成果拓展了大气科学的认知。

（1）系统性地揭示了南海夏季风、锋面、切变线、低空急流等大尺度天气系统、复杂下垫面（地形、海陆分界、城市群）、海陆风等局地环流以及对流反馈等多尺度相互作用触发和维持华南暴雨的物理图景，进一步厘清了华南前汛期暖区暴雨与锋面暴雨在时空分布、动力学成因等方面的区别与联系。

（2）系统地揭示华南前汛期β-中尺度对流系统触发和发展、形态结构等特征的区域间差异及其

天气尺度背景原因；发现广州“5 · 7”最大小时降水与γ- 中尺度涡旋的非线性垂直加速有关，首次揭示季风海岸短时极端降水与γ- 中尺度涡旋的关系以及与北美地区的差异。

（3）首次获得季风海岸极端雨强的云雨转换高效、碰并为主导液相微物理过程、雨滴浓度高等微物理统计特征，揭示了人为源气溶胶和海盐气溶胶对华南暴雨微物理过程的不同影响。

（4）跟踪研究近年我国重大极端降水事件，凝练华北极端降水过程的一类天气模型；完善基于惯性振荡理论的四川盆地夜雨增强机理认识；揭示河南郑州“7 · 20”极端暴雨有利环流条件、关键中尺度过程以及城市和地形的影响。

研究成果具有专业领域公认的创新性，经同行评审在 *Science Bulletin*、*Bulletin of American Meteorological Society*、*Geophysical Research Letters*、*Monthly Weather Review*、*Journal of Geophysical Research* 等国内外权威学术刊物上发表 42 篇论文，其中 SCI 收录 35 篇，国际专著 2 章，总引约 830 次。多次在世界气象组织季风国际研讨会等国内外重要学术会议做特邀报告。

3. 成果产生的影响或转化应用绩效和贡献

暴雨是我国影响最大、损失最严重的灾害性天气，暴雨成因机理在我国大气科学研究中长期具有很重要的地位。然而，暴雨预报水平仍然不能满足国家防洪减灾的重大需求，主要原因是其高度非线性的发展过程，即暴雨系统对下垫面强迫、多尺度天气系统甚至云微物理过程均有较强的敏感性。因此，深化对复杂下垫面影响下暴雨多尺度作用机理和精细动力物理结构的理解具有重要的科学价值。

研究利用多种先进的技术手段，获得了对暴雨过程的新认识、新发现。研究成果在气象领域有较高的知名度，被选为 *Transactions on Geoscience and Remote Sensing* 期刊封面论文，被 *Bulletin of the American Meteorological Society* 综述论文带图引用，多次在国内外重要学术会议做特邀报告，较明显地推动了暴雨科学研究的发展，产生了广泛的影响。

研究对天气预报业务具有较高的应用价值，成果帮助业务部门加深了对暴雨成因及预报关键着眼点的理解和认识。研究建立的华南暴雨多尺度天气概念模型在广东省气象台、福建省气象台和香港天文台业务预报和防灾减灾服务中发挥了重要作用，指导预报员成功预报了 2019—2021 年多次暴雨事件，取得了显著的社会和经济效益。部分研究成果入选国务院组织撰写的《河南郑州“7 · 20”特大暴雨灾害调查报告》。

1.8 国家级强对流天气综合监测分析预报技术

1.8.1 基本信息

完成单位：国家气象中心（中央气象台）

完成人：郑永光、田付友、杨波、张涛、周康辉、张小玲、毛冬艳、蓝渝、唐文苑、曹艳察、盛杰、张小雯、方翀、韩旭卿、蔡雪薇、毛旭、周晓敏

1.8.2 成果简介

1. 成果综述

本成果的支撑计划来源是国家重点研发计划重点专项、973 计划、国家自然科学基金项目、国家公益性行业科研专项等。强对流天气预报是国际上业务预报的重点和难点之一，综合应用多源资料，通过自主创新和集成创新得到多项成果。（1）在极端降水、龙卷、雷暴大风规律方面取得系列机理研究成果，是指导强对流灾害现场调查、分析和预报业务的科学指南。（2）利用模糊逻辑和配料法等基于雷达、静止气象卫星和高分辨率数值预报等资料发展了强对流天气监测和预报技术，研制了国家级强对流监测和预报预警业务平台，为强对流业务提供最主要的科技支撑。（3）发挥气象防灾减灾第一道防线作用，成功预报历次重大强对流过程，近 10 年预报准确率提升 10% ～ 20%；成果广泛应用于气象、民航等部门预报业务。

2. 创新程度、学术水平或科技进步

强对流天气强度大、时空尺度小、发展快、易于致灾，是国际上天气预报的重点和难点之一。综合应用多源观测资料和数值预报资料，通过自主创新和集成创新，建成了国家级强对流天气综合监测分析预报技术和集成平台系统，提升了各级气象台强对流天气业务预报能力。

（1）在分类和极端强对流天气气候特征、机理认识和环境物理量条件特征方面取得新成果，为强对流天气监测分析预报技术发展提供认识基础和特征阈值。在雷暴大风和极端降水形成等强对流天气机理方面获得了新认识；从其发生发展的水汽、抬升、不稳定能量以及风切变等物理条件出发，获得了不同类型强对流天气的特征物理量适用性、关键预报因子等新成果。

（2）基于多源观测资料，应用模糊逻辑、聚类分析、Kalman 滤波等算法，改进和发展分类强对

流天气综合监测、分析、短临和短期预报技术，提升国家级和地方气象部门业务预报技术支撑能力；在分类强对流天气特征物理量分布统计基础上，使用数值模式预报产品，应用配料法、权重分析、模糊逻辑等方法，构建了分类强对流预报模型和不同强度等级（包括极端强度）短时强降水预报模型，建立了分类强对流客观概率预报技术等，产品通过中国气象局内网和业务系统下发地方气象部门，同美国等国家相比具有国际先进性。

（3）“强天气监测和分析综合业务平台”建设，实现了这些技术成果的集成和业务快速检索应用，辐射全国各级业务天气预报部门，并通过中央气象台航空气象网站辐射民航气象部门，带动和提升了全国强对流天气预报预警业务发展。

本成果显著提升了中央气象台和地方各级气象台的强对流天气业务监测及预报预警能力，近 10 年中央气象台分类强对流天气预报准确率提升 10% ～ 20%，产生了显著的防灾减灾成效；2016—2021 年，获得软件著作权 8 项，获得专利 1 项，发表论文 25 篇（SCI 收录 5 篇），出版论文集 1 本；打造了中央气象台强对流预报团队，形成了一支具有重要影响力的预报员队伍。

3. 成果产生的影响或转化应用绩效和贡献

（1）本成果在国家气象中心的业务预报、内部会商、强天气预报中心内部网站、中国气象局业务内网和全国会商中得到应用，提升了国家级强对流天气的监测和预报能力及精细化水平，并推广到南航等民航部门预报业务。该成果中的分类强对流短期预报产品已纳入国家级智能网格预报产品体系（气预函〔2017〕36 号），基于 GRAPES 中尺度模式制作的短时预报产品已在全国业务应用（气预函〔2018〕26 号，气预函〔2020〕42 号，气预函〔2021〕73 号）。本项目成果也在北京、上海、湖北、辽宁、内蒙古、四川、新疆、宁夏等省（自治区、直辖市）气象台推广应用；为中国共产党成立 100 周年活动等各类重大气象保障服务提供了支持；为气象部门、民航气象等单位以及东南亚地区预报员进行了培训。

（2）培养了 1 支强对流天气预报员团队，发挥气象防灾减灾第一道防线作用，取得了良好的应用效果，并推广到南航等民航部门预报业务，产生了显著的社会影响力。根据大风、冰雹、雷电及暴雨等平均造成每年 2000 亿的经济损失、按照提高预报准确率减少损失 1% 估算，每年产生的经济效益约 20 亿元。

1.9 国家级无缝隙智能网格预报技术与应用

1.9.1 基本信息

完成单位：国家气象中心

完成人：代刊、赵声蓉、牛若芸、曹勇、赵瑞霞、曾晓青、董全、熊敏诠、郭云谦、唐健、贺雅楠、谢超、赵翠光、王玉、陈博宇、符娇兰、赵威、徐成鹏

1.9.2 成果简介

1. 成果综述

以智能网格预报行动计划等为指导，在国家重点研发计划（2017YFC1502000）、国家科技支撑计划（2015BAC03B02）、公益性行业（气象）科研专项（GYHY201306002）等支持下，围绕构建无缝隙全覆盖、数字智能的天气预报业务，综合应用多源观测、数值模式和人工智能技术，通过解决不同时效模式偏差订正、多源预报有效集成、高分辨时空降尺度、主客观融合等关键问题，形成从短时、中短期到延伸期，中国区域到全球，覆盖所有常规要素的国家级无缝隙精细化网格技术体系，实现从站点或落区向定量网格、主观向主客观并重、定时向高频滚动的转变。取得软件著作权 24 项，专利 1 项；论文 37 篇，专著 1 部；获得省部奖 5 项，司局奖 12 项，培养了一批智能预报人才。

2. 创新程度、学术水平或科技进步

通过点面结合的集成创新，从无到有建立了国家级无缝隙精细化网格预报业务。创新点和先进性包括：

（1）首次建立完整、无缝隙的国家级智能网格预报业务体系，提供全国 5 km 分辨率 0 ～ 30 天的逐 1 h、逐 3 h、逐 12 h，全球 10 km 分辨率 0 ～ 10 天逐 3 h 的常规要素数字化网格预报产品，更新频次最高逐 1 h，种类达到 37 种，与国外同类产品相比，各项指标达到先进水平。

（2）设计分时效分尺度的智能天气预报技术架构，获得高质量预报产品。考虑不同时效可预报性，采取“分时施策、多源集成”，发展和集成适用客观预报技术，有效订正模式偏差。检验表明，降水、温度、风等要素的质量评分较 CMA 模式提升 10% ～ 40%，高于公司或国际同类产品的质量。

（3）面向不同数据基础和预报对象发展多种智能网格预报技术模型，解决业务化难点，如全格点

快速滚动建模方法实现单次上百万格点的预报；发展考虑上下游天气的 OMOS 模型提升复杂地形区及过渡季节天气预报能力；发展相似样本降水订正集成技术解决多模式短时序快速订正的问题；发展考虑预报变量非线性关系的能见度和延伸期神经网络预报技术；发展动态递减率插值技术和时间拆分技术获得高时空分辨率产品等，上述成果发表 30 余篇论文和 1 本专著，取得 16 项软件著作权和 1 项专利及多次奖励。

（4）采用多种创新方式融合海量预报信息，获得统一最优预报场。发展自适应权重融合、集合统计量融合、成员优选融合、多预报技术动态评估集成、格点站点并行订正融合等关键技术，有效融合不同尺度、类型预报和不同方法的优势信息，检验表明融合产品优于单一预报产品。发表 5 篇论文，取得 5 项软件著作权。

（5）创新发展主客观融合智能预报技术和系统。研制 QPF Master Blender、MICAPS-GFE 等系统，帮助预报员控制整个数字化预报流程，通过分层级操作进一步挖掘不同模式信息，并显著提升预报制作效率，为业务流程改革提供支撑。发表 3 篇论文，取得 3 项软件著作权。

3. 成果产生的影响或转化应用绩效和贡献

（1）成为全国智能网格预报业务的指导产品。全部通过中国气象局预报司或国家气象中心组织的业务化评审，保证了成果的成熟稳定。所有产品下发到各省市业务单位，也通过多种渠道为公共气象服务中心、相关部委和社会公众提供服务。

（2）直接服务于国家防灾减灾以及专业服务。以成果为基础，制作发布多种灾害天气预警，提升效率、时效和准确度；水文、农业、生态等也以此为基础构建了精细化专业网格预报体系。

（3）有力地提升了重大气象保障的能力。在北京 2022 年冬奥会和冬残奥会、中华人民共和国成立 70 周年、中国共产党成立 100 周年、G20 杭州峰会、突泉县科技扶贫、川藏铁路等重大活动或工程保障中，在老挝国际援助、印北安全保障、东京奥运会预报服务等全球气象保障中，产品得到广泛应用和好评。

（4）有力地推动了研究型业务的开展。以智能网格预报为基础重构集约高效协同的预报服务业务流程的试点工作取得显著成效，如气象中心天气预报室，人员值班时间约减少 20%，科研时间增加至 6 个月。

（5）成果在大部分省市得到了本地化应用，推动各级网格预报业务质量提升。同时作为全国智能预报技术大赛基准产品，2 次获得特别贡献奖。2019 年以来，本成果向相关部门、部队和企业等转化，效益金额超过 3000 万元。

1.10 华南强降水微物理特征及其数值预报技术改进研究

1.10.1 基本信息

完成单位：中国气象局广州热带海洋气象研究所、广东省气象台、广州市气象台、江门市气象局、惠州市气象局、阳江市气象局

完成人：刘显通、胡胜、肖辉、黎慧琦、陈超、叶朗明、郭泽勇、张羽、陈芳丽、冯璐、赖睿泽、夏丰、饶晓娜、蒲义良

1.10.2 成果简介

1. 成果综述

目前华南强降水预报能力明显不足，重要原因包括对其云降水微物理特征认识不足以及模式对云微物理过程描述不准确。针对上述问题，研究团队在5个国家级基金项目和4个省部级项目的支持下，基于中国气象局龙门云物理野外科学试验基地长期观测，利用 2DVD 雨滴谱仪和双偏振雷达观测开展统计分析和个例研究，获取华南降水微物理特征。在此基础上，建立相应双偏振雷达定量降水估测方案，发展 S 波段双偏振雷达反演伽马雨滴谱方案，加强华南强降水精细监测能力。优化双偏振雷达资料同化观测算子，自主研发适用于双参微物理方案的伽马雨滴谱高精度快速求解方法，研究云雨自动转化参数化方案，提高模式对云降水微物理特征描述能力，为华南强降水预报能力提供技术支撑。

2. 创新程度、学术水平或科技进步

基于中国气象局龙门云物理野外科学试验基地二维视频雨滴谱仪 2DVD 观测资料，研究华南强降水过程（如暴雨、飑线、台风等）微物理特征，首次利用多年资料揭示华南汛期与非汛期降水微物理特征差异；基于华南地区季风 / 台风雨滴谱统计特征，建立相应双偏振雷达定量降水估测（2DVD-SCM）算法，新方案精度明显提升。获取本地区具有代表性的伽马雨滴谱谱型参数与斜率参数相关关系，构建适用于华南地区的 S 波段双偏振雷达反演伽马雨滴谱方案，该方案整体精度较高（误差小于 10%），建立双偏振雷达量与降水微物理量连接桥梁，方案应用于多个业务系统；针对双偏振雷达

获得适用于华南地区雨水雷达水平反射率关系式，能更准确地估算液态水和冰水含量，此方法已应用于华南强降水过程的微物理特征分析。结合多源观测资料精细分析和高分辨率数值模拟，分析极端降水过程多尺度特征以及地形、下垫面的影响，阐释与降水微物理特征形成相关的动力、热力因素。

基于野外科学试验观测研究成果，通过资料同化研究和微物理方案评估改进，为提高区域数值模式对华南强降水的预报能力提供科学支撑。优化双偏振雷达资料同化观测算子，国内最早在公开发表论文中讨论在真实台风强降水个例模拟中，使用 EnKF 方法直接同化差分反射率对强降水模拟的影响，并取得正效果。自主研发适用于双参云微物理方案的伽马雨滴谱高精度快速求解方法，该方法相比于现有方案指数求解方法误差降低约 60%，大幅提高双参云微物理方案模拟伽马雨滴谱精度。利用随机碰并方程评估常用 6 种云雨自动转化参数化公式，研究各参数化公式在液相和混合相地形降水模拟中的合理性和适用范围，获得不同条件下的最佳参数化公式，通过对比发现地面降水量和降水分布对气溶胶的响应与云雨自动转化公式选取有关，甚至呈现相反的变化趋势。

成果获 4 项专利和 5 项软件著作权，发表 18 篇 SCI 论文和 25 篇中文核心论文，共被引 245 次。

3. 成果产生的影响或转化应用绩效和贡献

基于华南地区季风 / 台风雨滴谱特征建立相应的双偏振雷达定量降水估测方案，该方案精度明显提升，已应用于多个地区的气象业务系统，提高当地的暴雨监测能力。基于华南地区雨滴谱资料发展 S 波段双偏振雷达反演伽马雨滴谱方案，该方案具有华南地区本地特色，且反演精度高，已应用于广东省人工影响天气中心业务系统，为人工影响天气作业提供有力的科技支撑。针对集合同化系统发展具有地区特色的双偏振雷达资料观测算子，提高科学试验资料应用能力和华南地区暴雨预报能力。自主研发适用于双参云微物理方案的伽马雨滴谱高精度快速求解方法以及云雨自动转化参数化的研究，大幅度提高数值模式中双参云微物理方案的描述能力，为提升区域数值预报能力提供技术支撑。从科学试验获取第一手观测资料出发，发展具有本地特色的华南强降水监测技术和区域数值预报技术，将研究成果与业务应用有机结合，提升对华南暴雨精密监测和精准预报能力。联合南方 +、《南方都市报》及触电新闻等媒体，以“云探秘野外科学试验基地”直播间和云课堂方式开展气象科普宣传，让公众直观感受广东气象科技创新成果及现代化发展成就，让气象防灾减灾和趋利避害更加深入人心。

1.11 基于 FY-3D 广角极光成像仪的极光变化性研究

1.11.1 基本信息

完成单位：国家卫星气象中心、中国科学院地质与地球物理研究所、中国科学院长春光学精密机械与物理研究所、上海航天技术研究院

完成人：张效信、何飞、陈波、王劲松、宗位国、李嘉巍、于超、杨忠东、张鹏、卢乃锰、王金华、李海生、宋克非、何玲平、丁广兴

1.11.2 成果简介

1. 成果综述

针对低轨道、高分辨率、大视场极光成像的迫切需求，提出了双视场拼接的大视场高分辨率光学方案，并解决了大视场高精度图像拼接与投影问题，在 FY-3 上成功实现了极光远紫外成像，获得了高分辨率极光图像，使我国星载极光成像一举跃升国际前列。研究团队充分结合风云卫星广角极光成像仪的全局遥感优势和就位探测的微观优势，解释了其产生锯齿极光的物理机制，并发现了等离子体层顶表面波激发向外传播的超低频波，丰富了磁层物质和能量输运图像。相关研究成果在 *Nature* 旗下光学期刊 *Light*：*Science & Applications*、*Nature Communications* 等国际权威期刊发表，并在国际会议做邀请报告 2 次。

2. 创新程度、学术水平或科技进步

极光产生于地球的高磁纬地区上空，主要是由太阳风和磁层中的高能带电粒子沿磁力线沉降到极区高层大气，与分子或原子碰撞激发产生的发光现象。极光是磁层空间物质和能量输运的投影，反映太阳风—磁层—电离层耦合特征。以往极光观测中，高轨卫星能获得极光椭圆区整体结构，但分辨率一般在百千米量级，低轨卫星能获得几十千米量级分辨率，但只能覆盖小范围极光区域，而地面台站则只能在特定时间和区域实现观测，且受天气和光照条件影响。为了尽量弥补这些不足，研究团队研制了目前低轨卫星上视场最大、分辨率最高的远紫外波段广角极光成像仪（空间分辨率为 10 km，视

场角为 130°），搭载于 FY-3D 极轨气象卫星，并取得圆满成功，获得了高分辨率极光图像，使我国星载极光成像一举跃升至国际前列。仪器研制论文发表于 *Light*：*Science & Applications*，仪器数据处理方面成果发表于 *Journal of Geophysical Research-Space Physics*、*Journal of Atmospheric and Solar-Terrestrial Physics*、*Evaluation and Program Planning* 期刊。研究团队利用完全自主的风云卫星大视场、高分辨率极光图像，发现 2018 年所有磁暴主相期间均出现了昏侧极光赤道边界波动现象，其幅度与磁暴强度正相关。这表明极光赤道边界波动是磁暴主相期间的常态，并给予这种极光边界波动一个新的命名——“锯齿极光”。由于锯齿极光和等离子体层顶在空间上处于相邻的磁通量管，磁暴期间锯齿极光的常态化发生表明可能存在一种新的磁层—电离层耦合中的物质和能量输运模式。团队在极光图像指引下，在国际上首次发现了等离子体层边界波动证据，并且清晰地表明了等离子体层顶表面波调制了静电电子回旋谐波，后者导致等离子体片高能粒子通过波粒相互作用被散射并沿磁力线沉降到极区高层大气，产生锯齿极光。研究团队还发现了新的磁层能量传输模式，丰富了空间物质和能量传输图景，发表于 *Nature Communications*。

3. 成果产生的影响或转化应用绩效和贡献

Light：*Science & Applications* 影响因子 17.8，成果论文被引用 37 次。国际著名空间物理学家、美国地球物理学会会士、约翰霍普金斯大学 Tony Lui 教授为本文撰写了亮点报道与评述，认为这是中国参与全球空间天气监测的重要标志，在 2019 年大洋洲地球科学学会（AOGS）年会做邀请报告。发表在 *Nature Communications* 的文章影响因子 14.9，被引用 13 次，入选加州大学洛杉矶分校（UCLA）科学亮点，在《物理》杂志封面报道，在 2020 年美国地球物理学会（AGU）秋季年会做邀请报告。该成果是我国科学家自主提出探测思想、自主设计和研制科学仪器，并利用自主观测数据产出重大原创性成果的典范，大大提升了我国空间天气探测与研究的国际影响力。

张效信入选 2020 年度新时代气象高层次科技创新人才计划气象领军人才，并被授予“国家级首席科学家”称号，2020 年获军队科学技术进步一等奖，2020 年荣获“第八届中国侨界贡献奖”二等奖；何飞获得国际无线电科学联盟青年科学家奖。

1.12 基于新一代天气雷达网的安徽省灾害性天气监测预警关键技术及应用研究

1.12.1 基本信息

完成单位：安徽省气象台、安徽省气科学研究所、安徽省大气探测技术、阜阳市气象局

完成人：胡雯、邱学兴、黄勇、李劲、吴林林、孔俊松、安晶晶、董德保、刘高平、王东勇、郑媛媛、边富昌、刘娟、张娇

1.12.2 成果简介

1. 成果综述

依托中国气象局气象新技术推广项目、中国气象局气象关键技术集成与应用项目等，围绕雷达数据的快速共享、基于雷达网的灾害性天气实时监测、短时临近预报等开展了系列关键技术研发，从无到有地建立了安徽省灾害性天气短时临近预报业务体系，显著增强了安徽省灾害性天气的防御能力。成果主要解决了 4 个方面的关键问题：（1）自主研发组网雷达数据的快速共享技术；（2）研发暴雨和强对流自动识别技术；（3）引进和发展了灾害性天气的短时临近预报技术，发明了一种用于优化雷达回波移动矢量场的再处理技术；（4）建立灾害性天气短时临近预报业务体系，成为安徽省各级气象部门开展临近预报的核心业务系统。

2. 创新程度、学术水平或科技进步

本研究项目从无到有地建立了安徽省灾害性天气短时临近预报业务体系，实现了重大灾害性天气监测预警无遗漏，显著增强安徽省灾害性天气防御能力。（1）自主研发组网雷达数据快速共享技术。国内首先完成新一代天气雷达数据格式解析，优化产品数据文件存储模式，依托雷达数据流传输技术和拼图技术，将雷达拼图更新时间由 10 min 缩到 3 min，雷达监测数据到预报员桌面时间缩短 6 min。（2）研发暴雨和强对流自动识别技术。实现淮河全流域 1 km×1 km 的实时监测。自主设计多种雷达定量估测降水方法的集成技术，定量降水估测准确率提升 12%，雷达自带的中气旋识别准确率提高 5%，研发“逐仰角快速识别”技术，中气旋识别时效提前 2 ～ 3 min。自主研发用于表征其线状形态

的特征模板，将阵风锋引起的致灾大风预警提前量提高 5 ～ 20 min。建立适合安徽省的冰雹识别算法本地化参数指标，与 HDA 冰雹算法相比，命中率由 15% 提高到 100%，虚警率由 80% 降低到 64%，综合评判指数由 4% 提升到 10%。（3）引进和发展灾害性天气的短时临近预报技术。改进交叉相关算法的外推技术，发明了一种用于优化雷达回波移动矢量场的再处理技术，引进 Farneback 光流法，建立雷达回波实时追踪技术，结合拉格朗日非线性外推技术实现 0 ～ 2 h 的雷达回波外推预报，1 h 回波外推与实况回波的平均相关性提高 10%。引进国际前沿雷达资料同化技术开展本地化应用，建立 3 km 分辨率、逐小时滚动更新的局地资料循环更新同化系统。（4）建立灾害性天气短时临近预报业务体系。在国内率先研发了基于新一代天气雷达网的强天气临近预报业务系统，建立涵盖暴雨监测和预警、中小河流域面雨量监测和预警、大风和冰雹监测及临近预报、灾害性天气预警信号等 10 类产品。1 km × 1 km 的空间分辨率、不同预报时效的降水监测预警产品实现了逐 10 min 滚动更新，大风和冰雹监测预报产品实现了逐 6 min 滚动更新。

3. 成果产生的影响或转化应用绩效和贡献

本研究项目研发了多种灾害性天气实时监测技术，发展了灾害性天气短时临近预报技术，从无到有地逐步建立了规范化的灾害性天气短时临近预报业务体系，填补了安徽省灾害性天气短时临近预报业务的空白，为气象预报预警成为气象防灾减灾第一道防线提供了坚实的技术支撑，为安徽省防汛抗旱指挥部、应急管理厅科学防御灾害性天气提供信息支撑。

通过项目组近 20 年的持续技术攻关，实现了安徽省重大灾害性天气监测预警无遗漏，切实提高了暴雨和强对流天气的预警能力，预警准确率和提前量稳步提升。与 2010—2015 年相比，2016—2018 年暴雨预警准确率年平均为 68%，提高了 21%；雷雨大风预警准确率为 49%，提高了 15%；暴雨预警提前量为 32 min，提前了 6 min；雷雨大风预警提前量为 41 min，提前了 9 min。项目成果在台风（如 2012 年“海葵”、2018 年“温比亚”）、暴雨（如 2007 年淮河流域洪水、2016 年长江流域洪水）和强对流（如 2013 年天长龙卷）等灾害性天气监测预警预报中发挥了重要作用，取得了显著的社会经济效益。由于气象服务能力及全社会防灾减灾救灾能力的提高，近年来平均每年减少的气象灾害损失达到 413 亿元。

1.13 季风降水预估不确定性的来源、机理及涌现约束预估

1.13.1 基本信息

完成单位：中国科学院大气物理研究所

完成人：周天军、陈晓龙、陈梓明、张文霞、张丽霞、陆静文、巫明娜、邹立维、江洁

1.13.2 成果简介

1. 成果综述

季风气候是地球气候系统的重要成员，季风区养育了全球约 2/3 的人口。季风区内干湿季转换明显，夏季降水是该地区淡水资源的主要来源；此外，季风区内人口稠密，季风活动异常对社会经济影响较大。准确的气候预估结果是开展气候变化适应的重要基础。当前的气候模式对未来季风降水的预估结果中存在不确定性，严重降低其可靠性，不利于决策者使用预估结果。预估的不确定性来源于自然内部变率、模式不确定性和排放情景的不确定性。本成果针对 21 世纪的夏季风降水的预估问题，定量化各种来源的不确定性，阐明了产生不确定性的物理过程和机制，并设计了基于观测数据的“涌现约束”方法，有效约束了季风区降水和潜在可用水资源预估的未来变化，提高了预估结果的可靠性。

2. 创新程度、学术水平或技术进步

（1）首次量化了预估情景、模式结构和气候自然波动对全球和区域季风降水变化不确定性的相对贡献，明确了模式不确定性是季风降水远期预估不确定性的最大来源，为约束预估结果打下了坚实的基础。

（2）从季风降水产生的热力和动力机制两个方面，阐明了不同预估时段内导致季风预估不确定性的机理，明确了环流变化在季风降水预估中的主导作用，指出模式对均匀海温增暖的合理响应是准确预估季风降水的关键因素，明确不确定性的物理机制为后续约束方法的发展提供了保障。

（3）针对季风降水预估发展了涌现约束方法，有效避免了当前大部分气候模式敏感度偏高的影响

问题，减少了气候预估的不确定性，提高了未来亚非季风区夏季降水预估结果的可靠性。这一方法有广泛的应用价值，能够推广到约束其他区域的气候预估中，以提高区域气候预估的可靠性。

3. 成果产生的影响或转化应用绩效和贡献

（1）该成果被《自然－气候变化》《自然－通讯》《科学进展》《地球物理评论》等高质量期刊的文章引用，当前共被引 147 次。

（2）季风预估的不确定性来源和成因的工作，被 *Nature Reviews Earth & Environment* 进行亮点报道，责任编辑 Graham Simpkins 博士表示："该工作为理解未来季风变化和季风模拟的改进，提供了重要的基础"，此外 Steven C. Clemens 博士在其《科学进展》的文章中指出"本研究工作在季风降水的未来预估领域做出了巨大努力"。

（3）季风预估变化及其不确定性来源的工作，均被 IPCC AR6 引用，其中季风预估变化的结果被 IPCC AR6 的第四章直接使用，作为未来季风预估的代表性结果。

（4）本研究中约束预估的工作，相比以往的在全球尺度开展的约束预估工作，提出了约束区域气候预估的方法，有望应用于提高其他区域和物理量的预估结果的可信度，成果发表后被《自然－通讯》评选为亮点论文，被新华社、EurekAlert 等 13 家国内外媒体报道。

（5）本研究揭示了主导未来预估不确定性的关键因子——半球间的升温幅度偏差，为模式研发改进提供了参考。

1.14　快速辐射传输模式 ARMS 的研发

1.14.1 基本信息

完成单位：中国气象局地球系统数值预报中心、中国气象科学研究院

完成人：翁富忠、杨俊、韩阳、石怡宁、胡皓、董佩明、刘勇洪、魏传文、侯雪燕、赵盛华

1.14.2 成果简介

1. 成果综述

在国家重点研发计划课题、风云卫星工程和中国气象科学研究院基本科研业务费的共同资助下，为破解长久以来我国风云卫星资料应用所需的快速辐射传输模式受制于人的局面，国产快速辐射传输模式 ARMS 于 2018 年 6 月开始研发，在 10 位国际知名专家组成的中国气象局快速辐射传输模式科学指导组的指导下，通过不断融入国际上辐射传输领域近年来的重要科学进展，ARMS 实现了快速辐射传输模式的完全自主可控，并于 2020 年 12 月通过了中国气象局组织的业务评审。ARMS 针对风云卫星的载荷特性设计了精确的快速大气透过率计算方案，实现在全天候条件下，微波、红外及可见光载荷的快速高精度辐射传输计算，突破了影响我国风云卫星资料应用的关键技术。

2. 创新程度、学术水平或科技进步

国产快速辐射传输模式 ARMS 突破了影响我国风云卫星发展和数值预报卫星资料同化应用水平提升的关键技术。ARMS 团队牵头组织召开了“2019 卫星数据同化快速辐射传输模式国际研讨会”，相关成果以专辑形式发表在国际大气辐射权威期刊 *Journal of Quantitative Spectroscopy & Radiative Transfer* 上，并在 *Advances in Atmospheric Sciences* 上发表封面文件，入选 2022 年度 AAS 最受青睐论文奖（2022 AAS Esteemed Paper Prize），显著提升了我国在辐射传输领域的国际影响力。ARMS 相关成果受到《中国科学报》、光明网、《中国青年报》和《中国气象报》等中央媒体的广泛报道。

ARMS 的创新性主要体现在：

（1）针对风云卫星四类载荷建立了大气透过率快速计算模型，为风云卫星在多个领域的应用提供关键技术支撑。

（2）建立了高精度的非球形气溶胶 / 云粒子散射数据库，显著提升大气环境参数遥感和云雨区卫

星资料同化水平。

（3）发展了双尺度粗糙度理论，建立的全矢量洋面反射率矩阵可为矢量辐射传输模型提供精确的下边界条件，并为洋面主动微波遥感提供精确的正演模型。

（4）自主研发的辐射传输求解和伴随模式，在与国外同类模式精度一致的前提下，红外和微波波段计算效率提升 50%，在可见光波段计算效率提升 80%。ARMS 现已与欧美的 CRTM 和 RTTOV 模式共同成为支撑卫星资料数据同化及产品研发和应用的核心技术。

同时，ARMS 团队以 ARMS 的研发为依托，聚焦卫星研究与应用关键科学技术问题，提高卫星工程应用效益，特别是基于 ARMS 和一维变分反演算法建立了场景自适应的微波遥感反演平台，完成了利用 FY-3D 微波探测仪对台风的热力结构、台风的定位定强以及降水进行实时反演，实现了对西北太平洋海域台风活动的实时监测。依托 ARMS 及其应用的创新性工作，ARMS 团队参加了由多个部委联合主办的“新一代风云气象卫星科学算法创新大赛”并在总计 508 支报名参赛队伍中脱颖而出，一举摘得唯一的特等奖桂冠。

3. 成果产生的影响或转化应用绩效和贡献

国产快速辐射传输模式 ARMS 已耦合到中国气象局数值预报模式系统 CMA-GFS 和 CMA-MESO 中，并在国家卫星气象中心、国家气象中心、中国气象局上海台风研究所、国防科技大学等多个单位得到应用。

ARMS 发展的 FY-4A GIIRS 大气透过率快速计算模型已提供给美国卫星资料同化联合中心使用。ARMS 已耦合进入了华东区域数值预报系统，替换了原同化系统使用的由美国发展的 CRTM 并支持中国风云卫星遥感资料的同化应用。以 ARMS 为观测算子的全球场景自适应一维变分反演系统（GSDART）已在国家卫星气象中心进行业务运行试验，该系统自动生成的台风垂直结构产品、降水率及台风定位定强等产品为国家卫星气象中心台风会商提供了有效的数据支撑。

ARMS 的研发和应用突破了影响我国风云卫星发展和数值预报卫星资料同化应用水平提升的关键卡脖子技术，扭转了我国风云卫星资料应用长久依赖欧美观测算子的现状，为风云卫星资料在更多领域的应用提供了关键技术保障。

1.15 雷雨大风分级预警及灾后评估技术

1.15.1 基本信息

完成单位：南京气象科技创新研究院、江苏省气象台、苏州市气象台

完成人：郑媛媛、杨吉、李熠、孙康远、王啸华、王易、王宏斌、徐芬、曾明剑、郑玉、慕瑞琪、陈刚、慕熙昱、孙伟

1.15.2 成果简介

1. 成果综述

在江苏省重点研发计划（社会发展）项目“对流性致灾强风预报预警技术与系统研发”等多项目支持下，针对雷雨大风分级预警和灾后评估问题，系统分析了近 10 年飑线和超级单体风暴结构特征，采用自助重采样技术，首次利用人工智能方法实现雷雨大风分级预警；系统分析了下击暴流风暴垂直结构特征，使用 LLSD 方法建立了下击暴流识别算法；首次基于铁塔和风廓线资料构建逐月、逐时风廓线分布曲线，结合灾害调查和多普勒天气雷达资料获取近地面不同高度风速产品。满足对流性大风灾后评估需求，弥补观测间距较大的不足，填补大风评估空白。建立了对流性致灾强风数据集，成果在国家气象中心强天气预报中心和江苏、浙江、江西省气象台等气象业务与电力部门推广应用，获得 3 项国家发明专利。

2. 创新程度、学术水平或科技进步

（1）雷雨大风分级预警算法。国内雷雨大风临近预警主要以主观定性预报为主，缺少客观分级预警技术。成果系统分析了近 10 年典型飑线和超级单体风暴结构特征，采用自助重采样生成训练样本，首次利用人工智能方法建立雷雨大风分级预警算法。提供灾害大风落区和分级预警产品，为敏感行业提供参考。获国家发明专利 1 项，发表相关学术论文 8 篇，在国家气象中心强天气预报中心和多省气象台业务应用，得到预报员认可。

（2）下击暴流识别算法。国内下击暴流研究集中于个例分析，缺少长时间序列的统计研究。成果系统分析了江苏暖季下击暴流环境条件和风暴垂直结构特征，使用 LLSD 方法反演风暴辐合、辐散垂直分布特征，建立下击暴流识别算法，实现下击暴流监测和临近预警。获得国家发明专利 1 项，发表

相关学术论文 6 篇，在江苏省气象台业务试应用。

（3）近地面大风反演算法。首次基于铁塔、风廓线雷达等多源观测资料提取风速廓线时空变化特征，构建逐月逐时风廓线分布曲线，结合灾害调查和多普勒天气雷达资料获取近地面不同高度风速产品。算法能够弥补自动站间距较大的不足，解决不同用户对流性地面大风产生灾害及时性评估的需求。相关成果获得国家发明专利 1 项，并在江苏省气象服务中心等单位应用。

国内强对流知名专家认为“项目充分利用多普勒天气雷达、风廓线雷达、自动气象站等多源探测资料，通过对径向速度与中气旋相关特征参数对比分析，揭示了雷暴大风对流风暴的特征差异，并采用人工智能方法，实现对对流性致灾强风的实时客观精细化分级及其临近预警。利用气象铁塔、风廓线雷达资料和灾害调查信息，联合多普勒天气雷达径向速度数据，研发了近地面对流性致灾强风计算方法及其软件系统，对对流性致灾强风灾害预警和灾后评估提供了技术支持。”江苏省科技查新咨询中心的查新结论为上述技术“在所检文献中未见述及”。

3. 成果产生的影响或转化应用绩效和贡献

雷雨大风分级预警算法在江苏省业务准入，并推广至国家强天气预报中心、江西和浙江等气象台，在 2021 年 4 月 30 日南通大风等过程中发挥重要作用。下击暴流识别算法试用以来，成功预警 2021 年 7 月 15 日江苏下击暴流等过程。近地面大风计算方法应用于近地面大风灾害评估以来，获得较好的使用效果和经济效益。在 2016 年 7 月 29 日南通棉花仓库损毁事故中，为大风灾害评估提供客观依据，获得用户好评。成果进一步发挥了天气雷达的经济效益，提高了致灾强风监测预警和评估能力。

培养了一支强有力的雷雨大风监测预警及灾后评估研发队伍，先后 1 人入选江苏省“333 高层次人才培养工程”第二层次培养对象，5 人入选第三层次培养对象；1 人入选江苏省气象局气象领军人才；1 人获第九届全国优秀青年气象科技工作者；3 人入选江苏省气象局业务科技青年英才。应邀在全国中尺度气象学论坛、全国强对流预报技术论坛等做雷雨大风监测预警技术及应用特邀报告，并在多地区多行业授课，提升了成果技术影响力和辐射力。

成果所用资料（SA 雷达基数据等）为标准格式数据，均可通过“天擎”系统实时获取。成果均为独立运行模块，可移植性强，可直接在 SA 雷达覆盖区域推广应用。

1.16 利用星载仪器观测研究夏季青藏高原云降水及辐射

1.16.1 基本信息

完成单位：中国科学技术大学

完成人：傅云飞、李锐、刘奇、王雨、仲雷、赵纯、马明

1.16.2 成果简介

1. 成果综述

成果来自 2019—2022 年承担的国家自然科学基金重大研究计划的重点集成项目“青藏高原云降水物理及其对能量收支和水分循环的影响”（批准号：91837310）。因对青藏高原云降水及辐射特征认识不足，导致天气模式不能客观地模拟高原云降水及辐射过程；本研究通过集成星载主被动多仪器的观测数据及其他资料，研制了多套多时空尺度的高原云降水及辐射收支综合资料集及相应计算处理方法，率先建立了潜热廓线反演物理算法和简化算法；揭示了云参数时空分布及变化特征、降水时空分布及垂直结构特征、地气长短波辐射及收支特征、云对地气辐射系统的影响，探索了影响高原云降水数值模拟关键因子。实现了对高原云降水物理及辐射等认知的提升。

2. 创新程度、学术水平或技术进步

在技术方法方面：

（1）率先建立了高原雨团几何参数和物理参数的逐日逐轨雨团——潜热数据集，并率先揭示了雨团的几何参数和物理参数特征及其之间的关系，从降水最基本形态——雨团视角展现了高原雨团降水的结构特征。

（2）通过设计改变微波成像仪椭圆天线为等效方形天线，率先创造了被动微波像元数据格点化方法，消除了传统方法格点化带来的误差。

（3）率先创造了星载测雨雷达的降水廓线与无线电掩星及探空温湿风廓线的融合方法，并率先揭示了高原夏季穿透性对流的热力结构。

（4）率先建立了星载测雨雷达探测的降水参数、可见光 / 红外扫描仪观测信号与再分析大气参数的融合算法和相应数据集，为研究高原降水及相应的大气参数环境提供了基础数据。

（5）率先建立了利用降水垂直结构计算高原降水潜热结构的物理反演方法及简化反演算法。

在科学方面：

（1）系统地揭示了高原降水强度、频次、最大回波强度等参量的时空分布特征，包括日变化特征及其区域差异，指出高原上大气柱受到地形高度的压缩是降水强度小的一个重要原因。

（2）率先指出高原高海拔地形造成了降水回波结构不同于非高原的对流降水和层状降水回波结构，定义了夏季青藏高原深厚降水（深厚强和深厚弱）和浅薄降水，率先揭示了其空间分布特征，并揭示了潜热时空分布。

（3）率先揭示了喜马拉雅山脉南坡陡峭地形的云和降水气候分布特点，指出山脚区的强气流辐合导致降水强度大、消耗水汽多，致使陡坡区降水强度小、频次高的机理。

（4）率先揭示了夏季高原及周边地区大气顶长短波辐射、地面接收短波辐射和大气净辐射的空间分布特征及其日变化的区域性差异，增进了对夏季高原大范围辐射特征的认知。

上述成果多发表在高影响期刊上（SCI 25 篇，其中 1 区 10 篇、2 区 12 篇），出版专著《星载仪器观测的夏季青藏高原云降水及辐射研究》。

3. 成果产生的影响或转化应用绩效和贡献

本研究属于基础研究，但研究结果的社会效应表现在对青藏高原战略发展及国家安全行动具有潜在应用或参考价值。如降水强度和频次的空间分布，可以作为行动方案（住房土木建设、道路建设、机场建设等）中的参考因素。项目执行中完成的专著《星载仪器观测的夏季青藏高原云降水及辐射研究》被中国科学技术大学研究生院列为研究生教材，其部分内容用于研究生课程“气溶胶、云和降水卫星遥感”（课程编号：ATMO6113P.01）。

1.17 青藏高原气象观测技术综合试验及应用研究

1.17.1 基本信息

完成单位：中国气象科学研究院、国家卫星气象中心、中国科学院大气物理研究所、中国气象局气象探测中心、中国气象局成都高原气象研究所、西藏高原大气环境科学研究所、云南省气象台、青海省气象科学研究所

完成人：赵平、徐祥德、唐世浩、郭学良、曹云昌、李跃清、董立新、除多、刘黎平、孙绩华、周秉荣、张胜军、廖荣伟、管琴、周秀骥

1.17.2 成果简介

1. 成果综述

成果来源于多部门联合发起的“第三次青藏高原大气科学试验”。经过8年研发，解决了如下关键科技问题：适应青藏高原高寒复杂地形环境的实时数据采集传输技术及监测分析系统，自动探空系统升级改造技术，高频观测资料质量控制技术，风云卫星和GPS/MET大气可降水量、风云卫星土壤湿度反演算法，云、天气和风廓线等雷达数据处理技术；高原陆面—边界层—对流层的天—地—空综合观测试验方案设计及实施；高原东西部加热和对流边界层结构差异对云降水物理过程的影响，以及云—降水宏微观特征和发展机制，高原对流系统移动追踪技术；高原测站稀疏区资料同化技术，用最大熵增模型计算地面热通量在高原的适用性，高原陆面—边界层参数化方案优化。

2. 创新程度、学术水平或科技进步

创建了具有自主知识产权的适应高寒复杂地形及无人值守的地面数据采集传输技术和远程分析监控系统，研发了低温大风环境的国产自动探空系统业务运行软硬件技术，以及地面、高空秒级高频观测数据的质量控制实时处理技术。突破了适用于高原低温低水汽特征的风云卫星和GPS/MET大气可降水量及复杂地形多次反射的风廓线雷达数据反演技术难题，使产品质量达到或接近国际同类产品先进水平。

基于上述创新，首次设计实施了青藏高原陆面—边界层—对流层云—降水物理过程的天—地—空一体化综合观测，在高原建成风云卫星产品的多级多尺度校验观测网、高原多尺度陆面—边界层观测

网、高原东西部高空常规要素观测网，填补高原中西部无土壤湿度和高空常规要素业务观测的空白以及高原主体无飞机直接观测云微物理特征的空白。

应用新增数据，发现了高原东西部地面加热和对流边界层结构非均匀特征、高原中部对流活动的独立性及云降水宏微观特征等新现象，创新性地提出了高原东西部陆面—边界层差异影响云降水物理过程发展的机理以及用水汽“涡度”定量追踪连续波雷达回波强度的指标，首次验证了最大熵增模型较莫宁—奥布霍夫相似理论方法在计算高原地表热通量的优势，并改进了数值预报模式对高原气温和降水的模拟性能。

成果以“优秀”等级通过中国气象局科技与气候变化司组织的验收，专家肯定了“实现青藏高原陆面—边界层—对流层天—地—空一体化综合观测技术的重要突破；创新发展高原土壤温湿度多级多尺度自动观测、边界层—对流层多尺度过程观测和云微物理特征综合观测等观测新技术；在构建高原综合观测系统、发展关键水循环变量遥感反演算法和模型参数化方案、揭示重要观测事实和物理过程等方面取得的多项重要创新性成果”。观测设计方案、实施和数据应用成果发表在国际高影响杂志上，获得国家发明专利、实用新型专利和国家标准。成果总体处于国际领先，入选中国科协“2020 年度中国生态环境十大科技进展”，主流媒体宣传报道，得到公认。

3. 成果产生的影响或转化应用绩效和贡献

本成果的技术成熟，已实现国家级业务应用转化 13 个，省级业务应用转化 10 个，国企业务应用转化 1 个，其中站网布局设计、自动探空系统业务技术规范的应用为中国气象局优化青藏高原业务观测网布局和建设提供了技术支撑；新研制的风云卫星和 GPS/MET 大气可降水量、风云卫星土壤湿度算法以及风廓线雷达算法实现国家级业务化，提高了国家级业务产品质量，一些质量达到国际同类产品先进水平，促进了国家气象监测业务技术进步；首次应用最大熵增模型参数化技术降低了睿图—城市数值预报模式（RMAPS-Urban）的地面热通量计算误差，提高了 CMA-BJ 业务模式的全国强降水预报 TS 评分；新研制数据的应用，降低了国家级全球模式对东亚大气环流的预报误差，提升了西南省区降水预报预警能力，支撑了国家防灾减灾和“三农”服务，服务于“一带一路”国家，提升了我国的影响力。中国气象局充分肯定了成果应用转化对气象业务发展的贡献，为国家“第二次青藏高原综合科学考察”奠定了基础。通过网站共享数据，产生了明显的社会效益；通过多媒体报道，科普片获 2020 年度全国优秀科普微视频作品、第十九届北京科技声像作品“银河奖”二等奖，推动了科学普及，扩大了社会影响。

1.18 青藏高原热源与天气系统影响我国灾害性天气的机理研究

1.18.1 基本信息

完成单位：中国气象局成都高原气象研究所、四川省气象灾害防御技术中心

完成人：李跃清、李国平、肖天贵、郁淑华、何光碧、刘海文、衡志炜、余莲、程晓龙、陈永仁、屠妮妮、高笃鸣、曾波、董元昌、向朔育

1.18.2 成果简介

1. 成果综述

国家自然科学基金“青藏高原地—气耦合系统变化及其全球气候效应”重点基金项目“青藏高原热源与天气系统影响我国灾害性天气的机理研究”。基于多源观测试验资料，针对高原热源与天气系统对我国灾害性天气影响的关键科学问题，通过观测分析、试验验证、诊断研究、数值模拟和理论分析，辨识了高原热源、天气系统影响我国灾害性天气的关键区与强信号，揭示了高原热源非均匀结构、高原天气系统演变东移机制，阐明了高原热源和天气系统影响我国灾害性天气的物理过程与异常原因，建立了高原热源与天气系统多尺度相互作用对灾害性天气影响模型，发展了青藏高原影响灾害性天气的预报理论与关键技术，支撑了灾害性天气业务预报。

2. 创新程度、学术水平或科技进步

在青藏高原热源与天气系统影响我国灾害性天气的观测、机理、技术及应用方面取得新进展。

（1）评估、验证高原热源、天气系统和水汽输送关键区，提出高原气象观测布局思路；揭示高原地面加热（感热）对高原涡生成的重要性，潜热对移出高原涡生成有更大影响；提出前（后）部暖（冷）平流协同作用的西南涡移动新机制；揭示高原关键区扰动能量的积累、传播、频散和释放与我国夏季异常降水、冬季低温雨雪等天气强度、持续的密切联系。

（2）发现西南涡生成涡源九龙县、川渝盆地和小金县的内在联系及相互作用，提出上游风场扰动对下游涡源的影响也是西南涡的形成机制；指出九龙涡源地存在不同生命史、夜发性、移动特征和天

气影响的 3 个次涡源，揭示了涡源的多尺度特征；得到高原涡与西南涡伴行、打转和折回路径，“双中心”“空心”和“涡眼”等新事实；基于不同于传统垂直耦合的深厚型低涡横向耦合，提出高原涡与西南涡耦合作用的新机制；发现高原涡生成初期、移出高原后不同的能量主导过程，强盛期其潜热能出现与台风云系类似的螺旋结构及成因。

（3）指出高原涡、西南涡表现出层状性降水为主，但对流性降水效率更高、贡献更大，降雨强度谱（1 ～ 50 mm/h）更宽的特征；揭示高原东侧重力波过程与西南涡活动的关联性，尤其是水平传播方向与西南涡移出及路径相关、夜发性相似等特征；得到高原降水过程垂直速度和散度交替表现出波动传播特征，中尺度重力波对强降水过程起主要作用。

（4）基于夏季 41 天高分辨率加密观测试验，实现对西南涡演变及其影响的“过程观测”；提出观测试验与天气预报互动的新思路，建立观测试验与短期预报平台、区域数值模式融合的低涡及降水业务预报新技术。对于低涡协同活动、耦合作用、涡源关系、热源影响、能量特征、低涡暴雨等成果产生了良好学术影响，受到同行充分肯定，丰富发展了青藏高原影响灾害性天气的基础理论与预报技术，为我国天气灾害研究与业务提供了重要支撑。

3. 成果产生的影响或转化应用绩效和贡献

通过“观测试验—理论研究—业务应用”的机制，成果学术影响广泛，得到同行的充分肯定，有效转化为业务能力。国外专家认为“是对次天气尺度天气学 / 动力气象学的一个坚实贡献”，并为国家自然科学基金重大研究计划集成项目“青藏高原地—气耦合过程对区域灾害天气的影响”立项奠定了基础；基于时空加密观测试验，成功捕捉高原天气系统演变及其影响的完整“过程观测”资料，建立基于客观识别的 30 年夏季高原低涡发生频数共享数据集；高分辨率加密观测试验资料实时融入业务预报系统，落地成都区域气象中心，形成“加密观测试验 +MICAPS 业务平台”“加密观测试验 +SWC-WARMS 数值模式预报业务系统”等应用技术，并成为主要预报工具；强降水致灾评估业务系统、移出高原涡持续活动预报等在四川、陕西、重庆、湖南等气象部门应用；48 批 75 人次在国内外大会作报告，多次在中国气象局气象干部培训学院及四川和湖北分院、中国民航西南空管局等培训班讲授，学员达 500 多人次；中国新闻社以《专家解读长江流域强降水的背后：西南涡是“罪魁祸首”》为题作专题报道，揭示了我国长江流域持续性暴雨过程的成因。《科技日报》《中国科学报》《中国气象报》等进行 10 余次报道，综合影响和效益突出。

1.19 我国典型夏季风影响过渡区陆—气相互作用及其对夏季风响应研究

1.19.1 基本信息

完成单位：中国气象局兰州干旱气象研究所、南京信息工程大学

完成人：张强、岳平、王胜、王润元、曾剑、杨泽粟、李宏宇、张杰、于海鹏、张良、赵建华、杨金虎、张红丽、白冰、闫昕旸

1.19.2 成果简介

1. 成果综述

研究在国家自科学基金重点项目资助下完成，针对季风过渡区陆面过程与季风之间的互馈机制认知不足，对陆面过程和大气边界层的夏季风气候动力学参数化匮乏，以及单纯的陆面过程分析已不能满足全球变暖挑战需求。通过获得过渡区陆面通量数据集，分析过渡区季风—陆面系统耦合，构建陆面过程参数化方案。 成果提高了过渡区陆面水分收支对夏季风响应新认识，认识了陆面能量与生态过程耦合及其对季风响应规律；揭示了夏季风过渡区边界层时空变化特征及发展机制；探讨了过渡区季风与陆—气相互作用对区域气候影响。成果在国家基金委项目验收评审中获评“优秀”，为陆面过程模式及气候模拟提供有力科技支撑。

2. 创新程度、学术水平或技术进步

（1）发展了针对夏季风影响过渡区特点的陆面观测试验新内容：建立了观测识别陆面非降水性水分分量的新方法，首次实现了对非降水性水分分量的定量观测；构建了一套夏季风影响过渡区陆面通量数据集，填补了该区域通量数据空白。

（2）发现了过渡区陆面水分收支对夏季风响应新特征：提出了过渡区蒸发皿蒸发存在反“蒸发悖论”现象；研究了实际蒸散在过渡区的转换特征及作用机制；发展了考虑干旱胁迫蒸散量模型新参数化关系；揭示了过渡区非降水性水分对陆面水分平衡及对作物生长贡献。

（3）认识了陆面能量与生态过程耦合及其对季风响应规律：揭示了过渡区能量通量对夏季风的响

应规律及其参数化关系；发展了多因子和多尺度动力学粗糙度参数化新方案，揭示了季风过渡区能量与生态过程耦合特征及参数化关系。

（4）揭示了过渡区边界层时空变化特征及发展机制：发现了边界层高度的台阶式“陡降”特征，揭示了残余层能量对边界层发展的影响机制，模拟了夹卷作用对超厚边界层发展的影响。

（5）探讨了过渡区季风与陆—气相互作用对区域气候影响：揭示了过渡区气候干燥度与东亚夏季风北边缘位置及强度的关系；发现了过渡区年代际干旱与欧亚—北大西洋能量变化关系；发现了西北暖湿化向过渡区东扩的趋势特征。

（6）发表专业论文 73 篇，其中被 SCI 和 EI 收录 50 篇，被 SCI 和 CSCD 他引 478 次，获得了国际同行高度关注和肯定。譬如知名学者 S. J. Paulus 直接采用了 QINRW 方法，国际水文气象专家 G. J. Kidron、Forstner 等也引用了该方法。Clim Dyn 的论文引用 *JGR* 成果的结论揭示亚洲季风边缘区降水变化的强迫机制。张建云院士对出版的专著给予了积极评价：“……有望在促进陆面与水分相互作用研究领域认识水平的同时，能够对……等热点问题提供科学思路和基础科学依据。”获甘肃省科技进步一等奖 1 项。

3. 成果产生的影响或转化应用绩效和贡献

（1）成果显著提升了夏季风影响过渡区陆—气相互作用及其与气候互馈作用的关注度和国际国内影响力。其中建立的识别陆面非降水性水分分量的新方法、提出的存在反“蒸发悖论”现象、揭示的过渡区非降水性水分对陆面水分平衡及对作物生长贡献等成果皆为国内外首次，得到 Kidron、Forstner、Yasutake 等多位国内外知名学者的高度关注和积极评价。成果也被多个国际顶刊 *Science of The Total Environment*、*Ecological Indicators* 等引用。

（2）为重大决策服务提供了支撑：成果形成的咨询报告为政府科学应对气候变化和防灾减灾提供了重要理论依据。

（3）在科学技术普及方面发挥显著效益。多篇科普文章在搜狐网、腾讯网、观察者网、新浪博客、中国气象局网站等多家媒体平台上全文转载，阅读量总计超过 4000 次，提升了人们对夏季风过渡区陆面过程、气候暖湿化等方面的认识。

（4）人才培养和团队建设卓有成效：项目组 10 人入选国家或省部级人才计划，获省部级一等奖 1 项，培养博士后 6 名，博士硕士 14 名，3 人晋升二级研究员，7 人晋升正高级职称。

1.20 中国大陆副热带切变线研究

1.20.1 基本信息

完成单位：中国气象局气象干部培训学院、河南省气象台、青海省气象台、中国气象科学研究院

完成人：姚秀萍、马嘉理、刘俏华、张霞、闫丽朱、张硕、高媛、管琴、包晓红、赵大军、孙建元

1.20.2 成果简介

1. 成果综述

切变线是中国大陆副热带降水主要的影响天气系统，已有研究存在对切变线判识缺乏客观统一的标准和分类，对其气候学特征缺乏全面认知、与暴雨的定量关系不明晰、三维空间结构也缺乏全面认知不明确，对其日变化特征与机制缺乏研究、演变机制等研究存在不足有待完善等。

依托国家自然科学基金等 9 个项目、课题，聚焦中国大陆副热带切变线，围绕其研究和预报中的核心关键问题，解决的关键科技问题包括：（1）基于切变线动力本质的客观判识技术；（2）切变线属性（包括切变线三维空间结构及演变）的气候学特征；（3）切变线与暴雨的定量关系；（4）大气非绝热加热对切变线演变发展的作用及其机制；（5）大气位涡强迫对切变线演变发展的作用及其机制；（6）切变线日变化特征及其机制。

2. 创新程度、学术水平或科技进步

本项目利用长序列多源资料（1981—2020 年，共 40 年），采用“资料统计—诊断分析—机理揭示—业务应用（包括教学应用）”的技术路线，开展中国大陆副热带切变线研究，主要创新成果包括：

（1）创建了基于动力本质的切变线客观判识技术，提高了切变线的识别效率和正确率，建立了首个基于客观判识的近 40 年中国大陆副热带切变线数据集。

（2）揭示了切变线三维空间结构特征与演变特征。指出切变线为对流层中低层的浅薄天气系统，垂直方向上具有随高度北倾特征，与大气的斜压性密切相关。

（3）给出了切变线与暴雨的定量关系。夏季，近 70% 的江淮切变线会产生暴雨，梅雨期降水以暖切变线降水为主；近 60% 的高原横切变线给高原主体地区带来暴雨，超过 55% 的高原竖切变线造成高原东侧及其近邻地区暴雨。

（4）阐明了暴雨非绝热加热对切变线演变发展的反馈作用及其机制。发现大气非绝热加热与切变线演变的密切关系，大气非绝热加热的垂直非均匀性是切变线强度演变的主导因子，大气非绝热加热效应则主要受温度垂直平流作用的影响。

（5）明确了大气位涡强迫对切变线演变发展的作用及其机制。创新性地应用位涡诊断与等熵分析技术对切变线演变发展进行研究，发现了高空大值位涡沿 330 K 等熵面下传至切变线附近，通过平流作用向切变线附近输送位涡。

（6）揭示了切变线日变化特征及其机制。指出高原横切变线的发生频次、强度、动力与热力结构均具有显著的日变化特征；阐明了高原横切变线日变化机制在于热力因素，其中凝结潜热加热对高原横切变线日变化具有重要作用。

由中国气象局查新咨询单位出具的科技查新报告表明，关于切变线客观识别、数据集、结构特征及与暴雨关系的研究，大气非绝热加热与切变线关系的研究以及位涡与高原切变线关系、高原切变线日变化的研究等，除本项目组的成果外，在检索的国内外文献中未见报道，因此，以上主要成果的创新程度和学术水平与同类相比，具有先进性。

3. 成果产生的影响或转化应用绩效和贡献

本研究成果聚焦中国大陆副热带范围内的 2 类切变线，即江淮切变线与高原切变线，深化了对切变线的系统性认知。研究成果在江苏、安徽、河南、湖南、西藏、青海等省（自治区）气象台实际天气预报业务中得到推广与应用，为江淮地区、高原及其周边地区的灾害性天气的分析与预报提供了有效的科学指导和业务应用支撑，提升了灾害性天气预报能力及防灾减灾能力，对社会经济发展具有重要意义。“十三五”以来，基于项目为气象、民航、军队等多部门培养了一批天气动力学领域的业务、科研、教学人才，包括研究生 5 人，多地省市气象台及高校高级访问学者 15 人，在中国气象局气象干部培训学院形成中短期天气预报教学团队，指导数百名业务人员开展相关研究并完成了具有创新性的成果。

本研究成果列入中国气象局气象干部培训学院核心课程内容，同时在南京信息工程大学和成都信息工程大学的本科及研究生教学中得到了应用。成果第一完成人姚秀萍教授多次应邀在中国气象科学研究院等各高校、科研院所做研究成果的相关讲座，在大气科学人才培养方面发挥了重要作用。

该项目成果在气象教育与培训、气象业务发展中发挥了重要作用，有力推动了人才培养与研究型业务的发展，也对副热带气象和高原气象学科的发展做出了积极贡献。

1.21 中国黑碳气溶胶的理化特性及其对环境、气候和健康影响

1.21.1 基本信息

完成单位：北京市人工影响天气中心、南京信息工程大学、成都信息工程大学、浙江大学、京津冀环境气象预报预警中心、北京城市气象研究院、中国气象科学研究院

完成人：丁德平、孔少飞、朱彬、张小玲、赵德龙、刘丹彤、黄梦宇、田平、孙兆彬、安兴琴、张莹、吴剑、郑煌、高晋徽、刘超、潘晨、盛久江、李霞、王式功、康平、李怡、侯青、马盼、袁亮、樊晋、严沁、程溢、郑淑睿、刘玺、张颖、曾昕、牛真真、覃思、吴方琪、刘晋宏、冯韵恺、樊泽薇、许潇锋、张泽锋、王红磊、侯雪伟、康汉青、金莲姬、周顺武、房宸蔚、王东东、施双双、卢文、严殊祺、廖婷婷、宋旭萍、甘建红、丁海燕、董璠、赵茜

1.21.2 成果简介

1. 成果综述

研究主要基于国家重点研发计划“黑碳的农业与生活源排放对东亚气候、空气质量的影响及其气候—健康效益评估”项目，针对黑碳排放—老化—传输—暴露及其对应的气候、环境和健康效应进行研究。项目从黑碳观测—环境气候效应—流行病学研究和毒理试验入手，首次开展了大范围全国黑碳观测和排放清单构建，模拟研究了东亚地区我国黑碳对全球气候变化的影响、黑碳的气候和环境效应，评估了全国人口黑碳暴露水平和健康经济损失，为黑碳健康效应模拟—减排费效分析和减排策略研究提供重要科技支撑。撰写文章166篇，得到5项创新成果，其中2项成果被IPCC报告引用。

2. 创新程度、学术水平或科技进步

（1）首次开展了我国典型区域大气环境中黑碳气溶胶的综合立体观测、垂直分布特征及老化机制研究；给出了我国及全球黑碳气溶胶分布及其区域特征和行业来源，阐明了黑碳对东亚季风的影响；明确了超细粒子中黑碳气溶胶对呼吸道细胞和神经系统的毒性效应；开展了全国人口黑碳气溶胶暴露水平和健康经济损失评估，量化了不同情景的黑碳气溶胶减排成本与效益，提出了我国黑碳气溶胶的

优化减排策略。研究进一步提升了我国全球变化研究在黑碳领域的观测、分析、模拟能力，为国家参与全球气候治理及国际气候谈判提供科学支撑。

（2）项目建立了我国黑碳立体观测技术体系和平台。创建了单颗粒黑碳光度计（SP2）和气溶胶质谱仪（AMS）联合机载新型观测方法，首次针对中国大范围典型区域黑碳气溶胶垂直分布进行飞机观测（8 个典型区域，112 架次），获得垂直观测数据，所揭示的中国区域的黑碳垂直分布特征和云中黑碳新的移除机制成果被 IPCC AR6 引用。

（3）研发了新型烟雾箱设备，提出了不同源排放黑碳演化特征和机制的关键因素。自主设计了室内模拟燃烧、稀释采样等模拟平台，实现了推广应用；发展完善了清单构建方法学，编制了黑碳高时空分辨率清单，揭示了时空演变的驱动因素；开发了基于校正后钾离子动态约束波长吸收指数（AAE）优化黑碳源解析的新方法。

（4）自主研发了欧拉型黑碳区域源和行业源、大气水成物的在线源追踪技术，成为研究气候变化和效应的有力工具，并在国际学术平台 GMD 共享；有力支撑了全球、区域黑碳气溶胶溯源、东亚季风作用下我国黑碳对区域气候环境的影响研究，实现黑碳区域源和行业源在任意区域及贡献的追踪，为参与国际气候谈判增加话语权。

（5）率先开展了黑碳气溶胶与气温健康风险影响的协同增强作用和省级层面黑碳供应链驱动因素的研究，评估黑碳减排成本和健康经济效益，提出我国不同部门黑碳减排方案。

3. 成果产生的影响或转化应用绩效和贡献

飞机观测数据应用到北京大学、清华大学等 8 家单位，为其他国家重点研发计划提供数据和观测平台支撑。自主研发稀释连续可调的新型稀释采样系统，实现多种复杂污染源测试场景应用，实现转化 5 套；采用独特设计的缓冲罐和注入气路，开发了可识别和剥离单烟羽的烟雾箱，实现产品转化 2 套；上述设备已创造经济效益约 310 万元。研发的欧拉型大气水成物和黑碳的在线源追踪技术在国际学术平台共享，其他研究者已应用该技术发表了高水平学术论文。

黑碳气溶胶健康影响研究成果，被国内外多个科研团队作为重要流行病学证据引用。北京中医药大学将本课题模型及气象环境对健康影响研究成果应用于科研、教学、临床问诊中，证实了中医领域“五运六气”理论的流行病学基础，促进了当代流行病学研究与中医运气理论的相互交融。项目组在成果基础上形成了 3 份决策咨询报告，提出黑碳减排的最佳策略建议和方案，为政府决策提供参考和科学支撑。建立了飞机观测、民用燃料燃烧排放监测和清单构建、大气环境及其气候效应以及气象环境与健康的研究团队。

第2章

天气预报

2.1 $PM_{2.5}$污染气象条件评估技术

2.1.1 基本信息

完成单位：国家气象中心、中国气象科学研究院

完成人：张碧辉、花丛、王继康、张恒德、龚山陵、刘洪利、何建军、吕梦瑶、马学款、饶晓琴、张磊、刘超、江琪、桂海林、尤媛、安林昌、徐冉、迟茜元、南洋、谢超、李明

2.1.2 成果简介

1. 成果综述

2013年起，我国开展大气污染防治攻坚战，污染排放和气象条件是影响大气污染的内外因，开展气象条件评估是科学精准治污的基础。针对$PM_{2.5}$污染防治气象条件评估服务的迫切需求和技术空白，2015年起在国家重点研发计划“我国大气重污染累积与天气气候过程的双向反馈机制研究”、大气重污染成因及治理攻关项目“秋冬季大气重污染的物理过程机理研究”等项目的支持下，研究气象因子对$PM_{2.5}$污染扩散、传输、转化等过程的影响机制，结合数值模式和统计建模，研发气象条件评估技术体系，实现气象条件对$PM_{2.5}$本地累积、区域传输以及治理成效等方面的影响分类评估，解决了分离气象条件和污染排放对$PM_{2.5}$污染影响的关键问题。

2. 创新程度、学术水平或技术进步

我国$PM_{2.5}$污染治理力度空前，对气象条件评估提出全面需求，国际上鲜有类似的完备评估技术体系可供借鉴。以气象条件对$PM_{2.5}$污染扩散、传输、二次转化等不同过程的影响机制研究为基础，针对气象条件对$PM_{2.5}$本地累积、区域传输以及治理成效的影响分别研发气象条件分类评估技术方法。

（1）本地累积气象条件评估。大气持续静稳是$PM_{2.5}$本地累积的关键，大气静稳程度受多种气象因子共同影响。美国国家气候数据中心将大气静稳日定义为海平面和500 hPa小风天气，无法定量评估静稳程度。综合考虑大气环流、低层气象要素和边界层垂直结构的影响，以不同气象条件下$PM_{2.5}$污染发生概率密度函数为核心，研发静稳天气综合指数，定量评估大气静稳程度以及不同因子影响的归一化分布和相对贡献。基于大气静稳和污染排放之间的动态平衡和梯度扩散特征研究，研发环境气象指数，实现大气持续静稳程度的定量评估。

（2）区域传输气象条件评估。大气污染是本地排放累积与周边区域传输共同作用的结果。基于排放源强度、输送概率、距离权重与时间权重构建传输指数，包含了排放源、风速、风向对污染物传输的影响，指示不同轨迹对污染物传输影响的大小，为直观了解污染物的区域传输提供了依据。为定量评估不同区域之间污染传输相互影响，以污染来源示踪技术为核心，研发 $PM_{2.5}$ 污染来源解析技术，实现对全国范围省级、重点区域地市级的 $PM_{2.5}$ 全组分污染源示踪和全国范围 25 km 分辨率的格点化传输评估。

（3）治理成效气象条件评估。$PM_{2.5}$ 治理成效受气象条件和排放源的共同影响，如何科学定量综合地评估气象条件的影响，进而评估减排贡献是环境气象领域面对的一个难题。以 CMA-CUACE-Haze 模式为基础，考虑各气象因子对大气污染物的非线性作用，研发 $PM_{2.5}$ 气象条件评估指数（EMI），建立气象条件和减排措施贡献率评估方法，分离两者对治理成效的各自贡献。

3. 成果产生的影响或转化应用绩效和贡献

$PM_{2.5}$ 污染气象条件评估技术为发展环境气象评估业务提供了亟须的技术方法，推动了全国环境气象业务的发展和标准体系建设，提升了各级气象部门服务大气污染防治的气象保障能力。通过该项成果全国业务化，先后开展了环境气象指数评估服务、气象条件对大气污染防治效果影响评估服务、气象条件对大气污染物区域间传输影响评估服务等 3 项环境气象评估业务，制定了《空气污染扩散气象条件等级》《$PM_{2.5}$ 气象条件评估指数（EMI）》等 2 项行业标准，形成了全国统一、可追溯可对比的 $PM_{2.5}$ 气象条件评估体系。

成果在行业内外得到应用，为科学精准治污提供科技支撑。成果应用于重污染天气应急减排和重大活动空气质量保障评估服务，如 APEC 会议、纪念中国人民抗日战争暨世界反法西斯战争胜利 70 周年、上海进博会、中华人民共和国成立 70 周年等，制作气象条件评估决策服务材料 30 余期，参与中国工程院牵头组织的《大气污染防治行动计划》成效评估，为科学精准治污提供科技支撑。应用于北京大气环境第三方评估，报告得到北京市领导的批示和肯定。在北京、安徽、河南、广东 4 个省（市）开展本地应用，提升了面向地方政府需求的服务能力。成果也在环境部门推广应用，联合开展气象条件和减排成效评估。

2.2 超大城市强对流目标观测预警及决策支撑关键技术

2.2.1 基本信息

完成单位：上海中心气象台、上海市气象信息与技术支持中心、上海市气象灾害防御技术中心、复旦大学

完成人：马雷鸣、尹春光、王强、张军平、林红、储海、陈磊、戴建华、王海宾、杨辰、薛昊、朱家恺、孙一、徐康、范旭亮、顾宇丹、刘红亚、徐继业、茅懋、陈雷、韩昌、邹兰军

2.2.2 成果简介

1. 成果综述

成果受国家自然科学基金、中国气象局—上海市部市合作计划和上海市科委重点项目联合资助（总经费 2500 万元）。聚焦“强对流暴雨灾害精细化预警”国际难题，应用环上海 16 部天气雷达，自主研制了可动态跟踪强对流目标的多波段雷达自适应组网观测技术，扫描周期缩短到 30 s/ 次，被全国气象雷达发展规划采用；建立智能识别强对流突变特征的暴雨短临预报技术，准确率优于国际先进的 ConvLSTM 方法，被美国地球物理联合会旗下期刊引用；建立强对流暴雨灾害风险预警技术，有效应用于全国多省市防涝减灾决策。发布 2 项行业标准，授权 5 项国家发明专利。获中国气象局年度创新工作、全国智慧气象服务创新大赛一等奖和上海科技进步二等奖。

2. 创新程度、学术水平或科技进步

（1）多波段雷达自适应组网观测技术。针对超大城市突发强对流灾害监测预警国际难题，基于上海高密度雷达网，前瞻性地提出了通过组网天气雷达的数据融合，多维角度获取自动遴选的强对流区域特征，并据此完成 X 波段雷达对重点区域的自动观测扫描模式算法，根据重点区域的自动更新体扫描方式，开展针对中小尺度天气的协同观测业务，首次实现上海及长三角地区不同波段雷达自适应性协同观测和盲区全覆盖。针对快速发展强对流单体动态追踪 + “CT” 业务扫描，从非协同的 6 min/次提升到多雷达协同的 30 s/ 次。成果发布 1 项行业标准，授权 4 项发明专利，获中国气象局创新工

作，采用于雷达气象业务发展规划。

（2）可识别强对流突变结构的暴雨智能预报技术。创新提出基于多 Sigmoid 函数的星型网络结构机器学习暴雨预报模型（GN-STAR），可准确识别导致暴雨的强对流结构突变特征并预测暴雨。方法在美国 AGU 旗下期刊发表后被国际同行广泛引用，获评期刊最高引用文章。2019 年至今应用于上海无缝隙智能网格预报业务系统，降水预报评分居全国各省前列。2019—2021 年汛期业务应用，比项目执行前业务方法准确率提升 10%。该方法暴雨预报准确率高于国际先进的卷积神经网络（ConvLSTM）等方法。

（3）强对流暴雨内涝灾害风险精细预警技术。在上海强对流所致暴雨内涝成灾机理研究基础上，综合应用降水预报、管网、河网、泵闸、潮位等暴雨致灾因子，建立具有自主知识产权的上海超大城市极端暴雨内涝一体化实时评估模型，实现了上海强对流条件下的暴雨内涝风险动态预警。2019 年起业务应用于上海“城市精细化管理气象先知系统”，为上海城市运行精细化管理和进博会的举办提供了重要保障。

成果建立行业标准 1 项，授权 1 项国家发明专利、2 项软件著作权，获得上海市科技进步二等奖、全国智慧气象服务创新大赛应用创新一等奖。

3. 成果产生的影响或转化应用绩效和贡献

多雷达自适应组网观测技术被中国气象局“十四五”雷达业务发展规划采用，获评中国气象局年度创新工作。通过建模仿真分析上海组网天气雷达观测盲区，探索与通信钢塔行业的合作，发布了可有效弥补盲区的雷达钢塔建设气象行业标准，形成跨行业合作的案例，在陕西、河北雄安、安徽等地推广应用。

强对流暴雨系统特征智能识别与预报技术在美国 AGU 旗下期刊发表，并成为国际同行最高引用论文，得到广泛认可。系统自 2019 年起在上海中心气象台业务应用，面向华东区域、长三角各省气象部门发布强对流预报产品，有力支撑区域一体化预警联防。应用于中国国际进出口博览会、太湖流域防汛抗洪和春运气象服务等，先后获上海市领导批示、太湖流域防汛抗旱总指挥部办公室表扬、中国国际进出口博览会最美服务窗口、中国气象局重大服务先进集体等荣誉。

极端性暴雨内涝影响预报预警和决策支持技术成果应用于上海市排水运行调度管理平台，有效减轻了全市暴雨内涝灾害影响和损失；融入上海“城市大脑—城市精细化管理气象先知系统”中的场景服务，为上海城市运行精细化管理和进博会的举办提供了重要的技术保障，技术成果具有较强的可复制性，先后在多省市开展了应用推广，发挥了示范效应，并向 WMO“一带一路”国家培训班提供技术培训。

2.3 冬奥气象保障要素客观预报（STNF）系统

2.3.1 基本信息

完成单位：国家气象中心、清华大学软件学院

完成人：宫宇、唐健、赵声蓉、代刊、曾晓青、曹勇、刘凑华、李妮娜、熊敏诠、朱文剑、吴海旭、陶亦为、赵瑞霞、郭云谦、王玉

2.3.2 成果简介

1. 成果综述

冬奥气象保障要素客观预报（STNF）系统任务来源于“智慧冬奥 2022 天气预报示范计划”。该成果以国家气象中心智能预报网格技术为基础，针对冬奥赛场环境差异大、山区天气复杂且多变、模式对精细地形描述不足等预报问题，升级研制多机器学习方法逐点优选建模、表征天气学过程机理的特征工程技术、多维插值方法模式输出优化、模型和预报滚动更新等多项关键技术，构建短临至延伸期全时效要素客观预报系统，有力支撑冬奥赛事气象保障，在冬奥示范计划比较中风类短期预报第一。该系统继续支撑国家气象中心专项保障业务并推广应用到全国支撑重大气象保障。成果获得专利 1 项，软件著作权 3 项；发表论文 4 篇，专著 1 部；获省部级表彰 2 项，司局级奖 7 项。

2. 创新程度、学术水平或技术进步

（1）多机器学习方法逐点优选建模解决山地环境差异预报问题。针对赛场间因海拔、坡向、植被等环境差异所导致要素变化特征显著不同的问题，采用 5 种机器学习方法逐站点单独优选建模方案，对影响各点位大气和地理特征过程，分别针对性构建遴选当前环境下性能最优机器学习模型。所采用机器学习方法均为与预报员预报制作思维过程相似的决策树衍生算法，以期能够复现预报员思维决策过程，并借助其对该过程的批量化和多层化的复现，实现对模式要素预报误差非线性的判断订正。

（2）多尺度天气机理特征工程技术融合解决山地天气复杂问题。成果将模式诊断分析与多种机器学习方法结合，构建描述诸如大尺度变压风、中尺度回流、局地尺度山谷热力循环等多种天气形成机理概念模型表征诊断量，并结合对模式网格与实际地形相对关系的理解，采用在珠峰高程测量气象保障中应用效果良好的多维场插值算法，进一步优化模式复杂地形下预报输出，使所构建的预报模型具

备对相关物理过程的复现能力。

（3）海量数据工程化滚动更新建模应对山区天气快速变化。基于气象中心研发的 MetEva 及 MetDig，搭建承载海量数据处理的业务工程化方案，将最新实况和模式预报实时融入，实现所有赛场预报模型逐日滚动更新训练和 10 min 级预报更新订正，进一步提升预报效果的同时，在冬奥示范计划期间为唯一产品到报率和及时率双满分单位。

（4）优异预报性能为冬（残）奥赛事提供有力保障。成果全程支撑冬（残）奥赛事气象保障，并提交由 22 家单位参加比较的“智慧冬奥 2022 天气预报示范计划”，综合检验结果表明，风作为冬（残）奥户外赛决策最重要因素，期间 STNF 短期时效预报平均风的平均绝对误差约 0.9 m/s，阵风约 1.5 m/s，风向评分约 0.65，较最优模式原始预报提升 40%~60%，有超过同类预报 10% 的性能优势，在测试赛和正式比赛期间成为各赛区预报会商、预报服务不可或缺的应用参考，得到广大预报员的欢迎。

3. 成果产生的影响或转化应用绩效和贡献

（1）为赛事决策提供精准预报。高山滑雪、大跳台等比赛对风速预报要求极高，STNF 产品各要素评分在 FDP 同类产品中名列前茅，其中阵风和风向的短期（3 天）预报位居第一，为测试赛、正式比赛以及赛事调整关键节点提供精准预报服务。特别是通过驻场服务首席预报员向 3 个赛区 22 个比赛项目推送产品达 300 余次，在多次国家队夺金比赛期间制作推送的分钟级预报与实况基本吻合。

（2）增强技术辐射和影响力。冬奥示范计划汇集国内外先进气象研发成果提供冬奥气象监测、预报和服务的科技支撑，并为下届冬奥提供技术示范和经验分享。STNF 系统通过北京冬奥示范计划显示平台展示突出效果，在全国乃至世界的复杂地形下气象保障技术研发和应用起到典型示范作用，进一步增强国家气象中心的技术辐射和影响力，并为推动智能网格预报技术持续升级发展探索铺垫。

（3）继续发挥社会效益。面向全部国家站点，搭建 STNF 实时预报，支撑党的二十大、川藏铁路建设、珠峰科考登顶等多项气象中心专项保障任务。并在北京、浙江、成都等多地部署，为中亚峰会、杭州亚运会、成都大运会、宁夏回族自治区运动会提供技术支撑。

2.4 风云四号卫星高光谱探测仪目标观测和同化应用

2.4.1 基本信息

完成单位：中国气象局地球系统数值预报中心、国家卫星气象中心、中国科学院大气物理研究所、复旦大学

完成人：韩威、沈学顺、段晚锁、穆穆、刘永柱、尹若莹、王金成、陆风、李俊、王皓、秦晓昊、冯小虎、韩琦

2.4.2 成果简介

1. 成果综述

项目突破了风云四号静止轨道探测仪辐射率资料直接同化多项核心技术，基于 GRAPES 数值预报系统和敏感区线性奇异向量 SV 和非线性 CNOP 识别算法，实现了“观测 - 预报”智能化互动。数值预报不再只是被动地应用卫星观测，而是主动参与到卫星观测中，根据预报对象和同化预报需求，对卫星观测区域、观测频次等进行了智能化最优确定，通过数值预报和卫星观测的协同，实现了面向预报对象的风云四号探测仪智能化观测模式。2018—2022 年，在实时业务环境下，针对台风、暴雨等高影响天气过程和国庆阅兵等重大气象服务保障，开展了多次目标观测和实时同化应用，台风 24 h 和 48 h 路径预报准确性平均提高 10%。

2. 创新程度、学术水平或技术进步

（1）基于预报需求，在实时业务环境下实现了静止卫星高光谱大范围目标观测和同化应用，实现了观测和预报的“互动”，提高了重点关注区的预报精度，在业务实践中探索了风云卫星智能观测和同化应用的新途径。基于 GRAPES 云预报的探测仪最优晴空探测导航，提高了探测时间分辨率，时间分辨率由 2 h 提高到 0.5 h，实现了“观测 - 预报”智能化互动，在台风等高影响天气预报和重大气象服务中发挥了重要作用；开展了实时业务环境下探测仪加密观测和数值预报同化的星地协同工作；充分发挥了静止轨道卫星的探测优势，国际上第一次在业务中实现了静止气象卫星探测仪目标观测和同化应用。多次台风过程和中华人民共和国成立 70 周年气象保障服务均表明，交互式“观测 - 预报”技术可以精准提高对目标天气系统和重点保障区域天气的预报水平和服务能力。

（2）把我国学者发展非线性敏感区识别算法应用于业务数值预报系统，提高了对台风和降水关键要素的预报精度。把我国学者发展的更符合实际的条件非线性最优扰动（CNOP）原创方法，应用于中国气象局数值预报和同化系统 GRAPES，较国际主流使用的线性近似敏感区识别方法更为有效，所获得的目标观测实时同化到业务数值预报系统，显著提高了台风路径的预报精度，对强度和降水预报也展示出正贡献。

（3）国际上首次建立基于静止气象卫星高光谱大气探测仪观测的高精度三维大气风场反演算法和模型，完成风云四号所有加密观测期间的三维风场反演处理并发表相应的三维风场科学数据集。在气象局全球数值预报模式（GRAPES_GFS）中初步建立反演风场数据的同化流程，包括数据预处理和质量控制模块搭建等，初步试验分析结果合理。区域模式同化表明，同化三维水平风场能改进台风风场分析，从而提高台风路径和降水数值预报。

3. 成果产生的影响或转化应用绩效和贡献

自 2018 年 7 月以来，风云四号卫星红外高光谱探测仪目标观测和同化技术，国内首次在业务天气预报中实现了观测和预报的互动，提高了对台风等重大天气过程的预报准确率，成功应用于中央气象台多次重大天气过程预报和国家重大活动气象保障中。在业务应用中，针对台风和强降水等灾害性天气过程预报，根据中央气象台业务预报对目标区的精准预报需求，基于 GRAPES 敏感区识别技术确定加密观测区域，提高风云四号卫星探测仪观测时间频次，并在 GRAPES 四维变分同化系统中实时同化应用，充分发挥了风云四号卫星大范围机动灵活三维大气探测优势，抓住了中小尺度天气快变信号，减小了预报不确定性，提高了预报准确率，目标观测和同化应用对台风 24 h 和 48 h 路径预报平均提高 10%，为政府决策并提前采取措施预防灾害提供了重要支撑，为我国天气预报和防灾减灾、国家安全、经济社会发展和人民安全福祉做出了突出贡献。国际上首次建立基于静止气象卫星高光谱大气探测仪的高精度三维大气风场反演算法和模型，完成风云四号所有目标观测的三维风场反演处理并发表相应的三维风场科学数据集。试验表明，同化三维水平风场能改进台风风场分析，从而提高台风路径和降水数值预报。

2.5 福建省精细化网格天气预报关键技术

2.5.1 基本信息

完成单位：福建省气象台

完成人：吴启树、刘铭、苏同华、林青、林金淦、危国飞、李白良、潘宁、江晓南

2.5.2 成果简介

1. 成果综述

为满足政府和公众对气象服务多元化、精细化、精准化的需求，成果完成单位自 2011 年开始预研究起，在 10 多个课题和项目的支撑下，历经 10 年攻关，研制了一系列关键技术，推动福建省天气预报由传统站点到精细化网格预报的重大转变，建立了“有关键核心技术、有高效智能平台、有服务方式创新”的福建省精细化网格天气预报业务体系。成果主要解决了以下 4 个关键科技问题：发展温度、湿度等高斯变量数值预报模式精细化网格释用关键技术；改进降水、风等非高斯变量数值预报模式精细化网格释用关键技术；创建基于大数据的福建省无缝隙天气预报预警系统；实现基于大数据的气象服务方式变革。

2. 创新程度、学术水平或科技进步

为了更好地解决数值模式气温、湿度等高斯变量预报偏差的季节、日变化和空间差异性的问题，创新设计了准对称混合滑动训练期方案、昼夜分离订正算法、基于最优云量阈值子集分组建模的订正算法、基于平均绝对误差最优权重的多模式集成、基于最新逐时温度（露点温度等）预报偏差因子实时滚动订正算法等系列关键技术，多类关键技术啮合，形成精细和精准的气温、湿度、露点温度等高斯变量的网格客观预报产品。其中准对称混合滑动训练期方案为首创，与同类技术（滑动训练期，按季节、年划分训练期等）相比，提高了与预报日具有相似气候背景的样本量在总训练样本量中的占比。日最高气温和日最低气温昼夜分离订正方法为首创，与同类技术（24 h 整体进行日最高气温和最低气温订正）相比，考虑了模式气温偏差的昼夜差异，进一步减小了气温预报误差。

为了综合不同尺度数值模式降水、风等非高斯变量特别是降水的预报优势，创新设计了基于最优 TS 评分的降水分级订正算法、分区建模方案、降水分级最优化权重多模式集成方法、基于相似性的

雨带位置偏差订正算法、基于最新逐时降水预报偏差因子的滚动订正算法等一系列关键技术，快速生成“短临（0 ～ 12 h）+ 中短期（12 ～ 240 h）”的无缝隙、精细化降水等非高斯变量网格客观预报产品。其中基于最优 TS 评分的降水分级订正算法为首创，与同类技术（频率匹配法、概率匹配集合平均法、模式输出统计法）相比，更能使各降水量级的 TS 评分得到最优化。多模式降水分级最优化权重集成预报技术为首创，与同类技术（对同一次集成预报，集成权重多采用统一值）相比，更能吸收不同模式在不同降水量级的预报优点，集成产品各降水量级 TS 评分均能优于任一单个模式。基于数值模式温度预报分组建模的降水订正方法为首创，与不分组整体建模订正方法相比，优化了模式降水预报在不同气温条件下的 OTS 订正阈值，进一步提高了晴雨预报准确率和低量级降水 TS 评分。

3. 成果产生的影响或转化应用绩效和贡献

成果为福建省天气预报业务提供核心技术支撑，显著提高了福建省客观网格预报产品的准确率，推动福建省天气预报方式由传统城镇站点预报向以客观为主、主观为辅的高时空分辨率网格预报的重大转变，建立了“有关键核心技术、有高效智能平台、有服务方式创新”的福建省精细化网格天气预报业务体系。“十三五”期间，福建气温预报成绩较“十二五”提升 10% 以上，气温预报技巧综合排名位于全国前列。短期暴雨预报准确率较最先进的数值模式提高 7% 以上；晴雨预报技巧稳居全国前 3。应用成果参与 2019 年第一届全国智能预报技术方法交流大赛，逐 24 h、逐 3 h、逐 1 h 的晴雨预报准确率技巧均排名全国第一，参与 2021 年第二届全国智能预报技术方法交流大赛，降水和温度 2 个竞赛项目综合成绩均排名全国第一。精细、精准的网格预报在金砖国家领导人厦门会晤、2015 年全国青年运动会、数字中国建设峰会等重大活动保障，应急、水利、国土、海洋等行业部门以及灾害性天气过程防御中发挥了重要的决策参考作用，产生了重大的社会经济效益。技术成果先后被全国多个气象部门引进和借鉴，相关业务系统在国家气象中心和河北、贵州、青海等 8 个省（自治区、直辖市）气象局安装使用，具有重要的业务应用价值。

2.6 贯穿全流程的业务检验评估技术及系统

2.6.1 基本信息

完成单位：国家气象中心、中国气象科学研究院、中国气象局地球系统数值预报中心、清华大学、宁夏回族自治区气象台

完成人：符娇兰、陈昊明、刘凑华、赵滨、韦青、代刊、唐健、董全、宫宇、陈莉、杨有林、徐珺、李普曦、陶亦为、王毅、胡海川、林建、薛峰、杨寅、陆天舒、张金艳

2.6.2 成果简介

1. 成果综述

成果来自国家公益性行业（气象）科研专项（GYHY201306002）、国家重点研发计划项目（2018YFC1507600）等。由国家气象中心牵头，中国气象科学研究院等单位参与完成。围绕“如何评估天气预报业务全链条各个环节的预报价值”这一业务关键问题，研发完成模式预报检验评估、高分辨率模式精细化检验、智能网格预报质量评估、天气学检验平台、面向全流程的检验评估算法库等 8 类关键技术和 5 个业务系统，实现对业务全链条的定量化、精细化、多角度的检验评估，推进其由“质量监督”向“反馈驱动”转变，有效支持天气预报业务流程改革。发表论文 36 篇，其中 SCI/EI 论文 16 篇，获得软件著作权 12 项。获得 3 项省部级科技奖、4 项厅局级科技奖。

2. 创新程度、学术水平或科技进步

成果属于应用研究与技术开发相结合，创新性表现为系统性和集成创新。创新点包括：

（1）设计和开发了天气学检验技术及系统平台，从“面向天气过程的数值模式检验评估”角度，设计了完整的模式天气学检验流程、实现了海量模式数据的检验信息的挖掘和提取，并集成多种检验方法和技术，为预报员挖掘模式误差信息提供支持。该工作在国内外还设有类似系统，获得气象中心气象科技工作奖二等奖，已成为全流程检验评估业务的重要一环。

（2）研发了高分辨率模式时空精细化检验评估技术，以强降水过程特征及发展演变等精细化检验评估作为研究目标，多维度地评估高分辨率模式对降水系统发展不同阶段的预报偏差及其相关物理量的预报能力，获取模式偏差的整体结构特征，可弥补现有模式检验领域的空白，为模式客观评估等精

细化预报能力提升提供重要支撑，发表了SCI论文11篇。

（3）发展了基于可视化技术的数值模式检验评估技术。可视化技术不只是数据显示功能，而是与天气预报领域知识深度结合起来，辅助天气预报专家更好地应用海量数值模式历史预报信息，为未来气象大数据的挖掘提供重要发展方向。该工作成果发表在顶级国际计算科学会议文集上（IEEE VIS-SciVis 2015）。

（4）构建了基于集合预报的预报误差诊断、评估技术，提出集合敏感性分析和成员分组对比方法帮助预报员不断监测和分析上游天气系统的预报误差，对于提高极端降水的中期预报效果有重要的参考意义。

（5）开发了面向全流程的检验评估算法库（MetEva），集成发展了与检验评估相关的400多个算法功能，其中检验算法多达54种，涵盖了统一便捷的检验数据处理功能、适用于多种需求的检验算法以及检验图形产品可视化相关功能。获得气象中心气象科技工作奖二等奖，与国际同类系统“Model Evaluation Tools（MET）”等相比，MetEva的数据接口和检验算法更加全面、运行效率更高。

3. 成果产生的影响或转化应用绩效和贡献

（1）提升了预报员应用和订正模式的能力，主观预报较模式预报准确率提高了10%以上。天气学检验系统已成为中央气象台预报检验主要支撑平台，为GRAPES模式通过业务化评审提供了天气学检验评估技术支撑。

（2）为我国数值模式发展提供了强有力的支撑。高分辨率数值预报检验评估系统已成为我国区域模式检验评估业务主要支撑平台，成果两次被《中国气象报》作为研究型业务的重要成果报道。

（3）为我国天气预报产品质量监控提供了技术支持。天气预报业务检验评估系统为国家级、省级主要预报业务产品检验支撑平台，为管理部门提供了权威的预报质量评估结果。为2019年、2021年全国智能预报技术方法交流大赛提供了客观全面的检验结果，获得特别贡献奖。

（4）全面提升了我国预报检验评估技术水平。面向全流程的检验评估算法库为各级气象部门开发了通用检验评估算法，提供了高效、便捷的算法支持。多次在重大活动保障中得到应用，作为冬奥示范项目后台算法，为北京2022年冬奥会和冬残奥会气象服务保障提供了重要技术支撑。

（5）成果已在40余个省市气象台推广应用，为气象部门天气会商、复盘总结等提供了技术支撑，推动了我国天气预报检验业务的发展。

2.7 华东区域高分辨率数值预报关键技术及应用

2.7.1 基本信息

完成单位：中国气象局上海台风研究所、上海市生态气象和卫星遥感中心

完成人：黄伟、王晓峰、陈葆德、张蕾、张旭、杨玉华、殷岳、李佳、谭燕、许晓林、刘梦娟、谢英、张赟程、徐同、吴宛真

2.7.2 成果简介

1. 成果综述

依托国家重点研发计划、国家自然科学基金和中国气象局数值预报发展专项，围绕区域高分辨率数值预报性能提高和业务应用难点，开展研发工作。发展适合于对流尺度模式的多源观测资料数据预处理技术和协同同化方案，改进云分析技术推进雷达资料在数值预报中的有效应用，改善模式初值精度；加深对“灰色区域”尺度边界层、对流及微物理过程的认识，发展了不同于传统边界层方案的三维次网格混合参数化方案，突破了高分辨率数值模式的技术瓶颈；开创性使用混合云技术，发展数值预报云平台，解决全国范围高频高并发共享海量数据遇到的延误、缺漏关键难题；建立工程化的数值预报业务管理系统，集成上述研发成果，研发的华东区域数值预报系统性能及服务能力全国领先。

2. 创新程度、学术水平或科技进步

为模式提供一个合理描述中小尺度天气的初始场是对流尺度资料同化面临的挑战之一。针对这一问题，研制雷达、飞机报等稠密观测资料质量控制技术，发展适合于对流尺度模式的多源观测资料协同同化方案，改进云分析技术快速推进雷达资料在华东业务数值预报中的有效应用，相关成果已在CMA-SH系统中应用，其中采用云分析技术实现雷达反射率资料同化的技术路线相继被多个国内业务数值预报部门采用。

对流参数化和边界层参数化的“灰色区域”问题极大地限制了数值天气预报模式在高分辨率条件下性能的提高，是当前高分辨数值天气预报所面临的重要挑战之一。针对传统对流和边界层物理过程参数化方案在高分辨率下理论假定失效所造成的“灰色区域”等问题，打破传统边界层的集合平均假定和对流参数化的准平衡假定，发展了具有尺度自适应性的对流和湍流混合参数化方案，评估和分析

了千米尺度下模式微物理过程的气溶胶效应；其中三维湍流混合方案突破了一维垂直混合的限制，实现了湍流参数化三维混合在数学物理上的一致性和尺度适应性，为国内首个尺度自适应的三维湍流混合参数化方案，目前该方案被美国 NCAR WRF 模式采用，在 WRF 4.2 版本中对外发布。

如何让海量高分辨率预报产品第一时间抵达全国预报员的“桌面”是我国实际业务长期面临的痛点。以公有云作为基础设施资源建设“数值预报云”，创新性利用消息机制解耦、CDN、云上三重备份等多项技术，解决了海量数据高频、高并发快速交换的延误、数据丢失等痼疾，弹性峰值带宽达 1.8 GGb/s。2017 年，该云平台作为国家级业务平台正式运行，既确保了数值预报中心、北京、上海、广州等产品供应方海量数据稳定上云，又保证了全国各省气象部门按需定制、产品实时快速落地。系统运行以来，稳定性高达 99.996%，推送数据超过 1.3 PB，服务区域不仅惠及全国各大省市气象局，也为“一带一路”国家等提供了相应的服务支撑，荣获全国气象部门年度创新奖。

3. 成果产生的影响或转化应用绩效和贡献

上海数值预报模式系统（CMA-SH9）自通过中国气象局业务准入，历经几次升级，强降水量级及落区预报优于 ECMWF 模式。上海快速更新同化系统（CMA-SH3）于 2018 年通过中国气象局业务准入，是首个获得业务准入的快速更新同化数值预报系统。CMA-SH 系统广泛融入实时天气预报业务，数值预报云上订阅数在全国所有模式中排名第一，据统计，2017—2021 年汛期全国早会商中，CMA-SH 模式产品逐日使用率逐年提升，2021 年达到 100%。

CMA-SH 系统是我国重大社会活动的可靠技术保障。其稳定的预报性能和个性化定制，得到各部门的一致好评。如 2016 年作为 G20 杭州峰会气象服务的重要系统，荣获中国气象局先进集体表彰，并在金砖国家领导人厦门会晤、上合组织青岛峰会、中国国际进出口博览会、第七届世界军人运动会、第十四届全国运动会等气象服务保障中发挥重要作用。服务第三十一届世界大学生夏季运动会的“高分辨率区域数值预报系统建设”，已实现整体技术在西南区域中心落地。

CMA-SH 系统是践行国家“一带一路”倡议的典范。依托区域模式成果，开展“缅甸高分辨率数值预报系统建设”，有力支持缅甸气象现代化能力建设，得到时任中国气象局局长刘雅鸣的批示及缅甸国家水文和气象局正式感谢函，取得了良好的社会效益和文化价值。

2.8 基于多尺度模式的强降水短时短期精细化概率预报技术

2.8.1 基本信息

完成单位：国家气象中心、中国气象科学研究院、江苏省气象台

完成人：代刊、赵琳娜、宗志平、郭云谦、陈博宇、王玉、董全、唐健、胡宁、王毅、庄潇然、曹越、杨绚、齐丹、徐珺、王彬雁

2.8.2 成果简介

1. 成果综述

在重点研发计划基于多尺度模式的强降水短期精细化概率预报方法（2017YFC1502004）和中国气象局关键技术发展专项台风路径及降水网格预报技术（YBGJXM（2020）3A-03）等支持下，围绕多尺度模式预报不确定性信息的提取订正及其在暴雨（雪）概率预报中的应用技术开展研究。发展以精细化检验评估为基础的高分辨率集合预报数据集构建方法，解决了业务中强降水概率预报的数据基础问题；创新采用不确定性信息表征、机器学习降尺度、概率偏差订正等多种方法进行融合集成应用，实现了概率预报产品时空分辨率为 1 h、1 km，预报准确率提升 5% 以上的目标，推进强降水概率预报业务对标发达国家。发表论文 20 篇（4 篇 SCIE/EI），获得软件著作权 5 项，司局级以上奖励 5 项，培养首席专家、青年英才等 3 名。

2. 创新程度、学术水平或技术进步

为适应防灾减灾对预报精准化要求，紧跟国际业务发展前沿，发展了国家级强降水概率预报业务技术体系。

（1）发展了 0 ～ 24 h 强降水概率预报技术。发展了高分辨率集合数据集检验评估及构建技术，基于精细化检验评估，设计了“空间邻域”+“时间邻域”+“时间滞后”的集合方法，解决缺乏对流尺度集合预报问题。发表相关论文 5 篇。发展了千米级多模式多技术集成强降水概率预报技术。基于相似尺度的空间不确定性信息表征和自适应邻域半径概率预报技术，解决传统固定邻域问题。研发

地形空间降尺度、地形通带邻域概率、多因子耦合的概率订正、多模式概率权重集合和自动择优等技术，突破国外单一技术难以达到业务指标的难点，实现了24 h时效的逐1 h、1 km的强降水概率预报，评分提升 5% 以上。发表论文 2 篇，获得软件著作权 1 项。

（2）发展了 0 ～ 48 h 定量降水概率预报技术。发展了参数化和非参数化短期定量降水概率预报模型。构建了改进的贝叶斯模型平均（BMA）预报模型，建立 BMA 统计降尺度修正方法，实现暴雨评分提高 40%。发展多源融合非参数化降水概率预报技术，研发相似网格点方法扩充样本，融合逻辑回归、概率校准和自动择优等，实现了 48 h 时效逐 6 h、2.5 km 降水概率预报，质量提升 6% 以上。发表论文 3 篇，获得软件著作权 2 项。发展了融合集合成员优选和统计降尺度的台风概率预报技术，各时效 BS 评分改进幅度达 5.7%，对于大雨和暴雨量级改进幅度更加明显。论文 3 篇，获中心科技开发奖。发展了基于逻辑回归和神经网络的多分类事件概率订正的逐步条件二分类算法，实现了多分类相态集成预报，显著提升了降水相态概率预报的可靠性，减小了系统性偏差（提升 40%~60%）。发表论文 2 篇，获得软件著作权 1 项，获中心优秀论文奖。发展了集合敏感性分析技术，揭示强降水落区、强度对高、低层系统及环境场的敏感性，并定量化各影响因子的相对重要性，有效延长灾害性天气过程。发表论文 3 篇，获得软件著作权 1 项，获气象学会优秀论文奖。

3. 成果产生的影响或转化应用绩效和贡献

（1）提升了短时短期强降水的预报能力。成果提供全国范围汛期多源融合降水最优背景预报，通过业务评审，2022 年短期强降水提升 10% 以上。发展的台风最优路径暴雨预报在“暹芭”“梅花”过程中提供更具参考价值的预报结果，评分提升 10% 以上。

（2）提升了强降水业务预报的科技支撑能力。成果形成了台风降水主客观融合业务预报平台、多源定量降水预报融合业务系统、主客观融合的多源降水权重推荐平台 3 个业务应用平台，在重大天气过程预警、天气会商、对下指导、过程复盘中得到广泛应用。

（3）提升了重大气象保障的科技支撑能力。针对北京冬（残）奥会预报服务需求，提供了京津冀地区 1 km/h 的降水相态客观预报产品以及冬奥站点的降水相态客观预报产品，准确预报了不同赛区的降水相态。同时提供了西南地区 1 km 分辨率的降水相态客观预报产品，在川藏铁路预报服务中，发挥了支撑作用。

（4）成果得到广泛的示范应用及推广。成果在广东、四川、江苏、辽宁、海南等地业务单位开展了示范应用，提供的测试报告表明概率预报更具准确性和可靠性，此外，成果在广东、深圳、河北等地也得到了转化应用。

2.9 江淮地区龙卷预警技术研究与示范应用

2.9.1 基本信息

完成单位：江苏省气象台、南京气象科技创新研究院

完成人：王啸华、吴海英、郑媛媛、康志明、曾明剑、徐芬、王易、李杨、慕瑞琪、禹梁玉、喜度、张静、蒋义芳、王磊、张柳

2.9.2 成果简介

1. 成果综述

按照《全国龙卷监测预警业务试验方案》，在中国气象局和江苏省科技厅多个科研和业务项目的资助下，围绕江淮地区龙卷天气预警技术、业务流程等关键问题开展了系列研究与业务试验。研发了基于高分辨率数值模式的分类强对流潜势预报技术；构建了基于多源观测资料的对流风暴分类识别和临近预警技术；并通过业务转化，形成从龙卷潜势、短时预报和临近预警递进服务的龙卷预报预警客观产品链。建成了集约高效的省、市、县一体化龙卷预警指标和预警技术流程；规范了省、市、县三级龙卷预警联动机制和龙卷灾害调查体系；建立了包括全国 27 个典型龙卷的个例库，为开展龙卷研究提供了基础数据支持。提升了江苏龙卷临近预警能力，为全国龙卷业务试验起到示范作用。

2. 创新程度、学术水平或科技进步

（1）构建了江淮地区龙卷天气学概念模型、研制龙卷潜势预报技术。针对近 10 年梅雨锋龙卷和台风龙卷事件开展系统性研究，通过多尺度环流与关键环境物理量的合成分析，揭示了江淮地区梅雨期龙卷事件的关键环流结构和对流参数特征值分布，并开展了西风带龙卷与台风龙卷事件对流环境特征的差异分析。在此基础上，构建了梅雨锋龙卷与台风龙卷天气学概念模型，提炼关键潜势指标，发展了龙卷潜势预报技术，为开展有效跟踪、及时预警奠定了基础。

（2）研发了强风暴分类识别和融合外推预警技术。应用多源观测资料，研发了基于中气旋结构特征的分类强对流识别预警技术；在光流法外推预报的基础上，引入区域高分辨率数值模式热动力环境物理量预报，构建机器学习模型，形成具有物理约束的融合外推预报方法；相关技术已进行业务转化，形成实时客观预报产品，为开展龙卷预警业务试验提供了技术支持，提升了龙卷等致灾强风临近

预警能力。

（3）构建强天气短临预警平台。集成上述研究成果，研发了江苏强对流一体化预警业务平台，实现了监测预警、联防速报、诊断分析、智能预报、预报检验等功能模块，在近年来江苏强对流预报预警服务中发挥积极作用。

（4）建立了扁平、高效、规范的省、市、县一体化龙卷监测预警业务流程。在针对龙卷风暴不同阶段的特征及相应预报指标研究的基础上，设计编制了省、市、县一体化的龙卷实时监测、临近预警和服务流程规范，并开展了业务试验，该业务流程有效提高了省、市、县三级气象台临近预警联动效率和协同一致性，在近年来的江苏多次龙卷预报预警服务中发挥了重要作用，取得了良好的服务效果。

（5）建立了龙卷个例库和龙卷灾害调查体系。标准化开展了江苏龙卷过程的观测特征和灾情信息的整理及归档工作，以无人机灾害调查为主要技术手段，建立了江苏龙卷灾情调查体系，为龙卷的定级提供了数据支撑。制定了龙卷个例资料入库规则，建立龙卷灾害个例数据库，为龙卷后续研究提供了平台支撑。

3. 成果产生的影响或转化应用绩效和贡献

（1）建成省、市、县一体化龙卷预警业务技术体系，在江苏省气象部门应用，为全国龙卷业务试验起到示范作用。包括龙卷个例库、龙卷监测预警业务及灾害调查流程、龙卷预报预警客观产品系列、强天气综合报警追踪平台等部分，为江苏省气象部门充分应用。江苏各级气象台站根据省、市、县一体化龙卷预警技术流程，依托强天气综合报警追踪平台，参考龙卷潜势预报及分类强风暴识别和外推预报产品开展龙卷预警业务试验，取得良好效果，并在国家气象中心以及广东、辽宁、安徽等省起到示范应用。

（2）项目成果多次在龙卷过程的预警服务中应用，成效显著。2017—2020 年，江苏省、市、县级雷暴预警信号（提醒防御龙卷）TS 评分达 26%，平均预警提前 34 min。2020 年 6 月 12 日高邮龙卷过程中，预报员根据龙卷预警业务流程开展服务，提前 46 min 预警了高邮龙卷，《中国气象报》、学习强国 APP 分别进行了报道。2020 年 7 月 22 日淮北龙卷过程中，由于提前预判龙卷潜势，及时发布龙卷预警，减轻了经济社会损失，龙卷预警服务受到了当地政府的高度评价，此次服务入选 2020 年全国气象服务优秀典型案例。

项目编写规范 1 份，发表科技论文 11 篇；取得国家发明专利 1 项、实用新型专利 1 项、软件著作权 8 项。

2.10 南海台风数值预报模式关键技术研发及应用

2.10.1 基本信息

完成单位：中国气象局广州热带海洋气象研究所

完成人：冯业荣、陈子通、徐道生、戴光丰、张艳霞、张旭斌、黄燕燕、钟水新、李昊睿、张诚忠、蒙伟光、李梦婕、吴凯昕、文秋实、叶爱芬

2.10.2 成果简介

1. 成果综述

在世界气象组织 AOP 项目、国家自然科学基金项目、广东省省级财政专项等项目的支撑下，对南海台风数值预报模式关键技术进行改进，在台风数值预报方面取得显著进步。解决的关键科技问题主要包括：（1）通过雷达和飞机下投式探空资料同化，有效改进登陆台风的风雨预报效果；（2）揭示了西南季风背景下热带对流和层状云的相互影响机制，并相应地改进了模式对流参数化方案设计；（3）总结了不同强度下的南海台风结构特征，提出 1 套适用于南海区域的台风初始化方案；（4）首次提出“三维参考大气”的概念，并在此基础上创立了高精度高稳定性的模式动力框架；（5）发展了先进的集合扰动与后处理技术，建立台风集合预报系统。

2. 创新程度、学术水平或科技进步

与国内外同类数值预报模式相比，南海台风数值预报模式的技术进步及其创新性主要体现在以下几方面：

（1）登陆华南的台风风雨预报更加精确。依托广东沿海先进的雷达组网观测资料，研制了 1 种贝叶斯水汽反演方案，在此基础上通过变分方法对反演资料进行同化，为模式预报提供精细的热力初始场。同时也对香港天文台提供的飞机下投式探空资料进行同化，进一步改善了登陆台风的风雨预报。

（2）在南海台风生成预报方面表现特别突出。揭示了西南季风背景下对流和层状云的相互作用机制，并在此基础上改进积云参数化方案。经过改进后的南海台风数值预报模式能在台风编号前提前 3 ～ 7 天预报南海台风的生成，该项预报水平在国内外各家业务模式中遥遥领先。

（3）更加符合南海台风结构特征的初始化方案。通过强度分级构建了 1 种更加符合南海台风结构

特征的合成涡旋模型，并将它应用于模式台风初始化方案。该技术对于近海弱台风的强度和路径预报有明显改进，尤其是对南海土台风的应用效果更为显著。

（4）高计算精度和稳定性的模式动力框架。首创性地提出三维参考大气方案，有效避免了模式分辨率提高以后一维参考大气方案中大尺度地形引起的扰动量偏大现象，使得模式计算精度和稳定性得到大幅度提高。该技术已被中国气象局地球系统数值预报中心推广移植并投入业务应用。

（5）国际先进的台风集合预报系统。基于对集合预报中不同来源扰动的多尺度特征及其相互作用关系研究，发展了 1 套“多源多类型扰动组合”技术，并建立了相应的业务台风集合预报系统，填补了国内区域台风集合预报业务的空白。相关成果已被发表在 *Quarterly Journal of the Royal Meteorological Society*、*Monthly Weather Review* 等国际一流期刊，受到了国内外同行广泛关注。

第九届全国台风及海洋气象专家工作组提供的 2021 年国内外各家业务模式评估结果表明，南海台风数值预报模式的路径预报效果仅次于欧洲全球模式，强度预报误差也仅次于美国 HWRF 模式。该成果标志着我国台风数值预报水平进入国际先进行列。

3. 成果产生的影响或转化应用绩效和贡献

本成果的影响主要体现在以下 4 个方面：

（1）在华南地区防灾减灾中发挥了不可替代的作用，经济效益显著。南海台风数值预报模式在近年来严重影响华南的台风预报服务中发挥了重要作用。以 2018 年登陆广东的超强台风“山竹”为例，升级后的南海台风数值预报模式提前多天对登陆时间和位置作出准确预报，使得政府部门可及时做出应急响应，最终“山竹”造成的损失为 53 亿元，与路径相似、强度相近的 2015 年“彩虹”相比，直接经济损失减少了 247.1 亿元。

（2）在重大社会活动气象保障中发挥重大作用。本成果在我国气象部门以及民航、海洋、军事等多个重要部门推广应用，为重大社会和经济活动提供气象保障服务，有效提高了气象预报对国家安全、国民经济和社会发展的护航保障能力。

（3）提升了我国台风防灾减灾的国际影响力。通过世界气象组织年度执行项目、台风数值预报模式产品的国际共享，将成果向东南亚地区推广应用，显著提升了我国台风数值预报业务的国际影响力和认可度。

（4）培养了一批台风防灾减灾人才。通过模式研发过程，为我国台风数值预报科研与业务预报造就了一支高素质人才队伍。2021 年，数值预报团队获得“全国工人先锋号”荣誉。

2.11 气象信息综合分析处理系统第四版（MICAPS4）

2.11.1 基本信息

完成单位：国家气象中心

完成人：高嵩、李月安、刘盼、贺雅楠、曹莉、韩丰、胡争光、薛峰、王若曈、于连庆、王建民、黄向东、徐拥军、王萍

2.11.2 成果简介

1. 成果综述

气象信息综合分析处理系统（MICAPS）是我国具有自主知识产权的天气预报基础业务平台，是我国气象现代化建设的重要组成部分。近年来，为满足千米级精细化预报需求，适应信息技术迅猛发展，突破新一代气象卫星、数值预报、集合预报等核心业务数据爆发增长带来的数据处理、分析、显示等全业务链应用效率瓶颈，国家气象中心自 2013 年起开展 MICAPS4 技术攻关，最终建成了具有国际先进水平的现代化天气预报业务平台，在海量数据实时解析、存储和显示方面达到国内领先水平，实现了大数据时代气象信息处理和天气预报制作技术跨越性发展，极大提高了工作效率，成为提高预报准确率与精细化水平的重要手段，在预报服务业务中起到了关键作用。

2. 创新程度、学术水平或科技进步

（1）建立高性能的实时气象信息处理架构。应用分布式存储、流式计算大数据等技术将集合预报、高分辨率区域模式等关键数据处理时延缩短 2 h 以上；利用分布式与多级缓存技术较好地解决了海量气象数据高并发检索性能劣化问题，数据检索速度提高 2 个数量级，支持数据记录规模从百万级增至亿级。

（2）研制气象高效图形渲染引擎。基于多核 CPU、GPU 加速、并行渲染、几何着色器、纹理数组和异步缓冲对象等技术将气象图形绘制效率提高 10 倍以上，稠密自动站显示时间缩短到 1 s 以内。首次实现高分辨率观测、模式预报、集合预报在统一平台中的综合应用，提升海量气象数据的分析预

报能力。

（3）研发了先进的气象可视化与预报算法库。自主研发了离散点插值、栅格投影等高稠密自动站、模式数据高性能分析算法；基于天气概念模型与数据挖掘技术实现槽线、脊线、涡旋中心、切变线、急流、冷锋识别；实现灾害性天气监测预警、冰雹自动识别、冰雹概率预报预警、格站点一体化编辑、预报要素协调性等多种预报与预警算法，提高分析、识别、预报预警智能化水平。

（4）建成现代、专业的智能预报预警平台体系。基于面向服务的微内核框架实现气象数据模型、应用、显示的解耦，通过模块动态装配和扩展实现天气分析、灾害性天气监测、短临预报预警、灾害性天气预报、台风海洋预报预警、定量降水预报等业务功能、流程编排以及事务协同，增强专业化、精细化、智能化预报业务支撑和协同能力，提升天气监测预报预警的制作发布效率。

3. 成果产生的影响或转化应用绩效和贡献

MICAPS4 于 2017 年 12 月在中国气象局投入业务化，并已在中国气象局各级业务部门推广应用，全国近 3000 个气象台站业务列装，在监测预警、预报服务、防灾减灾以及重大活动保障中都发挥了重要作用，产生巨大的社会效益。快速高效的数据处理和分析显示能力，提升了天气分析和预报制作的效率，为提升预报准确率、提高服务质量起到了关键性的作用；MICAPS4 数据环境实现了国、省两级部门的集中部署，极大地减轻了省、市、县三级数据运维工作量。除气象部门外，MICAPS4 已在民航、部队、水利等行业推广应用，充分发挥了气象现代化建设效益。

MICAPS4 国际版首次实现中国气象局卫星数据广播系统（CMACast）和欧洲气象卫星组织卫星广播系统（EUMETCast）的对接，支持各国本地数据导入与应用，提升了对外技术辐射的能力。2019 年底先后通过 WMO 区域培训中心向发展中国家开展气象业务培训。目前已在尼泊尔、老挝、巴基斯坦等多个国家推广应用。

MICAPS4 获得国家发明专利 4 项、软件著作权 7 项，发表论文 15 篇，获评 2016 年度国家气象中心气象科技工作奖一等奖和 2018 年度中国气象学会气象科学技术进步成果一等奖。2018 年，MICAPS4 参展首届数字中国建设峰会。

2.12 区域 / 全球一体化数值天气预报系统

2.12.1 基本信息

完成单位：中国气象局地球系统数值预报中心、国家气象中心

完成人：沈学顺、龚建东、孙健、张林、苏勇、韩威、陈起英、黄丽萍、胡江林、刘奇俊、崔应杰、宋振鑫、金之雁、刘永柱、周斌

2.12.2 成果简介

1. 成果综述

作为气象业务的核心科技，数值预报不仅关系着我国气象事业的发展，更是保障国计民生和国防安全的国家核心科技的重要组成部分，因其突出的重要性，以及研发难度之大、涉及领域之广，也被誉为气象事业的“芯片”。2000 年，中国气象局作出我国数值天气预报业务发展技术路线由国外引进为主转为自主开发为主的重大决策，开启了我国新一代数值天气预报系统的自主研发工作。

本项目通过自主科技创新，在发展我国数值预报核心技术和建立数值预报业务体系方面取得突破性进展，建立了具有完全自主知识产权的完整数值天气预报系统，通过原创研发突破数值预报系统的“卡脖子”技术，研究成果转化为业务应用能力且达到或超越国际先进水平。

2. 创新程度、学术水平或科技进步

在资料同化、动力框架、数值预报并行计算和支撑技术等领域攻克了一系列技术难题，已经形成一批拥有自主知识产权的核心与关键技术，如全球非静力平衡模式中三维参考大气的动力框架方案，预估修正半隐式半拉格朗日算法，全球非静力模式的四维变分同化技术，国际及我国风云多平台卫星资料特别是 FY-3、FY-4 独有传感器卫星资料的同化技术，有约束的卫星资料偏差订正技术，包含多过程影响的全球云量预报方案、千米尺度模式的快速循环同化技术、一体化模式后处理技术等。

基于上述核心技术，本项目形成了以区域 / 全球一体化非静力模式、全球四维变分同化、区域快速更新三维变分同化、气象卫星和天气雷达应用为核心的我国自主数值预报技术体系，其中全球四维变分同化系统使我国资料同化和卫星等观测资料应用迈上了更高阶的技术体系平台，数值预报中心成为全世界第 6 个自主建立全球四维变分同化业务系统的业务中心。

建成以 GRAPES 全球数值预报系统为核心、完全自主可控的国家级数值预报业务体系。全球模式分辨率为 25 km,“一带一路”区域分辨率为 9 km，在中国大陆及周边分辨率达 3 km 且 3 h 循环更新。全球中期预报能力迈入国际先进行列，中国区域降水精准精细化预报较国际先进模式有明显优势。

项目成果先后获得国家科技进步二等奖、中国气象学会科技进步一等奖等奖项。

3. 成果产生的影响或转化应用绩效和贡献

建立了全链条的 0 ～ 10 天无缝隙数值天气预报业务平台，全球模式分辨率为 25 km，卫星资料同化占比 76%，可用预报天数达 7.8 天；区域模式在中国大陆及周边分辨率达 3 km，“一带一路”区域数值预报系统分辨率为 9 km，实现每日逐 3 h 循环同化预报。2016 年，GRAPES 全球预报系统业务化运行并面向全国下发产品，这是我国数值预报核心技术实现国产化的重要标志，也宣告我国从全球预报到区域高分辨率预报核心技术摆脱了受制于人的局面。

GRAPES 业务体系所形成的 0 ～ 10 天各类数值预报指导产品，不仅为部门内国家级和省、市、县气象业务提供不间断支撑，而且为包括水利部、生态环境部、核与辐射安全中心等 20 多个单位直接提供 365（366）天 / 年不间断数值预报数据产品。同时，作为世界气象中心（北京）门户的主要支撑，GRAPES 预报产品提供世界气象组织成员方共享应用；2016 年以来，已经对“一带一路”沿线 20 多个国家和地区提供气象灾害预报预警产品支撑。另外，核应急响应数值预报系统是 WMO 北京区域环境紧急响应中心履职的重要支撑，圆满完成包括日本福岛核事故应急服务和国际原子能机构组织的演习任务，具备了全方位服务保障国家重大战略的能力。

2.13 全球 / 区域集合预报关键技术研发与业务应用

2.13.1 基本信息

完成单位：中国气象局地球系统数值预报中心、北京城市气象研究院、南京信息工程大学、成都信息工程大学

完成人：陈静、李晓莉、邓国、刘永柱、高丽、王远哲、张涵斌、霍振华、李红祺、彭飞、王婧卓、陈法敬、沈学顺、龚建东、马旭林、李应林、田华、智协飞、张进、李莉、赵滨、夏宇、杨昊、齐倩倩、岳健

2.13.2 成果简介

1. 成果综述

集合预报是解决模式不确定性的重要数值预报技术，是当代数值预报核心业务。在科技部等支持下，从初值误差、模式误差等方面出发，解决集合预报技术瓶颈，实现系统创新。解决的关键科技问题包括：（1）解决了描述全球模式大尺度系统初值误差增长模计算方案，研制了奇异向量初值扰动技术；（2）解决了观测不确定性信息及多尺度初值扰动混合算法，建立了以集合变换卡尔曼滤波法为核心的区域集合预报初值扰动技术；（3）解决了模式随机误差增长问题，研制了随机物理倾向扰动等模式扰动技术；（4）解决了集合预报应用难题，研制了极端预报指数、系统性偏差订正等应用技术；（5）集成了上述关键技术，建成了全球 / 区域集合预报系统，为预报服务提供保障。

2. 创新程度、学术水平或科技进步

本项目面向中国气象局数值预报模式，自主创新研发了全球和区域集合预报关键技术，突破了中国集合预报业务系统技术瓶颈，实现集合预报核心技术自主可控，整体成果达到了国际先进水平，促进中国数值预报业务显著进步。创新成果及先进性如下：

（1）创新研制了奇异向量初值扰动技术，设计了扰动能量模、并行计算、尺度化及高斯分布线性取样初始扰动三维结构算法，较好地捕获了大尺度斜压不稳定扰动能量增长。该成果与 ECMWF 奇异向量初值扰动技术水平相当，跻身国际先进行列。

（2）研制了区域集合变换卡曼滤波初值扰动、多尺度混合初值扰动技术、集合成员条件性台风涡

旋重定位技术，创新设计了区域观测资料不确定性算法、多尺度初值扰动混合算法，提高了中国区域降水概率预报技巧，与国际数值预报中心同类技术水平相当。多尺度混合初值扰动和集合成员条件性台风涡旋重定位方法属自主研发，国际上尚未见报道。

（3）研制的随机物理过程倾向扰动、随机动能补偿等模式扰动方法，合理地描述了模式次网格物理过程参数化方案的随机误差增长特征，与欧美先进中心模式扰动技术水平相当，实现了我国集合预报模式扰动技术突破，该成果跻身世界先进行列。

（4）面向集合预报应用，创新设计了极端信息提取技术。自主研制了系统性偏差动力订正、考虑模式对流性降水的雷达回波反射率等新算法，国际上尚未见报道。极端天气预报指数等概率预报产品与欧美先进中心水平相当，集合预报应用技术达到国际先进水平。

（5）建成的全球 0 ～ 15 天中期、中国区域 0 ～ 72 h 短期、北京冬奥 0 ～ 36 h 对流尺度集合预报系统，实现了中国集合预报系统业务系统创新，促进中国数值预报业务获得显著进步。对比多个数值预报中心 10 天集合平均预报能力，项目研制的全球中期集合预报 500 hPa 高度场预报误差与欧美同类系统接近，区域集合预报前 36 ～ 48 h 小雨、大雨、暴雨集合预报优于 ECMWF 集合预报结果，预报水平具有先进性。

3. 成果产生的影响或转化应用绩效和贡献

本项目实现了关键技术集成，创新研制了全球 / 区域集合预报系统，取得了显著的应用绩效。

在成果应用效果方面，自 2015 年全球 / 区域集合预报产品在中央气象台和省市等各级业务部门获得了广泛应用，支撑了日常天气预报业务，提升防灾减灾效益。已向世界气象组织 TIGGE 数据库中心、世界气象中心（北京）、WMO 天气预报示范项目等提供了全球集合预报产品，提升了我国气象国际地位。集合预报产品成功应用于北京 2022 年冬奥会和冬残奥会、中国共产党成立 100 周年、中华人民共和国成立 70 周年、G20 杭州峰会等重大活动和环境应急响应重大保障服务，提升了精细化服务效果。

在经济社会效益方面，区域集合预报降水概率预报效果持续改进，为减少气象灾害经济损失做出了贡献。项目成果已应用于军队、气候预测等集合预报系统，促进我国集合预报发展。集合预报数据提供给高校，促进数值预报学科的教学和发展，获得了显著的社会效益。

在文化价值方面，项目组成员发表论文 59 篇，获专利 1 项和软件著作权 10 项，多次参加国际交流，组织集合预报用户大会，打造甘于奉献、勇于创新的团队精神，集合预报创新工作室获“全国农林水利气象系统示范性劳模和工匠人才创新工作室”称号，为集合预报可持续发展奠定了坚实的基础。

2.14 睿图——新一代无缝隙多尺度数值预报模式体系

2.14.1 基本信息

完成单位：北京城市气象研究院

完成人：陈敏、陈明轩、赵秀娟、苗世光、仲跻芹、宋林烨、张自银、秦睿、马建立、张亦洲、刘郁珏、黄诚诚、张涵斌、卢冰、杨扬、范水勇、谢彦辉、徐敬、杨璐、魏颖、陈丹、宋林烨、程丛兰、肖现、夏宇、冯琎、张鑫宇、刘瑞金、张舒婷、全继萍、童文雪、郭淳薇、程思宇、寇星霞、安琪、吴剑坤、曹伟华、黄倩倩、李玉焕、孟春雷、窦晶晶、李思腾、刘瑞婷、罗丽、武静雅、李青春、何静

2.14.2 成果简介

1. 成果综述

在各类国家级、省部级项目的支持下，以提升 0 ～ 24 h 精细化预报预警准确率为目标，北京城市气象研究院耦合城市陆面和气溶胶等理化过程，在短期数值天气预报和环境气象预报等技术方面集成创新，构建了 0 ～ 24 h 无缝隙、从中 β 尺度到中 γ 尺度、考虑陆面和气溶胶等影响的新一代无缝隙多尺度数值预报模式体系——睿图模式。睿图模式体系兼顾短期、短临集成及环境气象预报服务需求，提供面向业务和服务 0 ～ 24 h 无缝隙、10 min 更新、1 km 分辨率网格化客观分析和预报产品，实现并借助“互联网 +”技术在服务首都安全运行、大北方区域协同发展、国家重大活动气象服务保障，以及国家“一带一路”和京津冀协同发展战略等方面提供了关键技术和重要科技支撑。

2. 创新程度、学术水平或科技进步

睿图模式体系以实际业务需求为驱动，集天气、环境、城市等模式于一体，实现了雷达、卫星、GNSS、风廓线等多源遥感观测数据同化，综合考虑了反映城市特征的边界层过程、陆面过程、云微物理和气溶胶参数化方案，在系统性、模式精度、物理过程优化、多源资料应用等方面具有独特技术

优势，并针对北京及大北方区域提供无缝隙、高分辨率的定制化产品，深度支持预报预警业务和重大活动气象保障服务。

模式各子系统相对独立又相辅相成，具有各自技术优势：（1）睿图—短期系统在遥感观测资料同化、先进资料同化方法业务应用、物理方案优化、循环预报系统技术、高分辨率集合预报等核心支撑领域集中攻关，预报性能显著提升。（2）睿图—临近系统以雷达组网资料快速初始化的高精度数值模式临近预报替代传统外推临近预报，在北京地区局地突发强对流临近数值预报业务化中起示范应用。（3）睿图—睿思系统局地多源稠密观测与多模式数据快速融合集成，形成覆盖京津冀 500 m 分辨率、冬奥山地赛区 100 m 分辨率、10 min 更新的 0 ～ 24 h 快速集成与无缝隙融合预报，在冬奥气象服务保障中发挥重要作用。（4）睿图—雷达系统由 11 部 X 和 2 部 S 波段雷达组成，充分发挥了雷达组网精度高、速度快的探测优势。（5）睿图—化学系统将数值模式与动态统计相结合，实现空气质量与雾 - 霾天气的短期至中长期无缝隙定量化预报。（6）睿图—集合系统引入集合资料同化 EDA 初值扰动技术、随机物理过程模式扰动技术等，将系统分辨率拓展至 3 km。（7）睿图—城市系统和睿图—陆面资料同化系统具有更高时空分辨率，融合多源资料和参数集的资料同化系统有效提升城市预报准确率。（8）睿图—大涡系统将大涡模拟与中尺度天气模式 WRF 相耦合，分辨率由 1 km 提高至 37 m，有效提升预报精度。（9）睿图—微尺度系统在建筑物可分辨尺度对城市重点区域的气象要素和城市微环境进行观测和模拟，将时空分辨率提高至 10 min 和 10 m 级频率。

3. 成果产生的影响或转化应用绩效和贡献

2017 年 4 月，睿图 V1.0 系统通过中国气象局预报与网络司组织的国家级业务化准入，正式纳入国家级业务预报体系，业务产品通过智能网格气象预报云的实时分发；并于 2021 年 6 月，完成睿图 V2.0 的业务升级准入，为全国短时临近预报预警和智能网格气象预报等业务提供支撑。在成果应用方面，睿图模式体系以睿图—短期预报子系统为核心，有效推动预报准确率提升，实现在大北方地区的本地化应用，发展出睿图—中亚、睿图—西北、睿图—东北等业务模式系统，支撑我国北方地区智能网格预报与短临预报业务发展。为了满足冬奥气象保障服务对“百米级分辨率、分钟级更新”短临预报的刚性需求，北京城市气象研究院自主研发出睿图—睿思系统，在北京 2022 年冬奥会和冬残奥会期间提供了高精度的客观预报产品，支撑了多次高影响天气过程预报，获得国际奥委会及国家体育总局的高度评价。睿图模式体系的一系列业务预报产品广泛应用于京津冀地区短临天气预报预警业务服务、空气质量天气条件预报服务，为城市安全运行、灾害性天气政府决策提供了高频精准的数据支撑；在“一带一路”国际合作高峰论坛、北京世界园艺博览会、中华人民共和国成立 70 周年、北京 2022 年冬奥会和冬残奥会等一系列国家重大活动服务保障中发挥核心科技支撑作用。

2.15 台风快速更新短临预报系统（TRANSv1.0）

2.15.1 基本信息

完成单位：中国气象科学研究院、国家气象中心、中国气象局热带海洋研究所、南京大学

完成人：端义宏、冯佳宁、钱传海、万齐林、赵坤、赵大军、董林、徐晶、李英、吕心艳、黄奕武、聂高臻、王睛、黄浩

2.15.2 成果简介

1. 成果综述

经过数十年发展，我国岸基雷达网发展已十分成熟，岸基雷达能够在台风登陆前探测到其内核精细结构，对于提升台风数值预报水平具有重要应用价值。但受制于同化理论方法不完善、雷达资料质量控制和稀疏化方法不完备、计算能力有限等多方面因素，岸基雷达资料一直无法在台风预报模式中实现实时同化。在国家重点基础研究发展计划（973 计划）项目“登陆台风精细结构的观测、预报和影响评估”支撑下（2015—2019 年），中国气象科学研究院联合多家科研业务机构研发了台风快速更新短临预报系统（TRANSv1.0）。该系统的问世，首次实现了我国岸基多普勒天气雷达资料在台风数值预报中的实时同化应用，提升了登陆台风精细化风雨预报能力。

2. 创新程度、学术水平或科技进步

TRANSv1.0 系统主要包含三方面创新：

（1）创新性地采用了具有背景误差协方差“流依赖”特点的集合卡尔曼滤波为同化方法，并以此实现了模式的逐小时快速更新循环同化。国内目前现有的快速更新短临预报系统（上海快速更新同化数值预报模式系统 SMB-WARR、北京快速更新循环同化预报系统 BJ-RUC、广州快速更新同化预报系统 GRAPES-CHAF）均使用了气候态背景误差协方差构建的同化方法（三维变分或逐步订正）。这类方法对非线性强、精细结构复杂多变的台风天气过程，容易错误地估计背景误差从而影响同化效果。该系统利用 60 个集合成员结合雷达资料逐小时更新分析，有效地考虑了背景误差在时间、空间

上的传播和分布特征，实现最大限度地利用观测资料减小模式背景场误差。

（2）基于台风发展演变敏感区研究和岸基雷达对登陆台风观测的特点，发展了模式空间均匀的稀疏化算法（ESTM），提升了雷达资料对台风强度和极端降水的预报能力。系统研发团队发现内核区域资料是改进台风预报的关键区，而以往众多雷达资料同化相关研究和国外的预报系统均采用了观测空间均匀的稀疏化算法（RSTM），使得台风内核区域资料空间密度偏低。因此，为了提升台风内核区域资料利用率、避免 RSTM 方法中额外误差的引入，发展了模式空间资料稀疏化方法（ESTM）。经过批量验证显示，ESTM 方法相比传统方法，对台风极端降水（80 mm/3h）的预报评分可提升 100% 以上。

（3）首次将岸基雷达资料实时同化进入数值模式，提升登陆台风精细化风雨预报能力。现有台风预报参考模式（GRAPSE-TYM、美国 NCEP GFS 和欧洲中心 ECMWF 模式）均未同化我国岸基雷达资料，本系统首次实现了高时空分辨率的雷达资料在实时预报模式中的应用。相比现有业务模式，对暴雨、大暴雨和特大暴雨等极端降水预报优势明显，并且可以提供台风登陆前后逐小时起报的精细化风雨预报。

3. 成果产生的影响或转化应用绩效和贡献

TRANSv1.0 系统自 2020 年开始实时运行，预报产品于 2020 年 6 月起在中国气象局台风与海洋气象预报中心应用。在 2020 年 2 号台风“鹦鹉”、4 号台风“黑格比”、6 号台风“米克拉”、7 号台风“海高斯”、8 号台风“巴威”以及 16 号台风“浪卡”影响期间，该系统提供的高时空分辨率产品被应用于全国天气会商和台风业务预报，为预报员提供了有益参考。检验评估表明，TRANSv1.0 系统预报启动及时、运行稳定；提供的预报产品种类丰富、时空分辨率高、获取便捷；产品可在台风定位、精细化风雨预报方面为预报员提供有益的帮助，特别是高时空分辨率的大风（含阵风）预报产品，可为近海大风的精细化预报提供有力支撑。TRANSv1.0 可提升台风临近登陆时的路径和强度预报性能，具备描述中小尺度精细降水过程的能力，并能较好地预报出雨强演变趋势。因此，该系统可为登陆台风短时临近预报提供有力的科技支撑。

2.16 西南涡及其暴雨精细化特征的观测试验、诊断分析和预报技术研究

2.16.1 基本信息

完成单位：成都信息工程大学、中国气象局成都高原气象研究所、四川省气象台、四川省气象服务中心、重庆市气候中心、成都市气象台、湖南省气象台

完成人：李国平、李跃清、郝丽萍、卢会国、郭洁、谢娜、陈娇娜、倪成诚、王皓、刘红武、白爱娟、卢萍、刘晓冉、陈永仁、赵兴炳、康岚、蒋璐君

2.16.2 成果简介

1. 成果综述

依托公益性行业（气象）科研专项支持，通过 7 年“产学研”合作研究，实现了西南涡及暴雨精细化预报关键技术的突破。在西南涡主要源区开展了加密观测试验，形成了以加密探空为代表的西南涡多源观测资料集。提出了 1 套创新性与实用性兼具的西南涡暴雨中尺度诊断技术体系。发展了面向西南涡暴雨的中尺度滤波方法、高分辨率数值模拟技术、新一代卫星和多普勒天气雷达资料应用技术。首创提出了西南涡生成指数，集成分析了近 61 年西南涡的气候特征与异常发生的流型，基于天气图资料构建了近 35 年西南涡数据集。发展完善了西南涡暴雨预报概念模型，建成西南涡数据共享平台，已在我国中西部气象业务、科研、培训等部门整体性推广应用，社会、经济效益显著。

2. 创新程度、学术水平或科技进步

（1）开展西南涡加密观测试验及资料业务化实时应用。在西南涡主要生成源地及活动路径上开展了加密观测试验，采集了西南涡演变及其天气影响的完整信息，探空观测时间分辨率提高到 6 h（国内外现行观测标准是 12 h），水平空间分辨率达到 75 ～ 350 km（加密观测试验前为 180 ～ 480 km），并且加密观测资料及时应用于西南涡暴雨的实时业务预报与基础理论研究，对提高灾害性天气的科学认知和预报能力发挥了不可替代作用。

（2）发展完善西南涡及其暴雨中尺度特征的诊断分析与识别技术。针对西南涡及其暴雨的中尺度

分析技术方法匮乏的现实，引入对流涡度矢量、湿涡度矢量、湿螺旋度、水汽散度垂直通量等新型诊断物理量，并发展出 GPS 可降水量变率、二阶湿位涡等诊断分析物理量，筛选、提炼出应用效果好、有前兆指示性的预报判据指标集。发展了面向西南涡暴雨的新一代分析方法及预报技术，如中尺度滤波分析方法、高分辨率数值模拟技术、卫星（FY-2、TRMM、AIRS 等）遥感资料应用技术、雷达资料应用技术以及中尺度对流系统的识别、跟踪与预报技术，水平空间分辨率达到 4.3 km（当时先进水平是 20 km），垂直空间分辨率达到 250 m（当时先进水平是 500 m），时间分辨率达到 30 min（当时先进水平是 1 h）。

（3）研发西南涡及其暴雨预报模型与西南涡业务应用平台。利用 NCEP/NCAR 再分析资料并根据西南涡生成指数集成，统计分析了 1954—2014 年共 61 年（当时先进水平是 38 年，也是迄今为止最长序列）西南涡的气候特征与异常发生的流型。发现除地形和加热作用以外，西风带以及季风环流带来的水汽和角动量输送也是影响西南涡发生的重要因子。基于天气图资料构建了 1980—2014 年共 35 年（当时先进水平是 20 年，也是迄今为止最长序列）西南涡人工识别数据集。发展完善了西南涡暴雨预报概念模型，建成西南涡数据共享平台并业务应用。

3. 成果产生的影响或转化应用绩效和贡献

成果自 2013 年 1 月开始在湖南省气象台、重庆市气候中心、中国气象局武汉暴雨研究所等 8 家单位的预报服务、科技研发、培训教育工作中得到广泛应用。已在 2014 年“7・3”西南涡影响下的四川、贵州、安徽、江苏等地暴雨过程，2015 年 6 月 2 次西南涡影响导致湖南暴雨灾害以及 2013 年“四川芦山 4・20”地震后的抗震救灾天气预报服务中成为暴雨预报的重要参考依据，对西南涡业务能力的提升发挥了重要作用。成果已在中国气象局气象干部培训学院四川分院、湖北分院、湖南分院培训一线业务人员 500 多名。

项目出版的《低涡降水学》是第一本系统性专门论述低涡暴雨的学术专著，在国内外学术刊物发表研究论文 95 篇，其中 SCI 论文 17 篇，核心期刊论文 66 篇。培养造就了一支西南涡暴雨“产学研协同、局校合作”的科技创新团队，培养博士后 1 名、博士生 5 名、硕士生 45 名，入选国家级首席预报员 1 名、省级首席预报员 2 名，8 人晋升高级技术职称（其中正高 4 人）。在推动西南涡及其暴雨精细化研究及业务推广应用、保障国家公共安全、培养专门技术人才、普及防灾减灾科技知识等方面社会、经济效益显著。

2.17 业务全球四维变分和卫星资料同化系统

2.17.1 基本信息

完成单位：中国气象局地球系统数值预报中心

完成人：张林、龚建东、刘永柱、韩威、刘艳、李娟、陆慧娟、王金成、金之雁、张华、王瑞春、周斌、田伟红、刘桂青、黄静、王皓、肖弘毅、蒋沁谷

2.17.2 成果简介

1. 成果综述

本系统由中国气象局数值预报中心 GRAPES 发展专项、公益性行业（气象）科研专项“面向业务化应用的全球四维变分同化系统研究”（GYHY201506003）、国家重点研发计划“复杂下垫面卫星资料四维同化技术研究”（2018YFC1506702）共同资助，2008 年启动系统研发，2010 年建立串行版本，2015 年完成并行化，2018 年 7 月正式在国家气象中心业务化运行，此后系统持续进行业务升级。解决了 CMA-GFS 非静力全可压全球切线性模式和伴随模式的研发、全球四维变分系统并行算法的设计和实现、全球增量四维变分分析方案、有预调节的极小化算法、数字滤波弱约束、卫星资料同化等关键科技问题。

2. 创新程度、学术水平或科技进步

CMA-GFS 全球四维变分和卫星资料同化系统是我国自主研发的业务全球四维变分同化系统，也是国际上第一个基于非静力模式的全球四维变分同化系统。

该系统研发了 CMA-GFS 全球切线性模式和伴随模式的高效算法，使得全球切线性模式和伴随模式的计算时间大约是全球预报模式的 3 倍，计算效率达到了国际领先水平，解决了全球四维变分同化系统业务化运行的计算瓶颈问题。

该系统在分析方案、线性化物理过程、重力波噪音控制、极小化算法等方面与国际先进水平基本上保持一致。该系统研发了复杂下垫面微波表面发射率反演算法，实现了国际首台静止卫星红外高光谱 GIIRS 水汽通道同化应用，研发了基于真实带宽响应的风云卫星 118 GHz 微波观测算子等多项关键技术。实现了探空、地面报、船舶报、飞机报、云导风、洋面散射计、GNSS 掩星、卫星微波、卫

星红外高光谱、卫星成像仪等多种观测资料的同化应用。

CMA-GFS 全球四维变分和卫星资料同化系统的分析质量全面超过全球三维变分同化系统的结果，尤其是质量场和风场。从均方误差的角度来看，全球四维变分的背景场（6 h 预报）甚至优于同时刻的全球三维变分的分析场。与国际同类系统相比，CMA-GFS 全球分析误差接近美国国家环境预报中心（NCEP GFS）的水平，从平均结果来看，全球对流层中低层位势高度分析还有一定的优势。

3. 成果产生的影响或转化应用绩效和贡献

2018 年 7 月 1 日，CMA-GFS 全球四维变分和卫星资料同化系统正式在国家气象中心业务化运行，使我国成为国际上少数几个能够自主研发业务全球四维变分同化系统的国家之一，标志着我国全球数值天气预报同化系统研发取得了里程碑式进展，为提高我国业务天气预报水平提供了重要的科技支撑。

经过多年的攻关，CMA-GFS 全球四维变分和卫星资料同化系统具备了海量卫星遥感资料的同化能力，缩小了我国与国际先进水平的差距，成为发挥卫星资料效益的最佳途径。国产风云卫星资料同化占比大幅提升，极大加强了我国数值预报系统的独立性与自主性。

2.18 中期灾害性天气预报技术方法及平台

2.18.1 基本信息

完成单位：国家气象中心、国家气候中心、北京市气象局、江苏省气象台、成都信息工程大学、大气物理研究所

完成人：李勇、金荣花、肖天贵、鲍媛媛、顾薇、孙继松、韩荣青、黄威、丁瑞强、康志明、马杰、周宁芳、张芳华、张博、梅双丽、牛若芸、蔡芗宁、秦华锋、关月、刘晓波

2.18.2 成果简介

1. 成果综述

在国家科技支撑计划（2015BAC03B00）、中国气象局气象预报业务关键技术发展专项（YBGJXM（2017—2019）04）等支持下，围绕中期和延伸期灾害性天气预报难点，应用多源观测和模式再分析数据，通过研究强降水及高温等天气过程发生发展规律，创新性地提出了融合天气学和气候学的中期延伸期预报技术，建立典型雨季灾害性天气过程天气学概念模型和历史个例库，研发客观定量中期预报技术方法，建成了先进的中期预报业务集成应用系统平台，实现了海量数据的融合应用。通过新技术成果的推广应用，对全国中期预报业务示范起到了重要示范作用。取得专利 1 项；软件著作权 14 项，论文 70 篇，专著 5 部；获得省部奖 3 项，培养了一批中期预报人才。

2. 创新程度、学术水平或科技进步

通过集中性、系统性的技术攻关，创新发展了典型雨季和夏季高温等灾害性天气中期延伸期预报理论和技术。创新点和先进性包括：

（1）提出了一些新的理论观点和认识。如首次提出南海夏季风爆发前、后，华南前汛期降水的特征及形成物理机制的差异；提出了东亚副热带西风急流低频和天气尺度 Rossby 波能量传播及其对梅雨影响机制；从不同尺度系统相互作用的角度研究了华北极端暴雨过程的形成机制；提出了区域持续性高温的中期天气和短期气候影响机制。

（2）构建了多种重大灾害性天气过程天气学概念模型，建立了完备的中期典型雨季灾害性历史个例库，奠定了坚实的中期预报业务数据基础。研制了江淮流域和华南强降水动力—统计客观预报

模型。

（3）提出了基于大气遥相关持续性信号、低频变化信号以及扰动能量传播信号的持续性异常天气气候事件，提出了1种基于MJO变化的西南地区延伸期降水预报的思路，建立了延伸期西南雨季降水预报的统计模型。对灾害性天气过程预报可提前至2～3周，有效延长了预报时效。

（4）创新性地提出了融合天气学和气候学的中期延伸期预报技术。将影响系统多尺度演变等大气内部动力过程与青藏高原热力作用、实时海温等外源强迫因子时空变化纳入中期延伸期天气预报，形成天气学与气候学相融合的特色预报思路和技术流程。

（5）建成了先进的中期预报业务集成应用系统平台。实现了历史大数据检索及应用技术和灾害性天气实况监测、基于可预报性的异常天气预报信息提取、模式性能、客观预报产品检验分析评估。首次在国家级中期预报业务上实现了以可预报性分析为核心的技术流程以及以大数据应用为核心的业务流程。

3. 成果产生的影响或转化应用绩效和贡献

（1）产品和平台可以通过天气业务内网调阅，为各级气象部门开展中期延伸期预报服务业务提供支撑，并在北京2022年冬奥会和冬残奥会、中华人民共和国成立70周年、中国共产党成立100周年、第十四届全国运动会等重大活动的气象服务中得到广泛应用和好评。此外，与国家气候中心、华风集团及北京、新疆、黑龙江、河南等省（自治区、直辖市）气象台开展试点应用。

（2）基于项目成果，为“169工程”、川藏铁路工程、南水北调工程、中石油中亚传输及迎峰度夏能源保供等重大工程提供长期气象保障服务，开展成果转化或决策服务等。据不完全估算，近3年累计相关成果转化合同金额已达数百万，未来几年内预期可达千万以上，由此产生的经济社会效益更是倍数增长。

（3）着眼全球范围，为越南、老挝、斯里兰卡、马来西亚等国家气象部门提供短中长期预报服务及技术指导，增强区域联合抗风险能力，扩大我国在全球及区域范围内的气象预报辐射能力。

2.19 综合物理机理和深度学习的分类强对流天气临近预警技术

2.19.1 基本信息

完成单位：国家气象中心（中央气象台）、中国海洋大学、北京城市气象研究院

完成人：郑永光、周康辉、张小雯、唐文苑、田付友、韩雷、吴剑坤、曹艳察、张巍、罗琪、宋林烨、韩旭卿、王婷波、公衍铎、尤悦、杨波、盛杰、方翀、蓝渝、张涛

2.19.2 成果简介

1. 成果综述

本成果的支撑计划来源主要是国家重点研发计划“强对流临近预警技术与深度集成技术”，其综合绩效评价平均得分为96.4分。强对流天气临近预报是天气预报业务的世界性难题之一。通过自主创新和集成创新，在加深极端强降水、龙卷、雷暴大风机理认识基础上，综合应用雷达、卫星、闪电和自动站等多源资料以及外推预报、机器学习与物理机理相结合等多种方法，发展了具有对流生成预报能力、分类强对流天气精细化临近预报预警及其集成等的新技术方法，产品时空分辨率分别达10 min和1 km，系统性的业务测试评估和应用表明临近预报性能显著提升，实现临近预报由单一资料、缺乏对流生消向物理规律和机器学习相结合、具有对流生消预报能力的转变。

2. 创新程度、学术水平或技术进步

强对流天气临近预报是天气预报重点之一，是世界性难题之一。综合应用雷达、卫星、闪电和地面自动站等多源观测资料和数值预报资料，通过自主创新，发展了一整套的物理机理和深度学习相融合的分类强对流天气临近预报技术，在SWAN系统中应用。

（1）在极端强降水、雷暴大风和龙卷机理认识方面取得新成果，为分类强对流天气临近预报技术发展提供认识基础。获得了长时间序列中国雷暴小时分辨率的气候特征，发现中国总体雷暴时数的显著减少主要归因于下午时段雷暴时数的显著减少；揭示了导致极端强降水的三类对流风暴及其强降水特点；发现了其他对流风暴的出流、低空西南气流加强为急流和上游的低空西北偏西气流增强了边界

层辐合触发飑线的初始对流；总结了中国龙卷研究进展，发现边界层强风与中层急流相耦合可形成非常有利于开原龙卷发生的垂直风切变条件，超级单体的冷池与环境大气温度差异加大到 7 ℃时导致龙卷消亡。

（2）用物理机理和机器学习方法以及 U-Net 深度学习模型的对流生成预报技术；针对机器学习方法临近预报产品具有极值偏小、模糊等问题，发展了基于隐空间条件生成模型的 3D 像素卷积循环网络模型、U2NetDD 网络结构、GAN（对抗生成网络）等技术，改进了机器学习模型。

（3）综合不同的临近预报算法产品，形成了基于历史统计特征和实况动态权重相结合的融合算法；利用小波变换将成员从值域转换到频域，在不同天气尺度上进行融合，预报细节信息较深度学习产品更清晰，有效集成不同临近算法优势。

（4）发展了综合应用多源观测资料和高分辨率数值预报资料、外推预报、物理机理和机器学习等多方法深度集成融合的分类强对流天气精细化临近预报预警技术，3 h 雷达回波和闪电临近预报评估结果超过传统的 2 h 外推预报。

（5）实现临近预报从过去的应用单一资料、缺乏对流生消到综合多源资料、物理规律和机器学习相结合、具有对流生消预报能力的转变。

3. 成果产生的影响或转化应用绩效和贡献

开发的技术算法成果集成到 SWAN 系统中，在中央气象台、北京、河北、河南、青岛等多个省（市）开展了测试和应用，并通过中国气象局业务内网全部门业务应用，提升了强对流天气的临近预报能力和精细化水平，发挥了中央气象台在强对流预报方面的技术辐射力和影响力，推动了强对流天气临近预报业务发展。

通过参加系列国际会议推动科技成果发挥国际影响力，如东亚中尺度强对流系统和高影响天气国际会议、美国气象学会雷达气象国际会议、美国气象学会年会、东北亚气象科技论坛、欧洲临近预报会议等。通过参加一系列国内会议推动科技成果在国内的推广应用：全国中尺度气象学论坛、暴雨东湖论坛、应急管理部办公厅举办风险监测和综合减灾业务培训班、预报司组织的龙卷和 10 级以上雷暴大风等强对流预报技术视频培训、2020—2023 年中国气象局重点培训课程《人工智能气象应用培训班》、南京气象科技创新研究院学术年会、陕西省气象学会学术年会暨秦岭和黄土高原生态环境气象重点实验室学术年会等。

培养了 1 支强对流天气预报员团队，包括中国气象局领军人才 1 名、国家级首席气象专家 1 名、青年英才 2 名等，培养硕士研究生 19 名、博士 2 名。

第3章

气候与气候变化

3.1 次季节—季节—年际尺度一体化气候模式预测业务系统（CMA-CPSv3）

3.1.1 基本信息

完成单位：国家气候中心、南京大学、清华大学、南京信息工程大学、国家气象信息中心

完成人：吴统文、刘向文、李巧萍、路屹雄、颉卫华、张耀存、薛巍、李伟平、王在志、房永杰、姚隽琛、梁潇云、颜京辉、程彦杰、聂肃平、张洁、辛晓歌、张莉、张芳、刘一鸣、张艳武、史学丽、吴方华、李江龙、储敏、魏敏、周文艳、刘茜霞、黄安宁、张录军、李煜斌、周洋

3.1.2 成果简介

1. 成果综述

“十三五”期间，在国家重点研发计划项目资助下，自主研制了新一代全球高分辨率气候系统模式 BCC-CSM2-HR，改进多个物理过程参数化方案，成功解决了与垂直分辨率和平流层有关的科学问题，有效缓解了“双赤道辐合带”问题，模式分辨率和整体性能达到国际先进水平；实现了多圈层耦合同化技术在气候预测业务中从无到有的研发应用；研制了集合预测方法，建立了第三代次季节—季节—年际尺度一体化气候模式预测业务系统（CMA-CPSv3），预测能力较上一代系统明显提高，对我国东部夏季降水、亚洲季风环流等的预测性能达到国际领先水平。2021 年 10 月，CMA-CPSv3 被科技部遴选推荐参加了国家“十三五”科技创新成就展。

2. 创新程度、学术水平或科技进步

（1）研发了新版本全球高分辨率气候系统模式 BCC-CSM2-HR，为 CMA-CPSv3 提供了性能优良的预测模式：模式水平分辨率从“十二五”期间的 120 km 提高到 45 km，垂直从 26 层提高到 56 层，模式顶从 2.9 hPa 提升至 0.1 hPa，与国际先进模式相当；成功解决了与垂直分辨率和平流层过程相关的科学问题，发展改进边界层、对流、重力波、气溶胶等多个物理过程参数化方案，很大程度上解决了国际上模式普遍存在的热带降水双辐合带问题、平流层 QBO 模拟能力问题等，模式整体性能得到显著提升。多项研究成果在 *Geoscientific Model Development*、*Journal of Aerosol Science* 等国际高影响

期刊发表，单篇引用超过 200 次，在国际上产生了重要影响。该模式参加了 CMIP6 比较计划，整体性能达到国际先进水平，对东亚季风气候的模拟能力较国际上同等分辨率模式有明显优势。

（2）研制气候系统多圈层耦合同化方法，解决了高分辨率模式耦合框架下的同化方案可靠性、多分量多源资料同化协调性、耦合同化计算稳定性等关键技术问题，构建了性能优良的多圈层耦合同化系统，为 CMA-CPSv3 提供协调可靠的模式初值，实现了耦合同化技术在气候预测业务中从无到有的研发应用，研究成果在高影响期刊 *Journal of Advances in Modeling Earth Systems* 发表。耦合同化系统的海温同化效果明显优于上一代海洋同化系统 BCC-GODAS2 以及国际知名的 SODA、NCEP-GODAS 海洋同化系统。

（3）将随机物理倾向扰动方法成功引入高分辨率模式，针对次季节—季节和季节—年际尺度研制了不同的集合预测方案，建立了第三代气候模式预测业务系统 CMA-CPSv3，使我国成为少数基于多圈层耦合模式开展次季节—季节—年际尺度一体化预测的国家。CMA-CPSv3 通过了中国气象局预报与网络司组织的评审验收。评审专家组认为“CMA-CPSv3 达到了欧、美、日等国际同类预测模式系统先进水平，对我国东部夏季降水以及影响我国气候的亚洲季风指数等的预测性能达到了国际领先水平”。

3. 成果产生的影响或转化应用绩效和贡献

经中国气象局预报与网络司发文批准，CMA-CPSv3 已于 2021 年 3 月投入准业务运行，实时开展次季节和季节气候预测业务，产品在国内外广泛应用，产生了明显的社会效益和国际影响。主要体现在：

（1）CMA-CPSv3 预测产品已在全国气象部门推广应用，是开展常规延伸期、月、季尺度气候预测业务的主要参考依据。CMA-CPSv3 为近年来国家气象防灾减灾决策以及北京 2022 年冬奥会和冬残奥会等重大活动提供了气象服务保障。

（2）CMA-CPSv3 参与了第二阶段国际 S2S 计划，大量预测试验数据被国内外用户广泛下载使用，提升了我国气候业务模式的国际影响力。

（3）研发的 BCC-CSM2 模式参与了第六次耦合模式国际比较计划（CMIP6），数据产品在国内外得到大量下载使用，相关成果应用于 IPCC 第六次评估报告。据 CMIP6 网站统计，BCC-CSM2 模式数据被引用次数目前位居全球参与 CMIP6 的 110 多个模式的第 5 位，在气候变化研究领域产生重要国际影响。

CMA-CPSv3 成果被科技部遴选推荐参加了 2021 年 10 月的国家“十三五”科技创新成就展，《科技日报》进行专题报道，引起广泛关注，产生强烈的社会反响。

3.2 干旱和极端事件监测评价的理论和关键技术研究及在业务中的应用

3.2.1 基本信息

完成单位：南京信息工程大学、国家气候中心、沈阳区域气候中心

完成人：陆尔、张强、高荣、江志红、赵玮、肖潺、叶殿秀、邹旭恺、袁典、屠菊青、李路遥、廖要明、蔡雯悦、张存杰、赵春雨

3.2.2 成果简介

1. 成果综述

10 多年前，我国曾连续遭遇严重的旱涝灾害和极端事件。2010 年西南大旱，温总理亲赴灾区，走进麦田，实地察看农作物灾情。2012 年北京“7·21”大暴雨，社会影响极大。决策部门需实时了解干旱状况，但当时的旱涝监测技术非常落后，国际上广泛使用的 SPI 及国内的 CI 等方法，都不能正确地逐日监测干旱。决策部门也需要知道强降水的维持时段、影响范围及极端程度，但国内外尚无有效方法。

针对干旱与极端事件，中国气象局多次召开研讨会，组织部署科技攻关。研究受国家自然科学基金等资助，研发逐日监测干旱的 WAP 方法及检测极端事件历时和范围的 EID 方法。

2. 创新程度、学术水平或科技进步

成果包含 2 个部分。针对干旱，提出了逐日监测的 WAP（及标准化的 SWAP）方法。针对极端事件，提出了时域检测的 EID、及时空域检测的 EIDR 方法。这 2 个方法都是从“0”到“1”的原创，从源头出发，找出问题的瓶颈，突破传统观念，在理论和方法上探索。都强调物理概念和数学手段，构建了简洁的数学或物理模型。成功地解决了气候监测评估领域中的 2 个关键技术。WAP 方法和 EID 方法，风格相似，都构建了模型、用了微积分，结果中都仅含有 1 个介于 0 和 1 之间的可调参数。

WAP 的创新之处，首先体现在观念上的突破，即认为某地的干旱（和雨涝）应是一个瞬时的状

态。“涝的程度”的变化，是由降水强迫的，蒸发、径流等因子起耗散作用，可用参数化表达，由此构建了简单物理模型。方程积分后，定义了WAP的表达式，它能正确体现旱涝对前期降水的记忆及记忆随时间的衰减。研发WAP的论文还揭示了SPI不能逐日监测干旱的原因。SPI是WAP在权重系数趋于1时的特例。由于等权重，前期降水的贡献没有衰减，SPI必须要有时间尺度，且因只考虑这个时段内的降水，这个时间尺度必须在1个月以上。国内的CI是在SPI基础上设计的，它继承了SPI的缺陷，当用于逐日监测时，会出现不合理的跳跃，监测失真。2017年《气象干旱等级》（GB/T 20481—2017）采用WAP克服了2006年旧版国家标准里CI的缺陷，监测效果“非常好”。

EID方法的创新，也是首先在观念上的突破。传统做法需用阈值定雨日，常困扰于“雨期开始和结束时的小雨、期间的中断”等。EID不需要阈值，摆脱了这些困扰，它检测所有时段，从不同开始日和跨度的时段里，找出相对强度最大的事件。EID构建了简单数学模型，获得了极端事件强度与历时的理论关系，可将不同历时的事件进行比较。此原理运用于空间，可从不同（等值线）范围的事件中找出最极端者，两者结合，建立了从时间和空间上对极端事件同时进行检测的EIDR方法。

3. 成果产生的影响或转化应用绩效和贡献

（1）原创研发的逐日监测干旱的WAP方法，是2017年《气象干旱等级》（GB/T 20481—2017）里的关键技术。正如该国家标准的引言及国家气候中心的应用证明所述，原监测指标CI存在不合理跳跃的现象，应用WAP方法后，克服了这个严重的缺陷，监测效果非常好。WAP和SWAP还应用到了国家气候中心的“干旱监测评估业务系统”，为国家层面、各省市及地区的干旱和雨涝灾害监测、防灾减灾提供了科技支撑，各级政府据此能及时采取应对措施，减少灾害损失，所产生的社会影响和经济价值是十分巨大的。除了气象行业，SWAP还在水文水资源等行业广泛应用。

（2）原创研发的监测评价极端事件的EID和EIDR方法，已先后被应用到了体现灾害事件或过程的气象行业标准和3份气象业务规定中，已分别应用于暴雨过程、高温过程、干旱过程、沙尘过程，从维持时长、影响范围及强度、合理评价不同种类灾害事件的综合强度，填补了这些领域的空白。EIDR方法适用于评价任何环境灾害，后续还有更多的业务规定出台，为国家、各省市和各地区的气候灾害监测、防灾减灾提供了科技支撑，产生很大的社会影响和经济价值。

3.3 干旱监测预警技术及影响评估系统研发

3.3.1 基本信息

完成单位：国家气候中心、中国民用航空飞行学院航空气象学院、中国气象科学研究院、甘肃省气象局兰州区域气候中心、南京信息工程大学、成都信息工程大学、兰州干旱气象研究所

完成人：张存杰、张强、李耀辉、宋艳玲、马鹏里、肖风劲、廖要明、邹旭恺、龚绍琦、何磊、蔡秀华、王素萍、任玉玉、张思齐、珠杰桑布

3.3.2 成果简介

1. 成果综述

2016—2021年，项目组成员主持公益性行业（气象）科研专项（GYHY（QX）2015060016）、骨干参加科技部973计划（2012CB955301）和主持国家重点研发计划项目课题（2020YFA0608203）等项目，成果包括：（1）建立了气象干旱综合指数（MCI），自2016年以来在全国气象部门业务中广泛应用，效果良好。（2）研发了“气候变化影响评估与服务系统”，实现了气候变化影响的定量化评估，成为国家气候中心重要业务系统。（3）建立了我国农业干旱灾害风险评估技术，开展了干旱灾害风险区划。（4）查阅了大量历史文献，经认真全面梳理，编纂出版了《中国三千年旱灾实录》，发表论文40多篇。

2. 创新程度、学术水平或科技进步

（1）依据干旱形成的机理，建立了气象干旱综合指数（MCI）。对比检验表明，MCI指数较CI有明显改进。自2016年以来，MCI指数已在国家级和省级业务中得到广泛应用，制定的《气象干旱等级》（GB/T 20481—2017）国家标准2017年9月正式发布。依据游程分析理论，建立了行业标准《区域性干旱过程监测和评估技术》（QX/T 597—2021），分析了1961年以来我国区域性干旱过程的变化规律，论文在*Landscape and Urban Planning*上发表。

（2）成功将EPIC作物模型、NDVI指数、人体舒适度指数、大气环境容量等50多个指数和模型引入气候业务系统中，实现气候变化对农业、水资源、生态系统、大气环境等行业影响的定量化评估，开发的“气候变化影响评估与服务系统”获得2018年中国地理信息产业优秀工程金奖。

（3）系统总结了近几十年来我国在干旱综合监测技术研究和干旱影响定量化评估、干旱灾害风险评估技术研究和我国北方农业旱灾风险评估、干旱风险预警技术研究和我国的干旱预警服务等方面取得的最新研究进展，改进玉米干旱风险评估方法，根据未来气候变化情景预估，给出了到21世纪末我国北方地区干旱灾害风险趋势，并提出了应对未来干旱灾害风险的对策措施。出版专著《干旱监测、预警及灾害风险评估技术研究》和《中国重大干旱事件分析（1961—2020年）》。编制了行业标准《气象灾害风险评估技术规范　干旱》。

（4）编纂了出版《中国三千年旱灾实录》，该书以旱灾为主题，广泛系统地收集了我国自先秦以来历代关于旱灾的历史文献、石刻碑文、文学作品、古代测天术等有关史料，通过认真梳理、严谨考证、细致分析和深入总结，全面追溯了我国三千年来发生过的干旱灾害以及历代抗旱减灾的历史。丁一汇院士认为：该书为我国灾害等历史研究提供了坚实的基础性资料，也为国内外学者研究我国社会、经济、科技等方面的发展历程提供了重要素材。

3. 成果产生的影响或转化应用绩效和贡献

该团队自2016年以来在干旱监测、预警、影响评估和干旱灾害风险评估技术研究方面取得重要成果，并在业务服务中发挥重要作用。主要包括以下几个方面：

（1）主持开发的“干旱预测预警平台”和“气候变化影响评估与服务系统”分别获得2016年和2018年中国地理信息产业优秀工程金奖，并在国家级和省级业务部门干旱监测服务中得到广泛应用，成为国家气候中心核心业务系统。

（2）团队成员2016年以来，参与或主持编写100多份重大决策服务材料，多份材料获得中央领导批示。在总结干旱监测预警和灾害风险评估成果的基础上，2019年6月12日编写的《全球变暖背景下我国干旱灾害风险增大，应高度重视对粮食安全的影响》决策咨询报告获得中央领导批示。

（3）团队成员编写的《关于高度重视气候变化对我国农业生产和粮食安全影响的提案》被政协第十一届全国委员会第四次会议定为重点提案，并主笔起草了《开展第三次全国农业气候资源普查和区划工作方案》。

（4）2021年出版的专著《中国三千年旱灾实录》被立为国家出版基金资助项目，也被《出版业“十四五”时期发展规划》列为国家重点出版物。

3.4 高精度多源资料综合干旱监测评估技术研发及应用

3.4.1 基本信息

完成单位：国家气候中心、北京建筑大学、山西省气候中心、中国水利水电科学研究院、国家气象中心、北京师范大学、盐城工学院、中国气象科学研究院、兰州区域气候中心

完成人：张强、周磊、段居琦、邹旭恺、陈鲜艳、李威、赵海燕、左冬冬、孙洪泉、郭安红、宋艳玲、侯威、赵琳、王兴、延昊、吴门新、宫阿都、王遵娅

3.4.2 成果简介

1. 成果综述

2017 至 2022 年期间，通过主持国家重点研发计划项目课题和中国气象局业务建设等项目，针对干旱监测评估精度不高，气象干旱指数综合反映干旱灾害程度不够等问题，研究高密度区域站（乡镇级）气象资料与长序列国家气象站的相似概率分布函数关系，建立了高密度气象站气象干旱监测技术，实现了干旱精密监测业务；发展了综合考虑干旱事件强度、持续时间和影响范围的权重指数系数评估方法及其区域适应性，对区域性极端事件客观识别方法（OITREE）进行改进和优化，研制了适合大范围干旱事件的客观识别技术。综合考虑气象干旱、土壤湿度和遥感植被，建立了综合干旱指数 CDI，并考虑下垫面条件的旱情评估业务，旱情评估精度提高了 20% 以上。

2. 创新程度、学术水平或技术进步

（1）依据相似气候分区降水具有相似概率分布函数关系理论，首次研发了利用长序列降水构建了多尺度伽马概率分布参数标准化后应用于短序列站计算不同尺度的 SPI 方法，实现了短序列高密度站计算综合气象干旱指数 MCI，并经东北、长江中游及西南等示范区国家气象站交叉检验，该方法较常用的利用周边站插值计算的 MCI 平均精度提高 23.8%，获软件著作权 2 项，发表论文 3 篇。

（2）从气象干旱和土壤干旱以及植被对干旱的响应出发，创新发展了基于气象干旱指数、土壤干旱指数和植被干旱指数（LAIP）的高精度多源资料综合干旱指数 CDI。经与示范区各省近 9 年实际

干旱受旱面积比较检验，CDI监测干旱的平均面积精度较MCI提高22.5%，获业务司和省应用，并在气象学报发表相关论文。

（3）完善了大范围干旱事件客观识别技术和区域干旱强度计算方法，引入极端事件强度与持续时间和影响范围（EIDR）理论关系，确定干旱过程内最强相当干旱强度指数来表征干旱过程综合强度，从而构建干旱灾害风险评估模型；经示范区各省（市）验证，新的评估方法较旧方法旱情评估精度平均提高13.0%，其主要技术方法已经编入国家标准《气候风险指数 干旱》和气象行业标准《区域性干旱过程监测评估方法》。另外，针对MCI的不足进行了改进，并建立新的干旱指数DI，基于DI开展了历史干旱过程分析，发表多篇论文。

（4）利用随机森林方法，建立了多个时间尺度的SPI、SPEI干旱指标以及综合干旱指数（MCI、CDI）与受灾面积、影响人口、经济损失等多种旱情影响数据之间的关联关系，寻找出与旱情影响之间具有强相关关系的指标和时间尺度，研制构建了考虑下垫面条件（土地利用、土壤类型、作物分布等）的旱情综合监测评估技术。CDI考虑农业植被的指数比MCI监测面积精度平均提高了22.7%，获2项发明专利。经同行专家评审与国内外最先进技术相比总体达到了同类技术领先水平。

3. 成果产生的影响或转化应用绩效和贡献

成果已被业务应用，被水利气象部门业务司认可（有证明和媒体报道），其具体有：

（1）高密度土壤湿度观测资料质量评估和可靠性分析有关成果，已应用国家气象中心干旱监测业务。

（2）研制的高密度多源资料综合干旱监测方法、区域干旱事件识别技术和考虑下垫面条件的旱情综合评估技术，已经在国家气候中心，以及云南、贵州、辽宁、安徽、湖北、福建等8个省级干旱的监测评估业务中应用。

（3）研发的考虑下垫面条件的旱情综合评估技术，已在国家防汛抗旱总指挥部《全国旱情监测预警综合平台建设项目》中应用，得到水利部领导及抗旱主管部门的认同；该技术在河北、山西、内蒙古、湖南、湖北、广西、安徽等省级9个省级抗旱平台中得到应用。

（4）业务应用成果已经在2019—2022年东北春旱、长江中下游地区夏秋旱、云南大范围持续冬春干旱等重大干旱事件监测和动态评估中应用，有关咨询服务材料报中国气象局办公室及有关省政府，有6份以上材料上报国务院被“两办刊物”采用，获得领导批示，取得了良好社会和经济效益。

获得发明专利2项，获软件著作权8项，发布国家标准3项，发表有关论文28篇，其中SCI收录13篇，出版专著2部，培养研究生8名。

3.5 基于动力—统计相结合的中国汛期降水多模式集合预测新理论与新方法

3.5.1 基本信息

完成单位：国家气候中心、江苏省气候中心、武汉区域气候中心、扬州大学

完成人：封国林、杨杰、赵俊虎、熊开国、龚志强、支蓉、郑志海、张增平、乔少博、张世轩

3.5.2 成果简介

1. 成果综述

在中国气象局公益性行业（气象）科研专项“亚洲地区动力—统计相结合的月—季节尺度降水客观预测系统的研究与应用”（GYHY201306021）和国家重点研发计划“多模式集合气候预测方法和应用研究”（2017YFC1502300）的支持下，针对如何利用历史资料和模式资料来提升汛期降水预测能力这一关键科学问题，原始性创新研发了基于动力—统计相结合的中国汛期降水多模式集合预测新理论与新方法。2011—2015 年，国家气候中心牵头建立了动力—统计集成的季节气候预测业务系统（FODAS 1.0），2016 年升级到 FODAS 2.0。2011—2017 年，完成全国 31 个省级气候中心和国外多个国家的业务推广应用。

2. 创新程度、学术水平或科技进步

FODAS 系统在理论上提出并吸收了新的思想“动力—统计相结合的集合预报”，原始性创新的特点如下：

（1）结合动力方法和统计方法的优点，提出了数值预报中使用历史资料实现动力和统计“内结合”的中国月—季节尺度降水预测的新理论。

（2）结合大数据挖掘思想、机器学习方法、集合预报技术，发展了一系列具有物理基础的动力—统计相结合客观定量化预测方案，研制了适用于不同区域的模式预报误差定量化选取技术。

（3）基于实况与预报的离散方差分析不同模式对降水的预测能力，根据预报误差的统计特征研发了一种新的模式预报可信度的度量方法，并发展了多模式动态集成预测新方法，显著提高了多模式集

成预测技巧。

（4）将基于物理机制的数值模拟与基于数据驱动的机器学习二者进行融合应用，利用机器学习中的决策树、支持向量机、人工神经网络等机器学习算法开展中国夏季降水的多模式集成预测，发展了基于机器学习算法的多模式集成预测方案。

（5）提出将气候变化的研究成果转化到短期气候预测中，探索了季节变化对全球变暖的响应，重建了增暖背景下夏季三类雨型预测模型，提出了如何从气候学的角度研究天气系统的气候效应概念。

与同类研究相比，FODAS 在创新性、理论基础、客观化程度及业务应用等方面表现出如下特点：

（1）围绕利用历史资料改进动力季节预测的思路，不同于现有模式误差订正的“后处理”方法，创新性地发展了一种模式误差的动力学订正新思路，基于历史资料挖掘与模式误差项在某个时段具有类似动力学行为的误差动力学方程。

（2）自 2009 年至今已发表研究论文 50 多篇，出版专著 1 部，并发布了 FODAS 1.0 版本和 FODAS 2.0 版本。

（3）FODAS 系统自 2011 年以来，已在国内各省气候中心和国外多个国家推广应用。

3. 成果产生的影响或转化应用绩效和贡献

紧扣“理论创新—技术突破—应用服务”主线，发展了基于动力相似预报策略和方法的汛期降水预测新技术，研发了动力—统计集成的季节气候预测系统（FODAS 系统），有效促进了我国短期气候预测水平。2009—2021 年连续 13 年，每年 3 月提供中国汛期降水预测结果，且每年评分都超过 70 分（均分 74），较 BCC 模式预测结果提高近 10 分。FODAS 系统已成为中国气象局“十二五”最重要的成果之一，也是当前中国气象局现代化业务重要组成部分。FODAS 系统在全国 31 个省级气候中心业务推广应用，较好地增强了省级气象局气候客观预测能力，取得了很好的经济效益，满足了国家防灾、减灾需求。此外，FODAS 系统作为全球气候服务框架（GFCS）培训的预测系统之一，2015—2017 年完成对全球 26 个国家和地区的学员进行了应用培训和推广应用，实现了系统和数据的共享，并在蒙古国、伊拉克、泰国和不丹 4 国业务预测中得到应用，相关工作得到了 WMO 及相关国家的高度评价，实现了中国气象局对月—季气候业务预测系统的国际输出，开创了关键技术由国外引进向自主创新并向国外输出的新局面。

3.6 基于多种树轮资料的中亚及周边历史时期气候水文变化重建研究

3.6.1 基本信息

完成单位：中国气象局乌鲁木齐沙漠气象研究所

完成人：张同文、喻树龙、秦莉、范煜婷、陈峰、张瑞波、尚华明、袁玉江、何清、魏文寿、姜盛夏、张合理、刘可祥、苟晓霞、郭冬

3.6.2 成果简介

1. 成果综述

成果来源于亚洲区域合作专项、国家自然科学基金等 13 个项目，总经费 1079.59 万元。团队紧密围绕“丝绸之路经济带”建设需求，与中亚三国开展合作，在中亚新建 4 个水文、气象和森林生态监测站；发表论文 49 篇（SCI 收录 28 篇）；出版专著 1 部，参编专著 3 部；7 人次入选省部级人才计划，获省部级科研奖励 7 次；发布行业标准 1 项、授权 11 项实用新型专利和 1 项软件著作权，2 篇咨询报告被中共中央办公厅采用。成果揭示了中亚典型区域气候水文历史变化事实及影响机制；探索结合多树轮参数重建方法，解决冰川物质平衡重建难题；开展气候变化背景下树轮 - 气候响应稳定性研究，证实不同树高处树轮的气候水文重建潜力。

2. 创新程度、学术水平或科技进步

创新程度：

（1）瞄准“丝绸之路经济带”建设，开展中亚树轮气候研究，建立了中亚长达 1400 年的树轮年表，重建了 23 条历史气候序列，揭示了中亚及周边过去 200 ～ 500 年来气温、降水、PDSI 和 SPEI 等历史气候变化规律，发现中亚及周边在 20 世纪 10 年代存在大范围、持续性的干旱事件。

（2）完成了中亚及周边区域主要河流的径流重建，发现天山区域河流径流自 20 世纪 70 年代以来出现了一致且较为剧烈的增加趋势；首次论证了综合利用树轮宽度和稳定碳同位素重建冰川物质平衡的可行性，发现 Tuyuksu 冰川物质平衡变化受温度和降水协同控制，自 1968 年以来经历了 166 年来

最快、最长的融化过程，主要为气温持续上升所致。

（3）发现雪岭云杉 10 m 高处径向生长对气候的响应最敏感，证实不同树高处树轮的气候水文重建潜力；发现中亚阿拉套山因升温造成的蒸发加剧，抵消了降水的增加趋势，导致树木生长对气候响应敏感性增强；揭示了天山不同区域高海拔最大密度和低海拔最小密度在生长季对气温响应的一致性；证实了融雪季温度和流域基流是影响雪岭云杉树轮稳定碳同位素变化的重要因素。

作为国内首个在中亚区域系统开展树木年轮研究的团队，在新疆和中亚树轮气候、树轮水文和树轮生态研究中取得了系列创新成果，查新结论认为：

（1）利用树轮宽度年表方法，建立中亚及周边地区多条降水序列，检测到 20 世纪 10 年代在哈萨克斯坦、吉尔吉斯斯坦、塔吉克斯坦以及中国新疆地区存在大范围持续性干旱事件的研究，除本项目组成果外，在检索的国内外文献中未见报道。

（2）综合利用树轮宽度和稳定碳同位素重建冰川物质平衡的研究，除本项目组成果外，在检索的国内外文献中未见报道。

（3）针对天山雪岭云杉不同树高处径向生长对气候响应的敏感性进行研究，除本项目组成果外，在检索的国内外文献中未见报道。成果被引用 331 次，获批省部级以上人才计划和奖励 16 人次。

3. 成果产生的影响或转化应用绩效和贡献

（1）数据共享：建立中亚区域树轮资料信息系统，树轮数据和重建序列成果在“国家地球系统科学数据共享平台”和“国家青藏高原科学数据中心”发布共享，并在加拿大魁北克大学、中国科学院西北生态环境研究院、新疆林业科学院、新疆气候中心等单位应用。

（2）决策咨询：完成 2 篇决策咨询报告被中共中央办公厅单篇采用，为“丝绸之路”经济带沿线的中亚和南亚国家气候变化应对、气象灾害防御等提供了有力的决策支撑。成果编入《新疆区域气候变化评估报告：2020》《新疆气候变化科学评估报告》。

（3）科普开放：将气象科普与科研工作相融合，依托树木年轮实验室（自治区青少年科技教育基地、全国气象科普教育基地），2016—2021 年累计向公众免费开放 5000 多人次，开展“科技战疫创新强国”等主题的线上科普活动，作为特邀专家参加新疆首档科学文化讲坛类节目《天山论道》。并借助新疆电视台、《中国气象报》《新疆科技报》等媒体传播科学知识，增进了公众的科学素养。获全国科技活动周组委会颁发的荣誉证书，被中国气象学会评为“2021 年度优秀全国气象科普教育基地”，获新疆气象学会“科普工作先进集体”1 次和“科普工作先进个人”称号 2 人次。

3.7 基于最优可预测模态和异常相对倾向的气候预测关键技术与应用

3.7.1 基本信息

完成单位：南京大学

完成人：杨修群、孙旭光、房佳蓓、杨德剑、任雪娟、张洋、陶凌峰、张志琦、王昱

3.7.2 成果简介

1. 成果综述

东亚气候变异导致我国气象灾害频发，严重危害国家经济社会发展和人民生命财产安全，提高我国气候预测准确率是国家防灾减灾重大需求。然而，由于受到热带和热带外多尺度气候模态及大气混沌变率的影响，我国气候预测准确率一直难以提高。项目组在国家重点研发计划、国家自然科学基金创新研究群体和重点等项目的资助下，本项成果揭示了热带和热带外多时间尺度气候模态协同影响我国气候变异的机理，阐明了东亚气候变异的可预测性及其来源，提出了基于最优可预测气候模态和异常相对倾向的 SMART 气候预测原理，自主创建了我国季节和次季节气候预测系统体系及集成系统（iSMART）。发表了一批高质量学术论文，获得国家授权发明专利软件著作权共 25 项。

2. 创新程度、学术水平或科技进步

成果系统揭示了热带和热带外多时间尺度气候模态协同影响我国气候变异的机理，为我国气候预测提供了重要理论基础：

（1）揭示了海—气系统主要年代际振荡模态协同影响我国汛期旱涝的机理，提出了中纬度海温异常通过大气瞬变涡旋动力强迫影响大气的机制，创建了大气瞬变涡旋驱动的中纬度不稳定海—气耦合动力学理论，解释了中纬度海—气系统年代际振荡发展、维持和影响的成因，为我国气候预测提供了依赖性的年代际背景。

（2）揭示了夏季源自热带和热带外的 2 支年际尺度东亚经向遥相关波列及其影响我国汛期旱涝 2 种模态的途径，为我国季节气候预测提供了决定性的预测因子。

（3）揭示了热带季节内振荡北传导致西太平洋副高东西振荡和中高纬低频涡旋南传影响东亚次季节气候变异的机理，为我国次季节气候预测提供了全面性的物理依据。

阐明了东亚气候变异的可预测性，创建了基于SMART原理的气候预测系统体系和集成系统，为我国气候预测提供了自主关键技术：

（1）阐明了东亚气候变异的可预测性及可预测气候模态的贡献，发现了概率性和确定性气候可预测性之内在本质关联，为我国气候预测提供了可预测性来源。

（2）提出了基于最优可预测气候模态（SM）和异常相对倾向（ART）的SMART气候预测原理，有效地解决了多时间尺度、热带和热带外多种气候模态影响以及大气混沌变率等制约我国气候预测准确率难以提高的长期瓶颈。

（3）创建了基于SMART原理的季节和次季节气候预测系统体系，研制了包括物理统计、动力—统计结合的季节预测系统和物理统计延伸期预测系统的SMART气候预测集成系统（iSMART）。

成果被中国气象学会组织的专家组评价为“瞄准我国旱涝预测这一世界难题和国家防灾减灾重大需求”“取得了重要的理论创新和技术突破”“第一个在国内外创造性地研制了基于SVD模态和降水倾向的季节气候客观定量化预测系统”。

3. 成果产生的影响或转化应用绩效和贡献

研制的SMART气候预测集成系统可自动制作和提供包括北半球、“一带一路”、全国、八大气候区、五大战区、31个省（自治区、直辖市）等不同区域、不同精细度以及包括降水、气温和大气环流等不同要素的多样化气候预测产品。预测系统及其产品已实现在国家、全国8个区域和31个省（自治区、直辖市）气候中心以及军队气象业务单位的推广应用，推进了我国气候预测业务的客观定量化。中国气象局预报与网络司应用证明：“SMART季节气候预测产品在国家气候中心和全国多个区域和省级气候中心广泛应用，为国家和地方气象防灾减灾应对决策提供了重要科技支撑”。国家气候中心应用证明“为全国汛期预测意见形成提供了关键性依据”。中国气象学会气象科技成果评价报告结论认为“近5年来，该系统汛期旱涝预测准确率位列国内同类业务预测产品第一”“预测能力达历史最高水平，为全国汛期预测意见形成提供了关键性依据，为推进我国汛期旱涝预测的客观定量化做出了重要贡献”“SMART系统已广泛应用于国家、区域、省级以及军队气象业务单位，为国家防灾减灾和军事活动保障提供了关键科技支撑，取得了显著的社会效益”。

3.8 灵活性全球大气—海洋—陆地系统模式格点版本（FGOALS-g3）

3.8.1 基本信息

完成单位：中国科学院大气物理研究所、清华大学、安徽省气象台、南京信息工程大学、云南大学

完成人：李立娟、唐彦丽、王斌、董理、刘利、俞永强、谢丰、谢瑾博、林鹏飞、普业、史湘军、冯涛、刘鸿波、谢正辉、刘海龙

3.8.2 成果简介

1. 成果综述

FGOALS-g 模式是中国科学院大气物理研究所大气科学和地球流体力学数值模拟国家重点实验室（LASG）自主发展的气候系统模式，其较早版本 FGOALS-g1 和 FGOALS-g2 分别参与了第 3 阶段和第 5 阶段耦合模式比较计划 CMIP3 和 CMIP5。尽管 FGOALS-g2 在很多方面模拟性能突出，但它还存在一些偏差，因此，发展新一代模拟性能更好的 FGOALS-g 模式，并加入 CMIP6 势在必行。在多项国家重点研发计划项目、自然科学基金优秀青年基金项目和国家自然科学基金面上项目等的资助下，模式团队对大气、海洋和陆面分量模式及耦合器进一步改进和更新，并结合参数自动优化平台和模拟偏差归因成果，对模拟性能进行进一步提升，发展了新一代耦合模式 FGOALS-g3。

2. 创新程度、学术水平或科技进步

模式发展中存在着“按下葫芦浮起瓢”的现象，因此如何减小多种相互关联的模拟偏差是模式发展和改进的难题。对此，模式团队从 3 个不同层面综合开展新一代耦合模式发展，使得新版本模式在多方面综合模拟性能改进显著。

（1）分量模式改进：从模式网格、水平和垂直分辨率、平流方案、网格和次网格物理过程方案、并行剖分方式等多方面开展改进和更新，发展新版本大气（GAMIL3）、海洋（LICOM3）和陆面（CAS-LSM）分量模式。

（2）耦合模式集成和应用：更新 CMIP6 外强迫，基于 2 种可选耦合器（引进的 CPL7 和清

华大学自主研发的 C-Coupler2）构建新一代耦合模式 FGOALS-g3，完成 CMIP6 的多种试验，FGOALS-g3 是 CMIP6 多模式中唯一能够考虑人类取用水气候影响的模式。

（3）性能优化和提升：构建多参数的自动优化平台，以包含偏差相互补偿的多个变量为目标函数开展优化，减少模式中的多种“负负得正”现象；针对耦合模拟偏差（如“气候漂移”、ENSO 模拟偏差），提出系列偏差分解和改进新方法，在统一耦合框架下，以大气分量和耦合模式整体性能最优，同时定版大气分量 GAMIL3 和耦合模式 FGOALS-g3，以减少由于多圈层相互作用引起的误差补偿效应。

FGOALS-g3 被同行专家评价为是 CMIP6 多模式中对“双赤道辐合带”降水、热带降水、中东降水空间分布、全球平均海表温度及趋势、陆表温度日较差、东非及巴基斯坦区域温度、ENSO 非线性关系、太平洋—北美遥相关（PNA）和太平洋年代际振荡（PDO）等模拟技巧最高的模式；是模拟全球平均降水、哥伦比亚、南非和青藏高原降水、云长 / 短波辐射强迫、陆地降水日循环 / 峰值、季节内振荡（MJO）东传、大西洋多年代际振荡（AMO）周期及其大气响应、历史增温演变及对外强迫的响应等最好的模式之一。

3. 成果产生的影响或转化应用绩效和贡献

FGOALS-g3 模式已经正式被用于多项项目的执行及申请，如国家重点研发计划项目“影响全球季风区气候变化预估不确定性的关键因子和物理机制研究”“地球系统模式的改进、应用开发和高性能计算”和”全球多尺度、多圈层耦合海洋模式及无缝隙预报系统研发”、国家自然科学基金优秀青年科学基金、重点项目和面上项目、中国科学院先导专项等。FGOALS-g3 的 CMIP6 模拟数据集已公开发布在地球系统网格联盟（ESGF）节点以及包括美国 NASA 气候模拟中心（NCCS）在内的数据网站上，截至 2022 年 2 月，该数据集在 ESGF 上被超过 80 个国家或地区下载超过 347 万次，模拟结果支撑了 IPCC 第六次评估报告（AR6）和第四次气候变化国家评估报告等。目前 FGOALS-g3 的模式综述论文为基本科学指标数据库（ESI）“高被引论文（Highly Cited Paper）”，基于 FGOALS-g3 的检测与归因模式比较计划（DAMIP）试验的论文也为“高被引论文”。

3.9 气候变化对长江流域大型水库水资源、水电及洪水风险综合影响评估关键技术研究

3.9.1 基本信息

完成单位：国家气候中心、武汉区域气候中心、武汉中心气象台、湖北省气象信息与技术保障中心

完成人：肖潺、许红梅、秦鹏程、刘绿柳、刘敏、王苗、辛晓歌、方思达、洪国平、温泉沛、张洁、史端琴、孟英杰、严婧、王秋玲

3.9.2 成果简介

1. 成果综述

针对气候—水—能源的纽带关系及流域旱涝频发重大水利工程如何适应气候变化问题，依托国家重点研发计划“政府间国际科技创新合作”重点专项课题“能源与水气候变化影响评估”，通过耦合气候模式、水文模型、水库调度规程、发电区和受电区用电需求模型，创建了气候变化对流域大型水库水资源、水能、运行效益综合影响评估模型，系统评估了气候变化对长江上游19座大型水库洪水风险及蓄水、供水、水电供需平衡和温室气体减排的影响。基于短期气候模式和水文模型评估了长江流域季节径流和洪水的可预测性。创新性拓展了气候变化对水、水能、能源供需影响及防洪风险的精准评估链条。

2. 创新程度、学术水平或科技进步

创建了气候和气候变化对流域水资源、水能和洪水风险综合影响评估模型，在大型水库适应气候变化定量评估关键技术方面有创新。

（1）针对气候变化对大型水库影响复杂、精细化定量评估难度大的问题，通过耦合气候模式、水文模型、水库调度和发电出力模型，创建了长江上游19座大型水库蓄水、发电、供水和防洪的多维度评估技术和模型。

（2）基于短期气候模式和分布式水文模型，建立了流域尺度延伸期和季节径流异常及洪水风险预测技术。

（3）根据年均超阈值洪水次数和流域汇流时间变化，发明了适合大流域洪水预警的超阈值洪水自动取样方法。

首次系统开展了气候变化对长江上游大型水库水资源、洪水风险和运行效益综合影响研究，揭示了水库运行规程多维度适应气候变化的必要性。

（1）利用多模式多情景气候模拟和水库综合影响评估模型预估了长江上游平均和极端径流变化。

（2）结合日尺度水库调度精细化仿真模拟，分析了 19 座大型水库洪水调度及发电、供水和生态补水效益。

（3）揭示出在既有水利工程规模和调度管理策略下，长江上游水库面临的洪水风险增加，水资源利用率将下降，发电量对径流变化呈非线性响应特征。

研发受电区用电需求预测模型，首次量化了未来长江流域水电供需变化及其对温室气体排放的影响。

（1）构建了考虑社会经济情景和气候变化情景的受电区用电需求模型，评估了长江流域未来水电供需关系及不同能源供给组合导致的温室气体排放差异。

（2）揭示出气候变化下夏季受电区制冷用电需求及高温干旱事件增加将加剧水电供需的不平衡，水电占比下降会增加温室气体排放。

上述创新性成果系国内外首创，发表论文 10 篇，获得专利 1 项、软件著作权 5 项。论文累计被引 110 次；代表性论文 3 篇发表在一区期刊，最高影响因子 9.746，5 人次入选中国气象局人才和湖北省人才。

3. 成果产生的影响或转化应用绩效和贡献

（1）成果为长江经济带气象保障能力提升和“十四五”适应气候变化规划提供了科技支撑。提出并且创建的气候变化对流域大型水库综合影响评估技术及开展流域水库群气候变化适应服务的思路被列入中国气象局《长江经济带气象保障能力提升工作方案（2021—2025 年）》和《“十四五”中国气象局应对气候变化发展规划》。

（2）成果为长江流域防汛抗旱和三峡水库优化调度提供了业务和决策支撑。2 份决策材料被国务院办公厅和湖北省委采用；编入《华中区域气候变化评估报告 2020》《长江治理和保护报告（2021）》；建立的“长江三峡水库气候水文水电能服务系统”，提升了气候水文监测、预测预估、水电能预报等业务能力，应用于长江流域水资源优化调度气象服务，受到水利部长江水利委员会和三峡水利枢纽梯级调度通信中心的好评。

（3）成果促进了流域气象服务创新，对提升流域气象保障能力发挥了引领示范作用。成果入选 2021 年气象部门创新工作和优秀气象科技前沿动态研究报告，并以特邀报告形式交流 2 次。

3.10 气候变化监测技术与应用

3.10.1 基本信息

完成单位：国家气候中心、国家气象信息中心、沈阳区域气候中心、黑龙江省气候中心、北京市气候中心、河北省气象信息中心、天津市气候中心

完成人：任国玉、王国复、李庆祥、郭军、赵春雨、于宏敏、刘玉莲、徐文慧、杨溯、王冀、任玉玉、刘学锋、周雅清、张爱英、许艳、卞韬、崔妍、周晓宇、任雨

3.10.2 成果简介

1. 成果综述

按照《国家中长期科学和技术发展规划纲要（2006—2020 年）》优先主题“全球环境变化监测与对策”和“重大自然灾害监测与防御”要求，用 6 年时间，系统收集、整理、融合全球陆地和亚洲地区长序列资料，在国内首次建立全球陆地和亚洲地区气温、降水资料数据集，研发地面气温资料序列中城市化影响偏差评估和订正方法，建立亚洲城市化影响订正的地面气温资料数据集，开展全球大陆和亚洲地区近 120 年地面气温、降水变化监测技术及气候和极端气候事件变化趋势研究，开发全球陆地和亚洲气候变化监测数据分析及产品存储管理的标准化、规范化技术，实现气候变化监测及相关业务产品信息的应用与共享。

2. 创新程度、学术水平或科技进步

首次建立我国全球陆地与亚洲地区气温、降水高质量数据集，建立和分析全球陆地与亚洲地区气温、降水和极端事件变化时间序列，开发全球陆地和亚洲地区气候变化监测技术规范和业务流程，为后续开展全球和亚洲地区气候变化监测业务及研究工作奠定基础。

（1）国内首次研制了1900年以来全球陆地月气温和降水数据集以及1950年以来全球陆地日气温、降水数据集。收集整理不同来源的数据，针对气候变化业务、科研要求，分析数据存在的问题，研发一系列偏差评估和订正方法，建成中国首个全球陆地气候数据集。相比英美等国际主流气候数据中心产品，该数据集在亚洲地区有更为优越的气候及气候变化代表性。

（2）国内首次构建了全球陆地近百年气温、降水序列和近 60 年极端气温、降水指数序列，对全

球陆地、亚洲、喜马拉雅—兴都库什等地区过去不同时期气候变化和极端气候事件变化事实进行了研究，揭示了全球陆地和区域气候变化的时空特征规律；对喜马拉雅—兴都库什的系统研究填补了该地区气候和极端事件变化研究的空白，为大喜马拉雅和周边地区水资源、生态、社会经济等方面的规划提供科学支撑。

（3）针对气候变化业务、科研对数据的要求，系统地评估了气候数据中的偏差问题，研发了订正方案。发展更客观、更普适的站点分类方法，评估气温观测记录中的城市化影响，提出在区域尺度上，特别是城市快速发展的地区，城市化对气温和气温变化具有不可忽视的影响。研发更能体现地区差异的城市化影响订正方法，建成世界首个亚洲去城市化影响气温数据集。分析风速、相对湿度等要素的影响，首次在全国范围订正了降水资料中风速等因素引起的累计值低估和趋势值高估等偏差。系统评估了现有区域气候要素时间序列建立和分析的技术方法，揭示了时间、空间连续性等对区域平均序列趋势估计的影响。

（4）开发气候变化监测数据及产品存储管理的标准化、规范化技术，首次实现亚洲气温变化监测的业务化及相关业务产品信息的应用与共享。

3. 成果产生的影响或转化应用绩效和贡献

项目开发的全球陆地历史气候资料数据集，为我国未来气候变化和全球变化研究、服务提供了重要基础数据，具有重要的科学意义，产生了极大的社会效益。对全球陆地和区域气候变化时空规律的分析，为一系列重大科技咨询服务提供了科学支持，在《气候变化国家评估报告》编写、《中国气候变化蓝皮书》《气候适应型城市建设试点工作方案》编制、“喜马拉雅地区气候变化及适应”项目报告以及《联合国气候变化框架公约》的《中国气候变化第二次国家信息通报》编制中，得到了广泛应用；建立的全球和亚洲陆地气候变化监测业务系统，已经在国家气候中心业务、服务中在线运行，直接服务于国家级气候变化和极端气候的监测预测及决策咨询工作；上述成果以及研发的各种数据订正、处理流程方法，为一系列国内外气候变化相关技术培训工作提供了技术方法，并在包括“南南合作”和发展中国家气候变化与低碳发展培训工作中得到直接应用。

此外，大部分成果以学术论文形式在国内外核心期刊发表，共发表论文 100 多篇，得到同行广泛关注，截至2021年底累计引用频次超过3000次，有力推动了我国对全球、区域和城市气候变化监测、检测和归因的研究及气候变化影响与应对策略研究。

3.11 全球变暖下 ENSO 对东亚夏季气候影响及变化机理

3.11.1 基本信息

完成单位：中国科学院大气物理研究所

完成人：黄刚、胡开明、屈侠、陶炜晨

3.11.2 成果简介

1. 成果综述

全球变暖背景下，我国夏季旱涝灾害频发，带来极大威胁。厄尔尼诺—南方涛动（ENSO）是东亚夏季气候的重要影响因子。因此研究全球变暖背景下 ENSO 对东亚夏季气候的影响有重要意义。目前全球变暖下 ENSO 对东亚夏季气候影响及变化机理尚未得到充分揭示，制约了我国夏季气候灾害的预测预估水平。

成果提出了 ENSO 影响我国夏季旱涝的新机制；得到了全球变暖下 ENSO 变化的新机理；揭示数值模式在 ENSO 影响东亚气候偏差的主要成因。成果为我国旱涝灾害预测预估提供新基础，被国家气候中心采用，并被写入中共中央办公厅报告并得到领导人批示。成果发表于 *Nature Geoscience* 等顶级期刊，提高了我国气象研究的国际影响力。

2. 创新程度、学术水平或科技进步

（1）提出了 ENSO 影响我国夏季降水新机制。传统研究主要从大气环流角度出发研究 ENSO 对降水的影响，本成果发现山脉地形的气候效应在 ENSO 影响我国降水中有重要影响：El Nino 导致的夏季西北太平洋异常反气旋使热带海洋向中国内陆的水汽输送增强；当异常水汽爬越巫山、巴山、秦岭和黄土高原南坡时，地形抬升作用使山区夏季降水显著增加，从而使 El Nino 消退期我国夏季显著的降水异常主要集中在我国中部山区。

（2）完善 ENSO 影响东亚夏季气候机理。西北太平洋异常反气旋是 ENSO 影响东亚气候的重要桥梁。传统研究主要从海温外强迫角度研究西北太平洋异常反气旋形成的原因。成果发现背景环流场

的放大作用是夏季西北太平洋反气旋异常的内在形成机制：夏季西北太平洋是亚洲季风和太平洋东风信风的交汇区；在东西风交汇区，扁长的反气旋 / 气旋环流异常能从平均流中获取能量发展。

（3）提出了 ENSO 变化的新理论。全球变暖下 ENSO 及其气候影响如何变化一直是国际热点科学问题。传统预估研究主要是基于数值模式模拟，但数值模式自身的缺陷给预估带来了很大的不确定性。成果率先揭示了水汽对温度的非线性响应在 ENSO 变化上也具有重要作用，并从理论上推断出 ENSO 对大气环流及热带降水的影响在全球变暖背景下将显著增强，减少 ENSO 预估的不确定。成果发表于 *Nature Geoscience*。

（4）提出了全球变暖下南亚高压变化的新理论。南亚高压是东亚气候系统的重要成分，也是 ENSO 影响东亚夏季气候的桥梁之一。传统研究对全球变暖下南亚高压的变化研究不足，成果揭示全球增暖可以通过引起南亚和印度洋降水潜热释放及大气层结异常使南亚高压增强并向赤道移动。

（5）揭示数值模式在 ENSO 影响东亚气候偏差的主要成因。研究发现数值模式对云—辐射—海温反馈模拟偏强而对风—蒸发—海温反馈模拟偏弱是数值模式在 ENSO 影响东亚气候偏差的主要成因，为改进模式对东亚气候模拟能力提供思路。

3. 成果产生的影响或转化应用绩效和贡献

完善了全球变暖下 ENSO 影响东亚夏季气候的理论。率先揭示了地形的气候效应在 ENSO 影响中国降水中的作用，提出了 El Nino 消退期夏季西北太平洋异常反气旋形成的内在机制，基于水汽对气温的非线性响应提出了一个新的 ENSO 变化机制。

成果为我国气候灾害的预测和预估提供了新的基础。发现地形的作用使 El Nino 消退期我国夏季显著的降水异常主要集中在我国中部山区，为我国中部山区夏季降水预测研究提供新的思路；从理论上揭示 ENSO 对大气环流及热带降水的影响在全球变暖背景下将显著增强，减少 ENSO 预估的不确定；指出全球变暖会使南亚高压增强并向赤道移动。

上述成果被国家气候中心采用，相关成果也被中国科学院大气物理研究所作为亮点成果报道，被多家中外媒体报道，同时有关灾害加剧等内容被写入中共中央办公厅报告并得到领导人批示。被 SCI 引用 110 次。成果发表于 *Nature Geoscience* 和 *Journal of Climate* 等著名期刊，有助于提升我国气象学科的国际影响力。

3.12 卫星大气 CO_2 定量遥感反演技术

3.12.1 基本信息

完成单位：国家卫星气象中心、中国科学院大气物理研究所、中国科学院合肥物质科学研究院、中国科学院空天信息创新研究院、生态环境部卫星环境应用中心

完成人：张兴赢、熊伟、蔡兆男、王婷、张璐、叶函函、陈炳龙、杨东旭、施海亮、孟晓阳、杨森、王先华、咸迪、徐榕焓、白文广、高玲、田向军、张倩倩、邹铭敏、毛慧琴

3.12.2 成果简介

1. 成果综述

成果依托于国家重点研发计划课题“卫星大气 CO_2 定量遥感反演技术研究”，高分辨率对地观测系统重大专项共性关键技术攻关项目“GF-5 温室气体探测仪数据精处理技术研究”，国家自然科学基金面上项目“中国碳卫星二氧化碳产品遥感探测精度验证研究”。突破了我国自主碳卫星和高分五号卫星的 CO_2 高精度定量遥感反演关键技术，构建了卫星 CO_2 高精度定量反演系统，形成了中国区域地基高光谱 CO_2 遥感验证能力，卫星探测平均绝对误差优于 3.0 ppm，并整理分析完成了全球多源卫星长时间序列大气 CO_2 观测数据集，建成了卫星 CO_2 资料同化系统，实现全球碳源汇定量估算，为国家开展“双碳”目标和应对全球气候变化提供重要科技支撑。

2. 创新程度、学术水平或科技进步

卫星大气 CO_2 定量遥感是当前国际地球观测的前沿领域，也是当前定量遥感的技术难点，2009 年日本发射了全球第一颗碳卫星，2016 年中国发射了第一颗碳卫星，“十三五”期间该团队在 3 项国家级科研攻关项目的支持下，实现了我国在卫星大气 CO_2 定量遥感领域的突破，并且在以下 3 个方面取得创新性的研究成果：

（1）改进气溶胶多模式参数化方案，提高卫星 CO_2 反演精度方法。利用模拟光谱研究大气拉曼散射效应（Ring Effect）对近红外高光谱温室气体监测仪的 CO_2 反演能力的影响。特别是云层和气溶

---

* 1 ppm 为百万分之一。

胶对辐射传输的影响，研究了气溶胶微物理参数对 CO_2 反演精度的影响，选用多参数气溶胶谱模型，双对数正态分布模型，对反演算法中的气溶胶进行参数化模型，提高了国产高分五号卫星、碳卫星等 CO_2 反演精度。

（2）城市群复杂条件下的 CO_2 反演误差多方位控制方法。利用国产高分五号卫星、碳卫星等卫星的观测性能、观测区域大气先验资料、不同空间分辨率地表反射率的关联和地基高精度 CO_2 观测能力等多方信息，探索对 CO_2 反演的误差控制和误差校正，以推进大气 CO_2 反演精度的提高。

（3）卫星 CO_2 产品的地基遥感验证技术。在国内建立与国际 CO_2 总量探测网（TCCON）接轨的地基高光谱 CO_2 遥感探测和数据处理体系，尤其是在京津冀城市群地区建立高精度的地基高光谱 CO_2 遥感观测网络（香河、兴隆、北京市区），填补该地区地基高光谱 CO_2 遥感探测的空白，为国产卫星地面验证提供了保障。

（4）卫星反演温室气体 CO_2 大气模式同化技术。通过开展高分五号卫星、碳卫星、GOSAT、OCO 遥感温室气体地面校验获得的高精度的 CO_2 数据，搭建基于 CO_2 资料同化系统 Tan-Tracker，获得全球空间连续的 CO_2 浓度分布，弥补地面监测的不足通过。最终通过温室气体探测仪点尺度观测资料与大气模式同化，实现温室气体单点向区域连续分布资料的转换。

3. 成果产生的影响或转化应用绩效和贡献

该项成果突破了我国自主碳卫星和高分五号卫星的大气 CO_2 高精度定量遥感反演技术，在京津冀地区首次建立与国际接轨的地基高光谱 CO_2 高精度遥感探测站，形成全球碳卫星（3 颗国际卫星 +3 颗国内卫星）虚拟观测星座，基于碳卫星星座，建立全球大气 CO_2 观测数据集，并且搭建了卫星 CO_2 资料同化系统 Tan-Tracker 示范运行，获得全球空间连续的 CO_2 浓度分布和碳源汇的估算结果。该项成果大大促进我国自主卫星高光谱探测前沿技术领域的发展，推动了我国后续多颗碳卫星的立项研制和成功发射。同时，这些宝贵的卫星 CO_2 观测资料和碳源汇的估算结果将为研究全球气候变化前沿科学领域提供第一手的观测资料，成果已经应用到《中国温室气体公报》的编制和对社会发布，数据已经用于中国气象局温室气体及碳中和监测评估中心的同化系统和中国科学院大气物理研究所的京津冀城市群高精度的碳源汇同化系统，为我国开展碳排放监测核查系统提供了重要的卫星数据支撑。为国家力争在 2030 年前实现碳达峰、2060 年实现碳中和提供气 CO_2 观测资料支撑。同时相关的应用研究成果积极回应国际社会对我国应对气候变化的关注，在国际上树立了中国负责任的大国形象。

3.13 新一代气候监测预测分析系统（CIPAS3.0）

3.13.1 基本信息

完成单位：国家气候中心

完成人：吴焕萍、柯宗建、邵鹏程、袁媛、刘北、李多、丁婷、章大全、张存杰、张强、李想、支蓉、刘芸芸、顾薇、赵俊虎、洪洁莉、孙林海、石柳、竺夏英、韩荣青、郑志海、杨明珠、高辉、赵玉衡、任玉玉、孔莉莎、金子沫、吴捷、万江华、刘景鹏、刘长征、邵勰、孙冷、胡川叶

3.13.2 成果简介

1. 成果综述

依托山洪、海洋、信息化系统等相关重大工程，经过迭代发展，CIPAS3.0 实现了气候系统多圈层监测、由气象要素到气候灾害的预测、多维度的诊断分析、国省协同的预测产品制作、实时的气候预测检验、交互分析和全流程系统管理与监控等业务功能，成为首个全面融入“天擎”的重大业务系统。CIPAS3.0 发展了海量气候时空数据高效管理、标准化定量监测、多模式集合预测、人工智能信息挖掘、气候监测预测业务功能国省一体化、图文产品生成智能化、交互分析多维可视化、多源气候信息集约化集成等多项关键技术，形成了新一代全面云化的气候监测预测业务系统。

2. 创新程度、学术水平或科技进步

CIPAS3.0 按照中国气象局信息系统集约化要求，坚持以需求为牵引，以预报员为中心的原则，遵循创新、协调、绿色、开放、共享的新发展理念，率先实现了从数据、算法、平台以及监控等全流程融入气象大数据云平台，成为了首个建立“云 + 端”的气候监测预测业务技术架构，实现 41 类数据、164 个算法、355 个流程、2154 个任务、7000 多类产品全部融入“天擎”。

CIPAS3.0 全面实现了气候系统多圈层监测、气象要素和气候灾害的预测、多维度诊断分析、预测产品制作、实时气候预测检验以及交互分析通用工具和全流程系统管理与监控等气候核心业务支撑能力，共计 800 余项业务功能。CIPAS3.0 集成了高密站点、CRA40、BCC_CPSv3 等 40 余种观测、再分析和模式数据，实现涵盖陆面、海洋、大气、季风等 600 多种产品的全球精密监测，增强了自主业务全球监测预测能力；CIPAS3.0 集成了从 15 天到年尺度基本气象要素无缝隙预测，高温、低温、

强降水、大气污染等次季节预测，极大增强了气候灾害事件预测能力；CIPAS3.0 首次实现了预测产品制作国省协同和一体化业务流程、气候诊断分析向多维动态显示并形成“一张图”的能力，气候预测检验向综合化、规范化和实时化迈进，气候信息交互分析内容更丰富，全流程业务监控和系统安全管理性能大幅提升，有力地提升了气候业务精密监测和精准预测的支撑能力。

我国新一代气候监测预测业务系统 CIPAS3.0 的研制成功和业务化应用，是现代气候业务发展的主要成果之一，在国内处于领先水平，在国际上也少有的类似高度集约化的气候业务平台之一。

3. 成果产生的影响或转化应用绩效和贡献

CIPAS3.0 作为国、省两级气候业务的最为核心的日常业务平台，其生成的监测、诊断、预测产品在延伸期、月、季预测，汛期和冬季等气候大会商，重大决策服务、公众服务、专业服务以及军事服务等业务中发挥了重要支撑作用。系统在国家级业务单位延伸期—年际气候预测业务中对海温、海冰、积雪等下垫面异常监测及气候影响，大气环流异常的监测诊断及趋势预测，气温、降水要素监测预测以及高温、强降水、强降温、大气污染过程预测等方面提供了重要的应用支撑。CIPAS3.0 还通过国家气候中心的对外产品服务网、BCC 网站、微信公众号提供了大气污染趋势预测、气温、降水预测等分析产品。省级业务单位也在 CIPAS3.0 系统框架支持下，开展了基于大数据云平台的本地化功能扩展与集成应用，如新疆、河南等 5 个省（自治区）的本地化功能集成应用，全面提升了系统研发、运行和管理效率，并起到了技术示范、合作示范和业务示范的作用。军事应用方面，CIPAS3.0 系统也在军事气候监测预测业务中发挥了重要作用。

3.14 中国气候变化综合风险评估技术及应用

3.14.1 基本信息

完成单位：国家气候中心、中国科学院地理科学与资源研究所、北京师范大学

完成人：巢清尘、吴绍洪、高歌、李莹、冯爱青、高江波、郭艳君、刘路路、梅梅、郭彦、徐影、韩振宇

3.14.2 成果简介

1. 成果综述

2018—2022年，在国家重点研发计划（2018YFC1509002、2018YFC1509007）等项目资助下，得到具体成果包括：（1）基于极端气候事件监测及过程识别方法，提出了我国极端事件历史演变和未来发展趋势的新认识。（2）构建了基于气候变化敏感性—极端气候事件危险性—承灾体风险的三级气候变化风险区域系统指标体系，明晰了全球不同增温目标下的中国气候变化综合风险格局，揭示了我国多灾种多承灾体的东高西低区域风险特征。（3）研发了气候变化灾害风险管理子系统，实现了国内首个基于GIS的“气候变化风险管理一张图”。在“气候变化综合风险评估技术”关键科技问题研究中取得突破进展并应用于国家和部门相关服务中。

2. 创新程度、学术水平或技术进步

（1）中国主要极端气候事件的时空演变规律解析。针对影响中国的主要极端气候事件和气象灾害，如从极端事件的强度、持续时间及影响范围出发，系统认识了中国和主要气候区的最新年代际和两个气候期的极端事件和灾害时空演变规律。通过致灾气象因子与不同承灾体灾损资料的关系分析，构建干旱、暴雨等灾损脆弱性曲线，基于风险原理，绘制了多承灾体中国县域气候变化和主要气象灾害风险图谱。

（2）中国未来极端事件预估及其不确定性，对区域气候模式的参数化方案进行了优化组合，进一步结合统计降尺度方法，发展了一套动力与统计相结合的降尺度方法，形成25 km和6.25 km高分辨率、多模式、全国或重点区域未来气候变化预估数据集，以此为基础，预估了中国21世纪前期、中期两大战略经济区的极端事件变化及其风险，以及1.5～4 ℃全球升温阈值下中国区域极端事件变化

特征，为解决气候模拟中气候漂移问题，开创性应用动力融合技术，改进区域气候模式对中国极端降水的模拟效果，显著改善了对长江中下游及其南方地区极端降水的模拟能力，尤其改进了湿度垂直分布和凝结潜热廓线的模拟。

（3）气候变化综合风险区划方法体系构建。针对气候变化综合风险来源多、涉及领域广的特点，综合考虑突发事件和渐变事件，重点关注联合国气候变化框架公约最终目标提出的粮食生产、生态系统、社会经济 3 个领域的 4 类承灾体对象，采用叠置分析方法，构建了基于气候变化敏感性—极端气候事件危险性—承灾体风险的三级气候变化风险区域系统方法指标体系，针对《巴黎协定》要求的全球增温 1.5 ℃和 2.0 ℃目标，创新性构建了综合科学目标和政策目标的气候变化综合风险指标体系，并明晰了全球增温不同目标下中国气候变化综合风险格局。

（4）气候变化风险管理应用系统建设。基于大数据融合、WebGIS、空间数据分布式存储等技术率先实现了气候风险管理的“一张图”模式，将气候风险综合评估技术快速支撑业务与决策服务。

3. 成果产生的影响或转化应用绩效和贡献

（1）该成果建立的气候变化风险辨识与综合风险评估技术，服务于农业、生态、经济发展规划、防灾减灾等领域，在全国自然灾害风险普查、国家评估报告、国家战略和部门规划中已得到应用，有助于制定更科学、更高效的防灾减灾、气候变化适应措施，减少灾害损失，保障生态安全，促进社会经济的可持续发展。

（2）团队成员参与或主持编写了相关重大咨询建议报告 30 余份，其中获得中央、部级领导批示 16 人次，对过去和未来的极端事件和灾害变化规律的研究成果已应用于重大决策和日常业务服务，取得较好成效。

（3）该成果在区域应用和示范效果较好，在区域气候变化研究以及中国气候与环境 2021 报告、新疆区域评估报告中得到应用，并为长江经济带、粤港澳大湾区发展、南水北调水源区未来变化等提供支撑。

（4）为气候变化风险科学知识传播发挥了重大作用，编著《气候变化科学、影响及适应》教材，通过国内主流媒体积极开展了大量相关培训和科普工作，广泛提高了社会公众对气象灾害和气候变化风险的意识。

3.15 中国气象局第一代地球系统模式（BCC-ESM1）

3.15.1 基本信息

完成单位：中国气象局地球系统数值预报中心、北京大学、中山大学

完成人：吴统文、张洁、张芳、李伟平、路屹雄、张艳武、辛晓歌、吴方华、房永杰、颉卫华、姚隽琛、刘一鸣、刘向文、李巧萍、张霖、卢骁

3.15.2 成果简介

1. 成果综述

“十三五”期间，在国家重点研发计划“全球变化及应对”专项（2016YFA0602100）资助下，研制了中国气象局首个地球系统模式 BCC-ESM1。该模式是在性能先进、具有国际影响力的 BCC-CSM2 多圈层耦合气候系统模式基础上，增加了对大气化学过程、气溶胶等的动态变化及其反馈的模拟，能够模拟在人类活动排放驱动下，全球大气温室气体、气溶胶等浓度的变化及其对气候变化产生的影响。BCC-ESM1 参加了 CMIP6 气溶胶与大气化学模式比较子计划（AerChemMIP）和耦合系统碳循环比较计划（C4MIP），BCC-ESM1 模式性能达到国际同类模式先进水平，国际上少数模式参与该计划，提升了中国国际影响力。

2. 创新程度、学术水平或科技进步

（1）对当今短期气候的预测，气候变化的成因分析以及对人类活动造成的未来气候变化的预估等主要还是依靠气候系统模式或地球系统模式。BCC-ESM1 是在“十三五”期间团队自主研发的 BCC-CSM0.2 第二代气候系统模式基础上研制完成。BCC-CSM2 模式性能先进，有关模式详细介绍发表在 *Geoscientific Model Development*，保障了 BCC-ESM1 模式对海—陆—冰—气多圈层相互作用模拟能力先进。

（2）BCC-ESM1 是在 BCC-CSM2 基础上，增加了 66 个大气化学气体成分，以及硫酸盐、有机碳、黑碳、沙尘、海盐五大类气溶胶浓度的模拟和预测能力，也能够模拟大气 CO_2、O_3、CH_4、N_2O

等主要温室气体的动态变化及其对全球气候的反馈。

（3）在 BCC-ESM1 基础上，还实现了与哈佛大学大气化学模式研发团队研制的国际知名大气化学模式 GEOS-Chem 的耦合，研发了新版大气环流化学模式，提升了对全球范围超 100 个大气化学气体成分的模拟能力。

（4）地球系统模式研制已成为国际发展趋势和前沿研究领域。地球系统模式比气候系统模式复杂得多，目前只有少数国家能自主研制地球系统模式。人类活动导致大气污染和全球温室气体的不断增加，对全球和区域气候变化产生重要影响。CMIP6 中的 AerChemMIP 和 CMIP4 子计划就是针对这些科学问题开展研究，包含 BCC-ESM1 在内的 11 个地球系统模式参与了 CMIP6 下设 2 个模式子计划。已有多篇分析评估研究表明，BCC-ESM1 模式对全球 CO_2、O_3、气溶胶等浓度的模拟及其对气候的反馈达到国际模式先进水平。

3. 成果产生的影响或转化应用绩效和贡献

（1）研发的 BCC-ESM1 模式参与了第六次耦合模式国际比较计划（CMIP6），性能达到国际先进水平，数据产品在国内外得到大量下载使用，据 CMIP6 网站统计，BCC-ESM1 模式数据被引用次数目前在全球参与 CMIP6 比较计划的 80 多个模式中位居第 24 位。BCC-ESM1 模式性能先进，得益于团队“十三五”期间同期研发的气候系统模式 BCC-CSM2 的先进模式性能。BCC-CSM2 也参与了 CMIP6 模式比较计划，目前数据引用次数位居全球参与 CMIP6 比较计划的 80 多个模式中位居第 5 位。数据及相关成果为国内外开展气候变化研究提供了重要的基础科学支撑。

（2）从 2020 年开始，WMO 发起了气溶胶第二阶段国际预测计划，简称 WGNE-S2S-GAW-Aer 计划。目前申请参与该计划的有日本、韩国、加拿大、美国、英国气象局和中国气象局的 BCC-ESM1 模式正在实施，为推动气溶胶动态变化对次季节尺度预测能力的影响有重要的学术和应用价值。

第4章

气象信息

4.1 Shinetek 卫星工程支撑平台

4.1.1 基本信息

完成单位：北京华云星地通科技有限公司

完成人：冉茂农、瞿建华、鄢俊洁、郭雪星、覃平、梁永楼、张逎强、薛娟、牟一楠、吕远洋、范霖、王燕婷、史墨杰、袁明鸽、冯静

4.1.2 成果简介

1. 成果综述

Shinetek 卫星工程支撑平台（以下简称支撑平台）是北京华云星地通科技有限公司自主研发的包含卫星工程预研、建设、服务和验证等多方面功能的支撑工具包，是涵盖卫星运行、数据接收处理、数据应用等全流程的解决方案。八爪鱼运控平台提供智能、一体化的专用地面系统控制，打造运控核心通用业务可重用的支撑中枢组件与服务；变色龙仿真平台提供全链路的卫星载荷设计研发与应用评估，为用户提供未来卫星星座布局及载荷设计、云图模拟产品；啄木鸟精度检测平台提供全面、高效的卫星及仪器工作状态跟踪、遥感仪器数据精度分析，方法多、速度快、种类全；鹰眼地球应用平台是多源数据展示分析平台，为气象、海洋、农业等行业提供定制化特色服务。

2. 创新程度、学术水平或科技进步

支撑平台采用组件化、标准化的设计架构，具备良好的兼容性、可扩展性，在 4 个组成部分中实现了多项创新技术成果。

八爪鱼运控平台提供了从观测计划生成、任务制定到遥感数据下载、处理、分发等各阶段功能，有效实现星地一体化控制、海量数据快速传输和处理。其通过对卫星轨道、站址信息、星上存储、程控方案、应用时效等多方评估，提供星地一体的任务规划，保证全系统运行无偏差；首创了基于规则的多级流水式智能高效处理调度，根据资源与负载进行流程并发控制，最大化系统吞吐率，保证了数据处理的时效，颠覆了目前竖井式的建设方案。

变色龙仿真平台综合考虑了轨道模拟、辐射源特性和大气影响因素对观测的影响，集成国际主流辐射传输模型，提供覆盖紫外、可见光、红外与微波等多谱段的标准化仪器模拟。平台通过组件化的

设计，实现可定制的模拟方案，比对不同方案的影响，快速实现新仪器的观测模拟评估，在预警项目中模拟出大气吸收通道 2.3 μm，为业内首次。同时建立以内存数据库为消息分发与数据汇集枢纽，以扫描点为基本处理单元的处理架构，处理速度提高了 5 ～ 10 倍。

啄木鸟精度检测平台通过接口标准化、组件化，兼容国内外 10 余颗卫星 30 多个仪器的 50 多种数据，使得数据精度质量分析不依赖卫星、仪器，能满足快速定制化分析需求；同时，将交叉比对、稳定目标对比、观测模拟等检验算法和分析方法、统计方法插件化，实现对于新增检验需求的快速响应。

鹰眼地球应用平台由数据、算法、服务三部分组成，实现多源地球数据的科学处理和可视化。在数据上，通过时空均一化技术，将多源、多尺度、多时相、多形态的卫星遥感、气象和社会数据等，统一到四维标准化格式中，具有高可扩展性。在算法上，首创基于 WMS 与 TMS 协议相结合的 EAGLE-Tile 栅格数据发布算法，在效率无损失的前提下，降低 90% 数据存储空间。采用基于 3D 建模和点云技术的三维科学数据可视化方案，为用户提供展示度高的体验。

3. 成果产生的影响或转化应用绩效和贡献

支撑平台目前已在气象卫星、预警卫星、嫦娥工程、深空探测、海洋工程等多个国家重大科技基础设施建设中发挥重要作用，相继支撑了 FY-2、FY-3、FY-4、碳卫星、嫦娥系列、火星探测等卫星地面工程的建设。

基于支撑平台的 FY-3E 地面系统建设，在 1 年时间内即实现系统快速开发、实施和部署。发星后，星上仪器开机数小时即实现数据自动接收、处理和发布，相较前序星至少需要 3 ～ 7 天的周期有了质的飞跃。同时，也首次实现在轨测试期间对外服务，支撑完成三次黎明星首图发布任务，相关素材被央视《开奖啦》《新闻直播间》及新浪财经、《新京报》等多家媒体采用，累计阅读量超 1000 万。FY-3E 地面系统与此前研制的 FY-4A 地面系统在 2019 年中华人民共和国成立 70 周年阅兵、2021 年中国共产党成立 100 周年活动、北京 2022 年冬奥会和冬残奥会等重大事件期间启动加密观测，为中国气象局气象预报服务提供了一手资料与决策依据。

截至 2022 年，支撑平台已为国内气象、海洋、农业、水利、民航、交通、应急等多个行业 1000 余家用户提供服务，同时也为 20 多个“一带一路”国家提供台风、强降雨等遥感监测服务，合同总金额超过 4 亿元，取得了良好的应用效果和经济社会价值。

4.2 多波段多体制双偏振天气雷达数据质量分析与质量控制技术

4.2.1 基本信息

完成单位：中国气象科学研究院

完成人：吴翀、刘黎平

4.2.2 成果简介

1. 成果综述

近年来，我国将 S/C 波段业务雷达升级为双偏振，并在重点城市建设了 X 波段雷达网，获取的高时空分辨率观测量反映了云内粒子相态、浓度信息及主导微物理过程。但雷达原始数据的观测误差来源较广、不同型号之间差异较大，导致了双偏振雷达的误差量级常常大于可接受的范围，制约了其在研究和业务中的应用。灾害天气国家重点实验室研发了一套多波段多体制双偏振天气雷达数据质量分析与质量控制技术，针对国内 S/C/X 波段双偏振雷达在速调管 / 全固态 / 相控阵体制下的数据质量问题，提出了针对性、定制化的质量控制方法。该研究成果不仅形成了数篇论文发表，同时也编译为高执行效率、高鲁棒性的代码或运行库，在多家单位业务应用并取得良好反馈。

2. 创新程度、学术水平或技术进步

本研究成果系统性的针对 S/C/X 波段双偏振雷达在速调管 / 全固态 / 相控阵体制下的数据质量问题，通过大样本统计分析将影响数据质量的因素系统性地划分为：非降水回波的质控、电磁波传播和散射特性的质控、雷达硬件限制的质控 3 个方面：（1）非降水回波的质量控制细分为地物、复杂电磁环境和晴空回波三类。对于地物，在国际上首先发现了雷达主瓣和旁瓣范围内的双偏振量污染现象；对于复杂电磁环境，定义了军事雷达、箔条对气象雷达的干扰；对于晴空回波，明确了国内绝大多数回波与大气湍流有关。在算法的量化处理中，算法根据非降水回波对双偏振参量污染的强度，提出了分级处理的思路，即强度与双偏振参量的可靠性不同，通过自适应的判断使用最佳的质量控制方案；（2）电磁波传播和散射特性的质量控制包括了雷达对小雨及冰晶的不敏感、米散射效应、降水衰减三

类的影响。其中，雷达对小雨及冰相粒子的不敏感主要限制了双偏振参量在小雨和冰晶区的应用，提出了针对国内双偏振雷达的融化层识别方法；米散射效应主要与强对流中的冰雹有关，对 ZH、ZDR、ρhv 和 ΦDP 都有影响，提出了针对不同波段雷达的冰雹识别方法；雨区衰减主要针对 X 波段雷达的 ZH 和 ZDR 观测量，在国际上首先提出了一种以 S 波段雷达为约束的衰减订正系数自适应调整方法，实现了 X 波段雷达网实时的最优化订正策略调整；（3）雷达硬件限制的质量控制包括了数据噪声、弱信噪比、天线罩避雷针以及阵列天线、固态发射机等硬件导致的标定误差。针对雷达数据中的随机噪声，提出了一种可变窗宽的滤波器，实现了较好的去除；当信噪比低于一定阈值后，滤波的方法也无法改善因 2 个通道一致性降低导致的测量精度下降，因此提出了自适应的去除阈值判断方法；雷达天线、避雷装置、伺服系统、接收系统等硬件还会导致一定的标定误差，对新体制的相控阵雷达及其 ZDR 观测量的影响较为严重，在国内首先提出了一种以 S 波段雷达为约束的系统偏差订正方法。

3. 成果产生的影响或转化应用绩效和贡献

本研究的成果不仅形成了数篇高质量的论文，同时也向气象中心、信息中心、探测中心、海南省台等业务单位提供了高执行效率、高鲁棒性的代码或运行库，在应用中取得了良好的反馈。气象中心强天气中心引入本研究中的 S 波段双偏振雷达数据质量控制算法集成入国家气象中心 SWAN3.0 系统内，实现了对国内部署的 SAD 型雷达资料的地物、非气象回波、气象信号随机抖动、系统偏差等因素的质量控制，经检验具有良好的运行效率和稳定性，为天气系统的精细化观测提供了有力保障。信息中心数据研究室引入本研究中的双偏振雷达数据质量控制与水凝物相态识别算法，实现了对国内部署的多型雷达资料的质量控制，较好地提升了双偏振业务雷达的数据质量。探测中心雷达应用室引入本研究中的 X 波段双偏振雷达数据质量控制算法集成入探测中心 X 波段天气雷达业务软件系统，实现了对 X 波段天气雷达常见质量问题的质量控制，在 17 个省的 X 波段天气雷达进行了应用。海南省气象台引入本研究中的双偏振天气雷达产品反演与组网融合系统，实现了海口、湛江、阳江 3 部 SAD 型双偏振雷达的质量控制、反演产品、融合拼图等，在昌江市的致灾性冰雹个例中提供了有价值的强对流监测预警信息。

4.3 多源气象资料融合实况分析系统及数据集

4.3.1 基本信息

完成单位：国家气象信息中心、国家卫星气象中心、国家气象中心、中国气象科学研究院、中国科学院大气物理研究所、内蒙古生态与农业气象中心、成都信息工程大学、南京信息工程大学、中国农业科学院、怀化学院

完成人：师春香、谢正辉、刘瑞霞、谷军霞、苏德斌、李云鹏、姜立鹏、周自江、赵立成、潘旸、徐宾、梁晓、韩帅、朱智、孙帅、庞紫豪、张雷、廖志宏、王正、张涛、孙超、刘乖乖、王慧莹、朱亚妮、朱晨、沈润平、徐国强、贾炳浩、曾晓青、王素娟、楚志刚、毛克彪、王圆圆、孙效功、赵琳娜、肖霞、宋海清、张方敏、王龙欢、惠雯、孙晓光、孙小龙、张超、刘建国、许冬梅、王富、于翡、杨冰韵、张明伟、徐文静、宋磊

4.3.2 成果简介

1. 成果综述

在国家重点研发计划“多源气象资料融合技术研究与产品研制”等项目支撑下，充分利用我国建站以来的历史观测资料、多种地基观测资料，雷达、卫星等观测资料，部委交换及数值模式资料等，重点攻关陆—海—空多源气象资料融合与同化分析技术，自主研制完成 3 套、15 个区域到全球的多时空分辨率（最高 10 min、1 km）历史长序列多源融合数据集，覆盖陆、海、空 21 个气象要素变量，时间范围最长达到 42 年，完成历史—实时的陆表多源气象要素融合、辐射反演与多源融合、多源降水融合、多源海表要素融合、陆面数据同化、三维云融合以及多源融合实况分析全流程检验评估等 8 类 15 个系统建设，并实现业务化实时运行。

2. 创新程度、学术水平或科技进步

陆—海表面多源气象要素融合方面，聚焦用好中国气象局 7 万多地面观测、200 多部雷达、国内外几十颗卫星数据，创新性提出并自主发展了多源气象观测协同质量控制技术，PDF 与 TC 等偏差订正技术，多尺度变分分析、最优插值、EnSRF 等融合分析技术方法，以及基于 AI 的降尺度与卫星反演技术等，形成具有自主知识产权的陆—海表面气象要素融合分析系统一套。陆面过程模拟与数据同

化分析方面，研制了考虑取用水与侧向流及土壤冻融界面动态变化的陆面模式 CAS-LSM，并完成基于微波遥感的双通同化方案构建，形成具有自主知识产权的陆面数据同化原型系统一套。三维云与大气多源气象资料融合方面，实现风云静止卫星成像仪、闪电成像仪、雷达、地面、探空、卫星反演产品等资料的协同融合，形成具有自主知识产权的三维云与三维大气气象要素融合分析原型系统一套。多源气象融合分析产品真实性检验方面，提出了针对关键多源融合产品的真实性检验对比验证策略，制定了观测验证方案，通过近 3 年协同观测试验，获取大量观测数据，结合其他科学试验观测资料，开展观测数据交叉对比检验及观测与多源融合产品对比验证，发展真实性检验算法，揭示了观测的不确定性对真实性检验结果的影响。创新发展科研成果业务转化机制与技术，实现陆—海表面气象要素融合分析、陆面数据同化、三维云与三维大气气象要素融合分析等科研成果的业务转化应用，完成陆表多源气象要素融合、辐射反演与多源融合、多源降水融合、多源海表要素融合、陆面数据同化、三维云融合、全流程检验评估等 8 类 15 个系统建设，并实现业务化实时运行。最终自主研制完成 3 套、15 个区域到全球的多时空分辨率、长序列（历史）及高时效（实时）多源融合数据集，覆盖陆、海、空 21 个气象要素变量，时间范围最长达 42 年（时空分辨率最高分别为 10 min、1 km），多个数据集填补了该领域空白，产品质量中国区域达到国际先进水平，通过国家气象科学数据中心汇交共享。

3. 成果产生的影响或转化应用绩效和贡献

多源数据融合产品支撑了水利部，国、省、市、县气象部门，高校，科研院所以及部队等 50 多家单位的科研与业务。主要包括：

（1）作为基础数据应用于日常天气会商、预报检验、智能网格预报滚动订正、灾害性天气监测预警、精细化气象灾害风险评估等业务和科研中，如中国区域 5 km 智能网格实况产品应用于每日全国天气会商中、预报检验与智能网格预报滚动订正中。

（2）作为服务产品广泛应用于决策服务、农业、交通、电力、旅游等 20 多个领域，如内蒙古生态与农业气象中心使用该产品进行土壤墒情格点化监测，解决了内蒙古土壤湿度站点稀疏带来的不确定性问题。

（3）作为支撑数据实现在手机 APP 中基于任意位置的天气实况服务，如实况分析产品接入了国家气象中心 MICAPS4、MOAP 和中央气象台决策服务 APP 等，服务管理部门、一线预报员及业务技术人员超过 2000 人。

（4）支撑汛期省级气象灾害监测预警、生态与农业气象等业务，如浙江省气候中心利用该产品进行高温、梅雨、台风等重要监测业务。

（5）应用于中华人民共和国成立 70 周年、中国共产党成立 100 周年、神舟十三号飞船发射、北京 2022 年冬奥会和冬残奥会等重大活动气象服务保障。

4.4 关键气候要素长序列基础数据及均一化数据产品（V1.0）

4.4.1 基本信息

完成单位：国家气象信息中心、

完成人：曹丽娟、周自江、廖捷、杨溯、徐文慧、陈哲、江慧、朱亚妮、胡开喜、远芳、王蕙莹、陈丽凡、李庆雷、张冬斌、阮新、费烨、朱晨、赵琦

4.4.2 成果简介

1. 成果综述

面向全球及中国区域气候变化监测、检测、评估等应用，基于“气象资料质量控制及多源数据融合与再分析”创新团队攻关任务及课题支持，研发气象数据质量控制、偏差分析订正及序列均一化等数据处理核心技术，研制长序列基础数据和均一化数据产品，主要包括：（1）研发多来源观测资料整合技术，大幅提升全球基础数据完整性，研制百年长度全球地面、高空、海表等观测基础数据集；（2）发展全球大气、陆地及海洋观测基础数据质量控制、偏差分析订正技术，研发形成面向长序列气候数据产品研制的质量控制技术体系；（3）研发多方法集成的断点综合判断及日、月、年值协同的多时间尺度资料偏差订正与均一化订正技术，研制长序列均一化数据产品。

2. 创新程度、学术水平或技术进步

大幅提升我国长序列基础数据处理技术能力及产品研制业务能力，提高气候变化监测评估国际竞争力：

（1）通过多源、多类观测资料整合，研制形成空间覆盖完整，长度达到百年的全球地面、高空、海洋长序列基础数据集。

（2）通过自主研发与引进改造相结合，研制面向不同应用的气象数据质量控制技术体系，研发形成数据质量控制与评估、偏差订正、数据标准化处理等先进的长序列数据产品生产技术。

（3）通过引进、优化和集成创新，实现多类资料（中国地面及高空温湿度、地表温度、太阳总辐

射和全球气温及海表温度等）在日值及定时值尺度同步订正，建立的主客观结合、偏差订正与均一化相结合的技术思路处于该领域先进水平。

（4）长序列海洋气候数据产品实现零的突破，研发长序列全球海表温度（SST）偏差订正与格点重建技术，解决海表温度序列的非均一性和观测数据“空窗”问题，研制 1850 年以来全球海表温度格点重建数据集。

（5）围绕 1.5 ℃增温科学问题，自主研制的海陆一体的全球表面温度格点重建数据产品在序列长度（1850 年以来）、完整性、气候变化描述能力等方面达到美国、英国同类产品水平，且在亚洲更优。

（6）研制 1951 年以来中国地面、高空、辐射及 1900 年以来全球百年气温、降水和海表温度等 20 余个覆盖大气、陆表及海表观测的高质量、长序列基本气候变量（ECVs）偏差订正与均一化数据产品，进一步降低相关业务科研对国外产品的依赖，确保我国在全球气候变化事实监测、检测及评估领域所用数据自主安全可控。

3. 成果产生的影响或转化应用绩效和贡献

强基固本，夯实气象数据源头安全供给，抓住中国观测资料最为薄弱的环节，通过自主研发与引进改造相结合，实现基础数据整合、质量控制、质量评估、偏差订正及均一化等数据处理技术耦合发展，切实促进了全球多圈层长序列基础数据集和均一化数据产品在我国气象业务和科技创新中的应用：

（1）研制形成经标准化处理、质量控制与评估的全球及中国关键要素达到百年长度的地面、高空、海洋等观测基础数据集，是长序列统计产品和均一化产品的数据基础。

（2）研发的质量控制与评估、偏差分析及均一化检验订正等先进技术支撑了 30 余个长序列数据产品的研发，数据产品通过业务内网及气象大数据云平台提供业务科研应用。

（3）研制发布的全球及中国区域长序列、均一化气候数据产品实现对全球高温、冷害等极端天气气候事件的快速准确监测，有效支撑全球气候监测业务，确保我国在全球气候变化事实监测、检测领域所用数据自主安全可控。

（4）对中国区域百年增暖的估计被第三次和第四次气候变化国家评估报告、区域气候变化评估报告及气候状况报告等引用，极大提高我国在适应 1.5 ℃增温科学问题上的话语权，同时为世界气象组织认定百年气象站提供重要参考。

4.5 气象大数据云平台（天擎）

4.5.1 基本信息

完成单位：国家气象信息中心、陕西省气象信息中心、浙江省气象信息网络中心、广东省气象探测数据中心

完成人：何文春、赵立成、罗兵、高峰、徐拥军、薛蕾、霍庆、刘媛媛、肖卫青、王颖、倪学磊、郑波、王琦、韩同欣、王舒、何林、杨明、孙周军、刘鑫、韩书丽、刘振、刘一鸣、周薇薇、高峰、李江涛、戴晴、张来恩、向筱铭、陈士旺、王佳强

4.5.2 成果简介

1. 成果综述

按照《中国气象局关于推进气象业务技术体制重点改革的意见》（气发〔2020〕1 号）的要求，在雷达工程、海洋工程等支撑下，2018—2021 年设计和建设了“数算一体”气象大数据云平台。基于大数据、云计算、人工智能等互联网技术构建了全新一代气象行业的数据平台，统筹管理观测、预报、服务、行业、社会等气象大数据资源，为全国气象业务实时提供高并发、高可靠、高时效、高扩展性的数据、算力和算法服务。成果被评选为 2021 年气象部门创新工作、2021 年度气象现代化建设重大进展的项目之一。

2. 创新程度、学术水平或科技进步

在气象大数据云平台业务验收评审会上，以许健民院士为组长的专家组给予高度评价：“针对气象事业高质量发展需求，在国内首次系统性采用大数据、云计算等技术，设计实现了气象数据存储和处理一体化的气象信息系统全新开放技术架构，技术水平达到国际同类系统先进水平。”

（1）系统性探索和创新应用前沿信息技术，全面赋能气象业务。针对气象应用，全面采用新一代信息技术，通过引进吸收、定制创新，形成气象大数据云平台，产生了系列的技术应用成果，包括基于消息和流传输的数据快速交换技术，基于分布式、流处理、容器等计算框架的产品加工流水线，基于内存数据库、分布式数据库、对象存储等技术的分布式存储体系，基于接口网关、数据湖等技术的安全高效服务接口等。

（2）优化数据布局，全网互联互通，支持跨区域应用高效协同。面对全国 100 PB 级的数据规模，充分利用国省“天地一体化”的网络条件，重新布局数据资源，支持国省互联互通和一体化应用支持。国省元数据统一管理，打通国省数据服务流程，支持跨区域的预报服务协同。

（3）打造气象行业的云化模式，支撑“云 + 端”业务技术体制。针对气象业务，提供 2 种不同于互联网公司的云化模式。面向现有业务系统的融入改造，全面开放平台的功能接口，支持系统保留操作界面和用户习惯的同时，将算法和产品纳入“天擎”统一调度管理和服务；面向新建业务系统，为“天擎”平台提供“云原生”的开发环境，支持系统直接在“天擎”上进行开发、测试和部署运行，实现更高质量的融入。

（4）建立共建共享的开放平台，支持良性循环的气象应用生态。以“平台 + 标准”的技术架构打造“天擎”，采用分布式技术，保障平台按需在线扩展。以组件化的技术，支持新功能的快速集成，比如在 CIPAS 融入过程中，提出了空间化分析的新需求，信息中心即与气候中心联合研发空间分析库，无缝纳入平台。应用系统将数据、算法纳入平台管理，共建共享，形成良性循环的应用生态。

3. 成果产生的影响或转化应用绩效和贡献

作为“云 + 端”新型业务技术体制基座的气象大数据云平台，在推进消除“数据孤岛”“应用烟囱”、发挥数据聚集规模效应等方面成效突出，并将持续支持气象业务高质量发展。

（1）突破关键技术难点，数据应用全面提速。基于新一代的信息技术，“天擎”应用支撑能力全面提升，存储规模全国达到 90 PB，提升约 80 倍；数据达到 605 种，增加 20%；全球地面、高空、海表、飞机报、数值预报等关键资料历史序列延长 10 倍以上，入库存储时效提升近 10 倍以上，访问效率提升 5 倍以上等。“天擎”在全国每日的访问量达到 600 万次，服务数据超 100 TB。“天擎”实现了对 CIMISS 的自动替代，平台升级用户无感，业务未受影响。

（2）逐步打破“孤岛烟囱”，业务全流程绿色高效协同。“天擎”全面支持业务云化，业务产品纳入“天擎”统一存储和服务，数据孤岛消除；业务算法全部集成在天擎运行，按业务自然时序调度运行，实现高效协同，应用烟囱消除。气象观测、天气预报、气候预测、人工影响天气指挥等业务领域的 29 个系统完成云化改造，业务效率提升 2 倍以上，数据和算法冗余降低 30% 以上，跨区域协同作业、上下游系统联动、全业务统一保障等效果初步呈现。

4.6 气象综合业务实时监控系统（天镜）

4.6.1 基本信息

完成单位：国家气象信息中心、中国气象局气象探测中心、浙江气象信息网络中心、福建省气象信息中心、内蒙古气象信息中心、宁夏气象信息中心、四川省气象探测数据中心、湖北气象信息网络中心

完成人：孙超、肖文名、曾乐、陈文琴、郭聪、徐达、白金婷、刘乖乖、刘然、别毅、刘一鸣、张晓、韩春阳、顾文静、张小缨、王英杰、段明静、贺俊彦、邵国鑫、朱玲玲、李巍、朱添福、李新庆、张雅旎、张新禹、张常亮、王琪、汪璠、胡永亮、杨代才、杨维发、雷卫延、李雁

4.6.2 成果简介

1. 成果综述

围绕《全国气象发展“十三五”规划》提出的“智慧气象”发展目标，气象业务在实施现代化、信息化、集约化、标准化的进程中，都需要监控系统来保障业务高效稳定运行。为解决监控系统独立开发和运维过程中运行维护成本高、监控信息无法共享等问题，2016 年底，按照中国气象局统一部署，由中国气象局预报司牵头组织、观测司配合，信息中心作为实施技术组组长单位，共同推动气象综合业务实时监控系统（天镜）建设。历时 4 年，攻克了海量监控数据的采集处理存储、故障上下游关联定位、自动化运维等关键技术，成功建成并在全国部署和业务运行，形成气象综合业务监控大数据，填补了全国气象业务统一监控运维的空白，极大地提升了全国气象信息业务运行保障能力。

2. 创新程度、学术水平或科技进步

（1）树立“大集约化”思想，构建全国气象综合业务监控群。打通业务独立监控运维壁垒，以集约化思想构建全国气象综合业务布局，实现横向到边、纵向到底的业务监控。横向覆盖观测、信息、预报、服务、政务等业务全流程，覆盖气象数据采集、处理、存储、加工、服务等数据全流程；纵向覆盖从业务系统到基础设施资源、场地环境。“天镜”统一监控信息接入标准，已集约整合 35 套监控系统，并推动国省综合业务监控逐步接入，形成全国联动的“监控群”。

（2）“全生命周期监管理”理念覆盖全方位业务，支持可追溯的全链条业务质量管理。监控范围

覆盖业务运行、数据流程、资产管理和数据质量评估等全方位业务，从业务运行视角监视系统从资源到数据、应用、服务等的业务拓扑和运行指标；从监视数据的产生到收集、传输、处理、服务的数据全生命周期；从业务管理视角监视资产从上线、审批、使用、回收的资产全生命周期。结合可视化技术，提供全生命周期的“监、管、控”的关键指标的可量化质量管理。

（3）建立国省运维联动机制，提升运维效率。构建全国业务运维协同在线模式，实现运维知识库的全国共享、国省业务运行问题的协同处置，提高国省运维工作敏捷高效。基于“天镜”技术平台，实现各类业务监视信息采集、指标计算到告警发布 30 s 内完成。通过工单实现业务变更和业务处置的规范化管理，国家级派发事件工单总数 1658 项，变更工单共计 1460 项，一线故障解决率提升近 5 个百分点，基于自动巡检和脚本自动化运维，减少人工干预，有效提升运维自动化水平。

（4）首次实现全国气象综合业务管理和运行大数据融合，提升宏观业务决策的科学水平。“天镜”已汇聚近 35 个气象业务系统的 68 余类业务监视数据，数据日增量超过 33 亿条。基于业务运行大数据，实现信息网络现代化指标实时评分，使业务管理人员能够实时掌握全国气象业务的资源分配、运行状态，推动气象部门的业务宏观决策从“会议决策”向“数字决策”升级转型。

3. 成果产生的影响或转化应用绩效和贡献

气象综合业务实时监控系统 2020 年 12 月经预报司批准在全国业务运行（气预函〔2020〕61 号），集约整合 35 个业务系统监控，实现了 517 种气象资料的台站—省—国家的数据全流程监视，实现对 12 个机房 3314 台设备的资产管理，精准告警通知万余条，建立运维知识 276 条，规范业务变更工单管理 1460 项、故障事件工单管理 9748 项，一线运维故障解决率从 2017 年以前的 24% 提升至 71%；构建国省众创开发模式，实名开发用户 63 个，注册众创项目 397 个，业务使用 20 余个，提升开发效率达 80%。系统提供的资源运行多维分析、业务运行评估、现代化信息网络指标实时评价提升了宏观业务决策的数据支撑水平，推动业务管理过程的持续优化。系统通过观测、信息、预报、服务等气象核心业务共 20 余个主题的可视化展示，作为气象信息化窗口，接待中外来宾千余次，助力中华人民共和国成立 70 周年、中国共产党成立 100 周年、第十四届全国运动会、北京 2022 年冬奥会和冬残奥会等活动气象保障和决策指挥。系统 2018 年荣获中国电子工业标准化技术协会信息技术服务分会颁发的“2017 双态运维最佳实践奖”，2019 年获评“气象部门创新工作”排名第一，2020 年 12 月获评《数字政府服务社会——政务信息化 2020 年优秀案例汇编》杰出案例。

4.7 中国气象局全球大气 / 陆面再分析系统及产品（CMA-RA）

4.7.1 基本信息

完成单位：国家气象信息中心、国家气象中心、国家气候中心、国家卫星气象中心、中国科学院大气物理研究所、南京信息工程大学、北京师范大学

完成人：姜立鹏、师春香、周自江、张涛、梁晓、廖捷、赵立成、姚爽、王旻燕、刘景卫、张志森、王蕙莹、陈哲、江慧、曹丽娟、李庆雷、远芳、张冬斌、姚燕、潘旸、徐宾、徐文慧、胡开喜、祝婷、陈丽凡、赵琦、朱亚妮、朱晨、赵春燕、肖洒、韩同欣、赵滨、瞿安祥、尹宜舟、马刚、郭杨、赵天保、田向军、段青云、陈耀登、刘超

4.7.2 成果简介

1. 成果综述

全球再分析资料在天气、气候、海洋、水文、地理和生态环境等领域广泛应用。为打破我国气象业务对国外再分析的依赖，国家气象信息中心依托中国气象局公益性行业（气象）科研专项、气象科研专项重大项目“全球大气再分析技术研究与数据集研制”和国家气象科技创新工程重大核心攻关任务“气象资料质量控制及多源数据融合与再分析”，与多部门、多单位开展协同创新攻关，攻克了卫星资料变分偏差订正、常规资料在线质量控制、背景场误差协方差优化等关键技术，建成全球大气和陆面再分析业务系统，整合、应用全球及国内观测资料，历时 6 年，成功研制出 40 年长度中国气象局全球大气 / 陆面再分析产品（CMA-RA），填补了我国在全球大气再分析领域的空白。

2. 创新程度、学术水平或科技进步

长期以来，我国气象业务科研主要依赖国外产品。该成果从“零”开始，基于国际上前沿的模式与同化方案，开展全球大气和陆面再分析关键技术攻关，攻克了卫星资料变分偏差订正、常规资料在线质量控制、背景场误差协方差优化等关键技术，收集整理了 1979 年以来国际及中国特有的常规、卫星等观测数据，重点加强了国际重处理的掩星、云导风、洋面风资料和中国风云卫星云导风、掩

星、微波湿度计等资料的收集、预处理及在 CMA-RA 系统的同化应用，并建立了配套的在线质量控制系统。以多套观测为输入源，分层次地组织开展了系列循环同化试验，探索形成“GFS/GSI+ 在线质量控制”的全球大气再分析技术框架，建成全球大气再分析业务系统及其配套的运行监视和检验评估系统。历时 6 年科研攻关，研制完成中国气象局全球大气和陆面再分析产品（CMA-RA，1979 年至近实时），其中，大气再分析时间分辨率为 6 h、水平分辨率为 34 km、垂直层次为 64 层、模式层顶为 0.27 hPa；陆面再分析时间分辨率为 3 h、水平分辨率为 34 km、垂直层次为 4 层，延时 6.5～9.0 h 追加更新。

2020 年 12 月 3 日，通过业务准入评审。检验评估表明，CMA-RA 的三维大气温度场、湿度场、风场总体上优于国际第一代、第二代全球大气再分析产品，与国际第三代全球大气再分析产品质量相当，如 CMA-RA 500 hPa 位势高度均方根误差（6.2 gpm）明显小于 NCEP1（11.85 gpm）、NCEP2（12.68 gpm），与 JRA-55（7.17 gpm）、CFSR（5.56 gpm）、MERRA（6.15 gpm）等再分析相当。国家气候中心评估表明，CMA-RA 质量整体优于目前使用的 NCEP 再分析产品，时效快，稳定性强，可以投入相关业务和科研应用，可实现对国外再分析产品的有效替代。

3. 成果产生的影响或转化应用绩效和贡献

中国气象局全球大气 / 陆面再分析系统及产品（CMA-RA）于 2020 年 12 月通过了中国气象局业务准入评审，经中国气象局预报司批准（气预函〔2020〕62 号），产品在“天擎”和国家气象业务内网实时发布。目前已实现在国家气候中心气候监测、气候模式预报及延伸期实时预报检验业务中应用。基于 CMA-RA 产品研制的全球气温、气压、风、降水、位势高度等天气气候监测图形产品提供世界气象中心（北京）全球天气、气候监测业务应用。2021 年 5 月，中国气象局全球大气和陆面再分析产品（CMA-RA）公开发布，正式向全国业务单位和社会各行业提供应用，《中国科学报》《科技日报》《中国气象报》对 CMA-RA 公开发布做了报道。2021 年 10 月，CMA-RA 入选国家“十三五”科技创新成就展。2022 年初，CMA-RA 系统投入业务运行入选 2021 年气象现代化十大进展。中国气象局全球大气和陆面再分析公开发布后，通过中国气象数据网提供产品及其全套说明材料的下载和定制服务，为相关行业的业务科研工作提供全面支持，截至 2022 年，服务气象部门内外用户共 513 个，服务总量 206 T，用户覆盖气象、教育、农业科学、地球科学、环境与安全等多个行业。

第5章

气象服务与应用气象

5.1 SWAT 模型中国大气同化驱动数据集

5.1.1 基本信息

完成单位：南京信息工程大学、国家气象信息中心、中国水利水电科学研究院、中国农业大学

完成人：孟现勇、师春香、王浩、张涛、孙帅、罗京佳、李祥超、王庆刚、蔡思宇、姜会飞、潘学标、潘志华、林晨、刘可欣、张利敏

5.1.2 成果简介

1. 成果综述

SWAT 模型中国大气同化驱动数据集（CMADS）得到国家自然科学基金“青藏高原陆面再分析关键技术及数据集”和“十二五”国家科技支撑计划“南水北调中东线工程运行管理关键技术研究与示范”联合资助。CMADS 数据集旨在为气象下游用户（如水文、面源污染等）解决并提供具有统一规程（经纬度、高程）、同化更多数据源、利用大量观测站同化订正且可靠的模式气象输入数据。通过对我国区域近 40 年（1979—2018 年）再分析数据进行完成订正，通过变分同化、卷积神经网络优化插值等系列繁杂工作，成功将我国本地化的网格气象产品二次生产为面向水文等下游用户所需的高精度模式气象输入产品，极大地提高了用户科研数据精度及效率。

2. 创新程度、学术水平或科技进步

大气驱动场质量是影响下游用户结果产出的重要因素之一，较差的大气驱动场通过误差传递，使其驱动的水文等下游领域模型输出结果不确定性增加。我国幅员辽阔且地形复杂，传统的气象观测站数据已不能满足大尺度水量、能量平衡过程的模型驱动研究工作。现阶段，将格网化大气再分析数据通过“虚拟台站”形式耦合驱动水文等物理模型势在必行。

CMADS 数据集是国内最早且唯一将格网化产品通过大数据技术，应用于水文、环境等气象下游领域以驱动模式的数据集。在科技创新方面，首先，CMADS 格网数据集背景场采用先进的多重网格变分（STMAS）分析同化算法，结合我国地面气象自动观测站、CMORPH 降水、MERRA2 降水及 ERA5/ERA-Interim 背景场（其中 CMADS 数据集 2008—2016 年同化源采用国家气象信息中心 CLDAS 强迫场），最终建立 40 年 CMADS 气候格网数据集（CMADS-GRID）。其次，基于 CMADS-

GRID 驱动陆面模式 CLM 3.5，在通过全国土壤温度观测站验证后，生成了 40 年 10 层土壤温度陆面分量数据集（0.7 cm、2.8 cm、6.2 cm、11.9 cm、21.2cm 等）。最终，基于前期 40 年大气格网（CMADS-GRID）及土壤温度数据集（CMADS-ST），结合团队发表在《Nature》杂志的机器深度学习大数据技术、卷积神经网络优化插值等技术，完成了质量控制、数据采样、格式转换及水热平衡物理一致性检验等大量工作，建立了 1 套覆盖整个东亚地区，具有统一规程虚拟台站（经纬度，高程）的 40 年 CMADS 系列数据集（时间分辨率：逐日，空间分辨率：1/3°（5.85 万台站）、1/4°（10.4 万站）、1/8°（41.6 万站）及 1/16°（166.4 万站），提供要素：日平均温度、压强、相对湿度、比湿、风速、24 h 累计降水、土壤温度），CMADS 进一步从源头上增强了基层科研用户气象数据精度。

3. 成果产生的影响或转化应用绩效和贡献

近年来，CMADS 数据集已处于全面应用阶段，已得到包括中国气象局、生态环境部、水利部及高校等近千余机构广泛应用。其中，在保障国家层面重大项目方面，CMADS 数据集被应用于第二次全国污染源普查，为我国第二次全国污染源普查工作提供了重要的基础气象数据保障。同行总体评价认为：CMADS 驱动 SWAT、VIC 等水文模式在中国乃至东亚各流域表现力总体优于 TRMM 等其他再分析数据集。目前，CMADS 数据集已被国内外学术界公认并广泛应用。据不完全统计，CMADS 数据受众群体已超 115 万人，已收到上万次数据申请，已支持近 400 余篇文献发表，已助力包括 97 项国家自然科学基金及 38 项国家重点研发计划项目的实施。

5.2 长江流域致洪降水预报关键技术及三峡梯级水库群应用

5.2.1 基本信息

完成单位：武汉中心气象台、中国长江电力股份有限公司、长江水利委员会水文局、中国气象局武汉暴雨研究所

完成人：吴翠红、陈良华、田刚、李春龙、孟英杰、彭涛、徐卫立、高琦、王继竹、王晓玲、陈璇、李波、李银娥、祝赢、李琳琳

5.2.2 成果简介

1. 成果综述

成果来源于包括 2 项国家重点研发计划在内的 8 项科研工程项目，围绕世界最大规模水库群防洪兴利决策中的气象关键问题，自 2014 年起，经多年技术攻关和应用实践，攻克了洪水天气模型、精细网格预报和水文气象耦合洪水预报系列致洪降水预报难点技术。创建了水库群大流域分类洪水天气模型，研发了多源融合流域无缝隙高精度网格降水预报技术，开展了基于水文模型和气象网格预报的水文气象耦合预报，建立了气象水利共享共用的智能业务系统，多项技术填补了国内空白并全国推广，提高了三峡梯级水库群水文气象预报精度、延长了预见期，提升了雨洪资源利用率。发表论文 51 篇，其中 SCI 论文 7 篇、核心论文 34 篇，获授国家专利 2 项、软件著作权 6 项，出版专著 1 部。

2. 创新程度、学术水平或科技进步

（1）原创构建了三峡梯级大型水库群大流域分类洪水天气模型。针对大流域洪水组合复杂、预见期提升困难等难题，创造性地将洪水类型与天气物理机理有效结合，通过揭示分类洪水的致洪降雨时空分布和天气环流特征，建立了 4 种长江上游中小洪水、3 种长江上游大洪水和 5 种长江上游与洞庭湖遭遇洪水天气模型，提出了三峡水库群调度各关键期的洪水分类天气预报策略，为洪水分类预报提供气象解决方案。2016—2021 年天气模型相似均提前 9 天预判出长江大洪水，为水库群提前调度应对赢得了时间。

（2）创新研发了多源融合的流域无缝隙高精度网格降水预报技术。研发的1 km分辨率“雨量站+雷达”融合降水实况产品，解决了站点监测覆盖不足下实况服务问题；发展了基于变分光流法的雷达外推短临降水预报产品，3 h预报误差率平均在11%以内，成功预报多次突发强降水；研制了基于检验的多因子精细分区模式动态最优集成短中期降水预报产品，预报能力优于国内外主流模式，24 h暴雨预报准确率较ECMWF提升25%以上；发展的集合预报多统计量最优集成10天以上延伸期预报，8～15天极端强降水预报优于确定性预报。2016年长江气象水利部门率先应用网格预报，较全国正式业务提前3年，水文气象预报精度提升显著，有力支持了《三峡调度规程》的修编。

（3）发展建立了基于水文模型和降水网格的水文气象耦合预报技术。开展了1～9 km逐千米递增的不同分辨率降水估算、预报产品对水文模拟的尺度效应分析，辨明了长江中游流域雷达定量降水估算产品对水文模拟的最优分辨率为5～7 km；引入ECMWF、CMA等不同降水集合预报产品，输入水文模型，给出了不同概率条件（25%、50%、75%）下洪峰大小，拓展了水文集合预报新方法，提高了水文预报可信度。基于多源网格降水预报产品以及流域水文模型，构建了气象水文耦合的三峡入库大洪水预报模型，多次准确预报出三峡水库来水，成果入选2020年科技部支撑防汛救灾典型科研成果清单。

3. 成果产生的影响或转化应用绩效和贡献

成果持续应用于长江流域气象中心、长江电力三峡梯调中心和长江委水文局的防洪调度决策及发电计划编制气象预报服务，有力支持了2016—2021年三峡梯级水库历次洪水调度，社会经济效益显著。成果被推广应用至长江流域各省及黄河、海河等全国各大流域气象中心，并在长江委防御局、乌江流域公司等推广应用。

2020年，基于精准气象预报，三峡梯级水库及时启动防洪调度，拦蓄洪水330亿m^3，降低长江干流川渝段水位2.9～3.3 m，减少淹没面积235 m^2，减少受灾人口70万人；避免了荆江分洪区启用，避免了60余万人转移和49.3万亩耕地被淹；2021年，汉江鸭河口水库千年一遇超历史洪水，因预报降水将达300 mm，水库提前下泄、人员快速撤离，未发生重大事故；三峡梯级调度规程修编支撑成效显著，考虑了水文气象预报，汛期浮动水位上限由146.5 m升至148 m，起蓄最高水位由150 m升至155 m，更利于梯级电站综合效益的发挥。

三峡梯级电站仅2019—2021年就累计增发电量290亿度，按上网均价0.27元/度计算，价值78.3亿元，本技术产生新增利润7.8亿元（采用国家标准《水文情报预报规范》（GB/T 22482—2008）中5%～15%的均值10%计效益）。

5.3 道路交通恶劣天气监测预警处置关键技术研发与应用

5.3.1 基本信息

完成单位：江苏省气象服务中心、南京气象科技创新研究院、公安部道路交通安全研究中心、南京信息工程大学、江苏省公安厅交通警察总队

完成人：黄亮、祖繁、张振东、孙广林、袁成松、刘端阳、刘青山、孙家清、王宏斌、肖鹏飞、周雪城、朱承瑛、田小毅、罗晓春、曾明剑、孙玉宝、周胜、杨茜茜、吴泓、姜荣升

5.3.2 成果简介

1. 成果综述

本成果在多部门共同努力下，依托中国气象局年度关键技术集成与应用项目（CMAGJ2014Z0022）、公安部技术研究计划项目（2014JSYJB021）、国家自然科学基金（61272223、61672292）和江苏省自然科学基金（BK20161073）等项目，攻克了基于多源观测资料和机器学习的浓雾监测预警技术、深度网络模型的路面状况智能监测预警技术和恶劣天气的突发交通事件智能感知与联动处置技术等关键科技问题，解决了困扰多年的浓雾（团雾）、路面结冰监测预警等难点痛点问题，首次构建了恶劣天气交通预警处置工作闭环，填补了国内空白，直接推动了气象、公安部门联合开展恶劣天气交通预警处置试点工作，取得了系列自主知识产权，目前已在多省推广应用，效益显著。

2. 创新程度、学术水平或科技进步

本成果经科技部、教育部科技查新工作站实施国内外科技查新，所有关键核心技术均未见报道，目前已获授权发明专利 3 项，登记软件著作权 8 项，编制标准 2 项，发表 SCI 论文 5 篇，获得省部级科技奖 4 项。经多方专家论证，成果填补了国内恶劣天气交通预警、智能监测预警和协同应急处置多项空白，总体国内领先，部分技术达到国际先进水平。

主要有 3 个方向 7 项核心科技创新内容：

（1）基于多源观测资料和机器学习的浓雾监测预警技术。包括基于新一代静止气象卫星的雾分级

识别技术，能提供 2 ~ 4 km 的高精度雾遥感监测产品，解决了区域性浓雾监测中低云和雾的区分识别问题；基于多尺度融合网络的雾图像识别技术，综合识别准确率达 85%，白天超过 94%，解决了局地性浓雾（团雾）监测难点问题，并在全国率先实现业务化应用。

（2）基于深度网络模型的路面状况智能监测预警技术。包括精细化低温冰情监测预警技术，具备提前 24 h 预报路面低温冰情能力，首创省级 20 m 分辨率热谱图产品，解决了道路暗冰监测预警问题；基于双通路金字塔网络的路面状况智能感知技术，具备路面气象状况快速识别能力，首创像素级路面状况图像分类产品，解决了路面气象状况识别判定问题；自主研发了智能移动观测设备，可与交管部门处置系统实时交互，具备道路天气智能识别，路面气象信息连续采集和 5G 通信传输能力，解决了道路气象连续性观测问题，首创交互式交通气象移动观测和服务模式。

（3）基于恶劣天气的突发交通事件智能感知与联动处置技术。包括恶劣天气突发交通事件智能感知技术，研发恶劣天气交通预警信息采集与发布系统，具备突发事件快速预警、定位、调度能力，解决了恶劣天气下交通突发事件处置不及时问题；分布式立体化应急联动处置技术，研发高速公路恶劣天气管控信息系统，具备突发事件跨区域跨部门应急联动处置能力，解决了恶劣天气下各部门应急联动问题，首次构建了恶劣天气交通预警处置工作闭环。

3. 成果产生的影响或转化应用绩效和贡献

成果自应用以来，效果明显，浓雾团雾监测预警时间提前 1 h、大雾消散预警提前 0.5 h，道路结冰预警提前 24 h，交通处置减少无效封路时间 1 h，直接推动了中国气象局和公安部联合开展恶劣天气交通预警处置试点工作，并形成了“徐州样板”。

成果社会经济效益显著，自应用以来，因恶劣天气造成的公路交通事故率和死亡率显著下降，以徐州试点为例，恶劣天气超速违法行为环比下降 40%，事故数量环比下降 37.8%，伤亡人数环比下降 100%，无一起因恶劣天气造成的重特大事故发生，充分发挥了气象防灾减灾第一道防线作用，是践行“人民至上、生命至上”理念和落实交通强国战略的有力举措。据测算，仅江苏交通部门年均增加直接效益达 1500 万元以上，挽回生命财产损失更是无法量化计算。

成果应用前景广阔，文化价值凸显。目前已陆续推广应用到河南、贵州、浙江、山东等多省市公安、交通、气象部门及企业，覆盖里程超过 10000 km，覆盖人群超过 6000 万人，公安部、交通运输部、中国气象局已明确在全国范围开展推广应用。随着应用范围的扩大，本成果将产生深远、良好的影响。

5.4 东北地区设施农业生产专业天气预报技术

5.4.1 基本信息

完成单位：辽宁省气象台、中国气象局沈阳大气环境研究所、南京信息工程大学、喀左县气象局、吉林省气象台、黑龙江省气象科学研究所、大洼县气象局、沈阳市气象局

完成人：陈艳秋、吴曼丽、陆忠艳、孙立德、袁子鹏、张淑杰、杨再强、陈传雷、黄阁、马树庆、王萍、张菁、李俊和、贾旭轩、陆井龙

5.4.2 成果简介

1. 成果综述

项目围绕东北地区设施农业生产气象服务技术开展研究，历时 3 年，对 9 个温室（棚）进行内外气象要素对比观测试验，建立温室内小气候要素预报模型，发布东北地区不同类型温室内最高 / 最低气温、相对湿度、日照时数等预报产品，综合准确率超过 72%；开展大风掀棚、暴雪垮棚、低温冻害和连阴寡照 4 种气象灾害试验，确定气象灾害判别指标、灾害等级以及致灾临界值；建立 4 种灾害性天气客观预报模型，发布东北地区 4 种灾害性天气预警，对不同灾害提出生产调控的措施及建议，准确率超过 64%；开发设施农业气象监测预报预警服务系统，建立东北地区设施农业与气象数据库，可制作东北地区设施农业气象服务产品。

2. 创新程度、学术水平或科技进步

（1）解决了日光温室内部气象预报难题。在东北地区选取 9 个大棚持续开展大棚内外气象要素对比观测试验，分析了 4 个季节 4 种天空状况下，3 种类型温室内外气象要素对应关系及分布变化规律，分别建立了设施内小气候要素（最高气温、最低气温、相对湿度、日照时数）预报模型，棚内气象要素预报产品 24 h 预报准确率达 72% ～ 86%。

（2）确定了东北地区主要设施农业气象灾害指标。针对东北地区设施农业生产特点及主栽作物对气象条件的需求，进行了低温冻害、连阴寡照、大风掀棚和暴雪垮棚试验，结合实际灾情数据建立了东北地区低温冻害、连阴寡照、暴雪垮棚、大风掀棚 4 种气象灾害判别指标、灾害等级以及致灾临界值。

（3）首次发布专门针对设施农业的气象灾害预警产品。开发了针对不同类型大棚、不同作物、不同生长时期的东北地区低温冻害、连阴寡照、暴雪垮棚、大风掀棚预报的天气学分型模型，发展了 4 种灾害的天气学预报方法，并针对不同灾害提出生产调控建议，4 种气象灾害 24 h 预警准确率超过 64%。

（4）研发了集监测、预报、预警、服务于一体的东北地区设施农业气象监测预报预警服务系统，实现了省、市、县三级共享，分级制作与发布设施农业预报、预警服务产品等功能。

3. 成果产生的影响或转化应用绩效和贡献

该项目在大风掀棚致灾分区指标体系、暴雪垮棚致灾指标体系、4 种灾害的天气学预报方法和设施农业气象监测预报预警服务系统方面取得的创新性成果达到了国内领先水平（客观认定结果）。项目组发表科技论文 38 篇（SCI 收录 1 篇），出版专著 3 部，取得软件著作权 5 项、发明专利 4 项，为东北地区开展设施农业气象服务提供了科学依据。

2013—2019 年，该成果在辽宁、吉林、黑龙江省的气象和农业部门应用，辽宁省发布设施农业决策服务产品 834 期，保险公司采纳该成果，修正了设施农业大风灾害损失保险赔付标准，在全国农业气象培训班上进行培训推广，取得了显著的社会经济效益和生态效益。

5.5 对流云冷暖云催化数值模式研发

5.5.1 基本信息

完成单位：中国气象局人工影响天气中心、中国气象科学研究院、北京市人工影响天气办公室、大连市人工影响天气办公室、山东省气象科学研究所

完成人：楼小凤、孙晶、史月琴、房文、苏正军、卢广献、方春刚、花少烽、刘诗军、张邢、傅瑜、何观芳、胡志晋

5.5.2 成果简介

1. 成果综述

通过 5 个国家自然科学基金课题、3 个国家科技支撑项目子课题研究，发展了冷暖云催化模式。2005 年，增加了 AgI 气溶胶粒子（Naer）和浸没于云滴中的气溶胶粒子（ Naim）数浓度预报，发展了考虑受水汽过饱度和温度时变作用的 4 种核化机制的碘化银催化方案，解决了非时变方案的过量核化问题；2013 年，对盐溶滴比质量和数浓度进行预报计算，计算了盐溶滴与云中其他水成物之间的相互作用，建立了三维对流云盐粉催化方案；2019 年，发展了三维对流云冷暖云联合催化模式，实现了冷云催化剂和暖云催化剂联合催化功能。模式为外场试验和重大活动保障提供了支撑，为发展人工影响天气催化技术和机理研究提供了有力工具。

2. 创新程度、学术水平或技术进步

在国际上较早发展了基于 DeMott 的 4 种核化机制的实验结果，考虑与温度 T 及过饱和度 S 相关的接触冻结核化、凝华核化、浸没冻结核化和凝结冻结核化过程，分别计算气溶胶形式存在的 AgI 粒子和被液态水滴浸没的 AgI 粒子的冰核核化过程，更合理地模拟云中的 AgI 核化过程，并避免了一般核化方案的过量核化问题。 在暖云盐粉催化模式的基础上发展了混合云盐粉催化模式，考虑盐溶滴与液态水及冰相粒子的微物理过程，实现了混合云对吸湿性催化剂催化的模拟功能。 联合碘化银和盐粉催化，国际上首次发展了成冰剂和吸湿性催化剂的联合催化模拟，可以同时开展冷云和暖云的联合催化，为我国人工影响天气外场试验提供模式支撑。 利用碘化银、盐粉及联合催化模式，开展了我国人工增雨、人工消减雨、人工防雹催化方法的优选，在人工影响天气研究和技术发展中发挥

了重要作用。利用数值模式在静力催化、人工增雨、人工消减雨和人工防雹的正相关催化效果、微物理过程和动力过程的相互作用、催化时间窗口、催化效果、适量催化和过量催化概念等方面都取得了非常重要的理论发展。所得到的科研结论和模拟发现可以降低人工影响天气工作的很多不确定性，提升人影业务能力和科技水平，并在我国防灾减灾、重大活动保障及国家工程建设等方面发挥了重要作用。

3. 成果产生的影响或转化应用绩效和贡献

在 CAMS 对流云模式的基础上，建立了具有自主知识产权的温度和过饱和度时变的碘化银催化模式，解决了非时变方案的过量核化问题，发展了盐粉催化模式，并在国内外首次发展了碘化银－盐粉联合催化模式。 这些催化模式的发展为我国人影数值模拟和催化技术优化打下了基础。利用催化模式发展了冷暖云人工增雨、人工消减雨、人工防雹的催化作业技术，并在人工影响天气研究和技术发展中发挥了重要作用。 催化模式在人影业务试验中进行了应用，使用该模式针对多个省份一些对流云增雨和防雹作业过程开展了催化数值模拟和效果评估的业务试验，在我国防灾减灾人影作业条件分析和效果评估中得到了应用。在国家工程贵州国家人工防雹试验基地，利用数值模式在对流云增雨和防雹催化条件和效果方面的模拟结果，为外场试验提供了重要的理论支撑。模式也在 2016 年 G20 活动保障、建党 100 周年等重大活动的人影业务保障中发挥了重要作用。

5.6 多元数据融合的气象预警信息全媒体产品智能制作加工及传播技术

5.6.1 基本信息

完成单位：中国气象局公共气象服务中心

完成人：陈瑾、王佳禾、周馥荔、张天力、宋瑛瑛、曹之玉、韩笑、陈洋

5.6.2 成果简介

1. 成果综述

根据 2020 年中国气象局山洪项目建设需求，基于解决预警无法触达新媒体平台用户瓶颈，攻关预警产品智能制作技术难点，增强预警服务产品的可读性及内容延展性。技术团队基于用户需求分析，遴选 Cimiss 天气实况、历史及预报数据，与预警数据相融合，研发出一套以预警类型、级别、地域等要素为触发机制的多元数据智能融合分析及全媒体产品智能加工方法。该成果首次实现 26 s 内自动生成预警综合图文、1 min 内自动生成预警短视频产品的技术突破，解决了上亿公众用户预警接收问题。该技术成为国家级面向用户的预警信息发布工作的核心支撑技术。2021 年 6 月，基于此方法开发的预警产品智能制作系统完成开发并正式运行，同步在吉林省应用。

2. 创新程度、学术水平或技术进步

该项成果为公服中心自主研发的创新性技术。该技术首次实现了预警信息融合相关数据的全媒体产品快速自动生成并发布，成果的关键技术融合应用了大数据可视化、人工智能及融媒体技术，是最新技术在预警领域的创新应用。成果有效解决了预警公众服务仅有文字类信息产品，无法送达短视频平台用户的“最后一公里”瓶颈问题。与同类技术相比的先进性及创新性具体如下：

（1）基于历史信息挖掘的气象预警语义检测。构建了一套气象预警领域内的以字为单元，字与字按序组合方式的分词模型。通过采用哈希结构存储模型，解决模型扩增不影响检验耗时问题，试验单条预警检验毫秒级耗时。通过接口实现模型迭代性完善，模型自动化更新可秒级完成。检验模型已嵌入国家突发事件质控管理平台，取得了较好的效果。

（2）基于人工智能技术的预警信息全媒体产品快速自动制作加工。预警信息面向公众的服务不仅需要快速发布，服务的内容和形式还需要适应媒体技术的发展和公众对于信息产品的喜好，分钟级内快速生成适应用户需要的全媒体预警长图或短视频存在技术壁垒。本技术通过研发 4 项关键技术有效解决了技术瓶颈：一是基于 lotiie 动画模板的自动化视频合成；二是基于 MICAPS 数据和开源系统 QGIS 的图文产品加工合成；三是基于 matplotib 的气象数据动态绘制；四是基于百度语音的预警文字 AI 语音合成预警信息面向公众的服务首次兼顾时效性和可视性，同时系统支持自行配置，自定义更换和管理产品形式，展现数据及内容等，支持气象原始数据进行多图合成编解码，实现自动化生产发布，满足不同场景需求形成集短视频、图文及语音播报为一体的预警全媒体产品服务能力。

（3）基于数据融合的综合型预警信息服务产品。首次把 24 h 实况类气象数据，历史数据以及 3~5 天的预报信息融入到预警信息产品中，极大丰富和延展了预警的服务，提高了预警服务的有效性，解决了预警面向公众的服务缺乏实况及历史参照数据等问题。

3. 成果产生的影响或转化应用绩效和贡献

（1）该项成果支撑建成了全国预警信息一体化传播业务，有效促进了预警“最后一公里”问题的解决。应用该项成果创建了全国预警信息立体传播网，全国预警信息秒级送达渠道发布，在用户量过亿的新媒体平台覆盖率从不足 10% 提升到 75%，形成了抖音等 6 个全国国、省、市、县四级预警新媒体矩阵，总计 14154 个账号，年均传播 500 余万条，年均送达 80 多亿人次的传播规模。

（2）该项成果在重大天气过程服务中发挥了很好的服务效益，有效支撑了局重大气象灾害服务“一过程一策”的要求落地生效。在超强台风利奇马服务期间，系统制作发的中央气象台台风红色预警图文产品在人民号实现全网弹窗推送，覆盖人群超过 2 亿人次，精准推送浙江覆盖受影响地区人群超过 9000 万。在 2021 年河南特大暴雨服务中，预警产品抖音、快手累计阅读量超过 1.2 亿，是日常同类型灾害过程传播量的 300 倍。2022 台风梅花服务期间，浙江、江苏、上海、山东等受影响省份预警新媒体平台快速发布台风预警信息产品和防御提醒，送达人次超过 5 亿 3000 万。

（3）该项成果支撑开展的工作获 2 个省部级奖项并获得《人民日报》《工人日报》等多家中央级媒体报道。

5.7 多源测风资料融合技术研究及其在风能资源评估中的应用

5.7.1 基本信息

完成单位：江苏省气候中心、浙江大学、南京信息工程大学、浙江省气候中心、山东省气候中心、杭州师范大学、沈阳区域气候中心

完成人：许遐祯、陈燕、项瑛、杨杰、郑有飞、黄敬峰、李正泉、陈艳春、王秀珍、龚强、宗鹏程、张灵玲、吴荣军、汪宁、惠品宏、王佳、顾春来

5.7.2 成果简介

1. 成果综述

在公益性行业（气象）科研专项（GYHY201306050）的支持下，针对海上风常规观测较少的不足，率先发展了基于合成孔径雷达和卫星数据反演中国海面风场关键技术，建立了中国东部近海 1 km×1 km 水平分辨率、长达 20 年的融合风速数据集，填补了因探测资料不足造成的近海风能资源客观化评估空白。全面揭示了我国东部沿海风能资源立体分布、储量及潜在开发区域的风特性。研发的“多源测风资料海上风能评估系统”自 2015 年以来先后在江苏、浙江、山东、辽宁、广东等省开展了业务应用，提升了各省海上风能资源评估业务能力，使各省海上风能评估业务和产品制作更加规范、准确、高效，已成为各试点省风能资源分析评估的重要平台。

2. 创新程度、学术水平或科技进步

首次建立了基于合成孔径雷达卫星数据的中国海面风场反演方案。利用再分析资料、现场观测资料，系统性分析了国外 3 种同极化地球物理模型基于 ENVISAT、RADARSAT-2 星载雷达的 VV 极化数据反演海上风速的可靠性，确定了 HH 极化率模型和同极化地球物理模型的最优组合，研究了交叉极化地球物理模型的适用性，给出了风速反演最优分辨率，通过比较分析和集成优化反演算法，建立合成孔径雷达数据反演我国海上风场的最优方案，结合 3 种同极化地球物理模型均可得到均方根误差在 2 m/s 以内的风速数据，风速反演最优分辨率为 1 km。开展中国东部近海海域星地多源测

风数据融合方法研究，弥补了该区域海上高分辨率、长序列风场数据集的空白。对星载微波散射计（QuickSCAT）和星载微波辐射计（WindSAT）相同过境时间的风矢量数据进行空间融合，采用反距离加权插值法和普通克里金插值法分别对 QuikSCAT、WindSAT 及 QuikSCAT+WindSAT 融合数据与地面气象测风数据进行空间融合，得到研究区内星地多源测风融合数据集；对不同数据、不同方法得到的风场融合结果进行真实性检验，确定最优星地多源数据融合方法；构建中国近海星地多源测风融合数据集，首次得到近海范围内、长时间序列、高分辨率测风数据序列，弥补了该区域风场资料的空白。

同化星地多源测风数据显著提升了我国近海风场的数值模拟性能。基于 WRF 模式及 3DVAR 同化系统，利用近海星地多源融合数据，发现同化 QuikSCAT 资料后的 WRF 模拟风速与大部分检验站点的相关系数明显提高，均方根误差也有改善；指出了同化 QuikSCAT 比同化 WindSAT 的增量场更加精细化，增量场较明显的区域，同化效果也比较明显，风模拟效果更为出色；指出了同化星地多源融合资料较仅同化单一卫星观测资料能够得到更精细、更大增量幅度的分析增量，对局地天气的动力调整更为明显，进而使风场模拟结果的改善更为突出。

3. 成果产生的影响或转化应用绩效和贡献

研发的一套完整成熟的多源卫星遥感测风数据融合技术，以及构建的各类风能共享数据集和“多源测风资料海上风能评估系统 V1.0”，实现了 4 个试点省份海上风能资源评估业务的系统化、规范化、自动化、集约化，提升了各省海上风能资源评估的业务服务能力，为各省风能资源开发利用提供技术支撑。

依托项目成果，积极开展对地方的决策服务、专项咨询服务。2016—2018 年，江苏、浙江、山东省气候中心结合本省海上风电开发现状，提出了开发利用和规划建议，分别为江苏、浙江省能源局以及山东省发改委提供了决策服务材料，获得广泛好评。为中国电建集团中南勘测设计研究院开展咨询服务，成果得到应用，受到地方与企业一致肯定。广东省气候中心依据项目成果编制了《广东省海上风能资源评估》报告，向广东省发展和改革委员会、广东省海洋与渔业厅以及广东省东明阳风电产业集团有限公司等风电企业提供了专项报告与服务。

对项目关键科学问题和重要研究成果进一步提炼，形成气象行业标准《海上风能资源遥感调查与评估技术导则》（QX/T 584—2020），制定了海上风能资源遥感调查与评估的资料收集处理、遥感风场反演及可靠性检验、遥感数据融合与风能参数计算等技术规范。

5.8 风能太阳能功率预测关键技术

5.8.1 基本信息

完成单位：甘肃省气象服务中心

完成人：李照荣、王小勇、王有生、陈学君、赵文婧、达选芳、闫晓敏、刘抗、邸燕君、张文波、李遥

5.8.2 成果简介

1. 成果综述

依托“丝绸之路经济带西北五省区交通和风能太阳能气象保障服务工程”“甘肃省农村灾害防御体系工程建设项目”“甘肃酒泉风电基地风能预报关键技术应用研究”等项目，围绕风光电场精细化数值预报产品订正、功率预测模型构建关键技术、功率预测业务系统研发等问题，开展了以下工作：（1）基于机器学习、数理统计等多种方法，建立了效果更优且适应不同地域的风速、辐射预测模型。（2）建立了适应不同地形、不同季节特征的多模式集成风速、辐射客观预报算法，研发了风速、辐射订正产品。（3）建立了适应不同风机状态的风电转换选优模型，研发了多种光电功率转换模型。（4）开发了符合最新电网规范要求的风、光电功率预测系统。

2. 创新程度、学术水平或科技进步

（1）研发了组合风速预测模型、多模式集成风速客观预报算法等多种风速预报方法。建立了适应不同地形环境的 3 种组合风速预测模型，提高了复杂地形风电场风速预报准确性；研发了 WRF-CALMET 降尺度预报系统，实现时间分辨率为 15 min、空间分辨率为 1 km 的精细化风速数值预报产品业务化；建立融合“绿海”模式、ECMWF 模式、BJ-RUC 模式等的风速预报动态集成算法。

（2）开展了多种基于机器学习算法的辐射订正技术研究，构建了最优预测方法的自适应模型。在特征重要性评估基础上，构建了基于随机森林方法的太阳辐射及发电功率短临预报模型；在光伏斜面辐射预报模型的基础上，基于 Erbs、Liu-Jordan 方法，构建斜面辐射组合计算模型；考虑云量不确定性因素，选取云量、云顶亮度温度等显著性强的要素作为预报因子，建立基于多元回归方法的超短期辐射订正模型，对辐射进行了逐 15 min 的滚动订正；采用总辐射、散射辐射、直接辐射、风速、风

向等 8 种预报因子，建立基于逐步回归方法的短期辐射订正模型，对未来 3 天的预报辐射进行逐 15 min 订正。

（3）开展功率预测模型研究，以电力部门“两个细则”要求为基础，研发了功率预测系统和业务支撑系统；集合风功率实况及季节特征、风机状态、限电调峰、风机性能等数据，建立样本库，研发多种风电转换模型；依据气象预测和实测光伏列阵的电气输出量，自动辨识修正光伏列阵的等值参数；根据逆变器的电器输入输出量，自动聚类和辨识逆变器综合参数值；在此基础上，建立自动适应外部环境的光电功率转换模型；依据电网运行最新“两个细则”要求，集成风速和辐射预测模型、订正方法、功率转换模型等研究成果，采用智能化数据质量控制，电力网络安全通信规约（102、104、modbus），基于 B/S+C/S 混合结构和模块化设计，搭建完备的数据库系统，研发了风、光电功率预测系统及业务支撑平台。

3. 成果产生的影响或转化应用绩效和贡献

2016 年以来，成果由甘肃麦克气象信息技术有限公司进行推广。风速预报、订正方法、业务系统等成果陆续在华电、大唐、华能、中电投等电力公司的风电场投入业务应用，为甘肃省 30 余家新能源电厂企业开展实时短期、超短期功率预测、理论功率预报服务。同时系统不断优化升级，其中风电场风速、风电短期功率、超短期功率预报准确率分别为 84.12%、80.52%、85.53%，较以前分别提高了 6.2%、7.9%、8.0%。

通过支撑新能源发电企业并网发电、开展电量现货交易业务，“十三五”期间，为发电企业带来经济效益 3000 多万元，为甘肃省气象局带来经济创收 1000 余万元。功率预测在发电计划申报、电量现货交易业务中发挥了重要作用，为清洁能源开发利用提供了重要技术支撑，取得了明显的社会、经济效益。

成果获得国家软件著作权 3 项，建立地方标准 1 项，发表论文 13 篇，其中 SCI 论文 3 篇、核心期刊论文 6 篇；编制了甘肃地方标准《风电场测风塔气象数据观测规范》（DB62/T 2969—2019），支撑风电场气象要素观测的标准化，提高了风电场测风塔气象数据观测质量。

5.9 风能太阳能数值预报系统 RMAPS-WIND v1.0 的研发及应用

5.9.1 基本信息

完成单位：北京城市气象研究院

完成人：陈敏、仲跻芹、卢冰、杨扬、刘瑞金、范水勇、张鑫宇、全继萍、张舒婷、曲艺、夏宇、冯珊、张涵斌、谢彦辉、郭淳薇、薛一迪、何静、童文雪、张帅

5.9.2 成果简介

1. 成果综述

为了进一步推动风能太阳能资源气象业务高质量发展，提升国省风能太阳能预报业务能力，北京城市气象研究院研发建设了 RMAPS-WIND v1.0——我国首个面向风电 / 光伏预报的高分辨率专业风能太阳能数值预报系统。预报区域包含整个中国区域，水平分辨率为 9 km × 9 km，格点数为 649 × 550，采用地形追随坐标，垂直方向共分为 50 层。该系统采用 ECMWF 0.25 度的全球模式预报场为背景驱动场，利用 WRFDA 同化系统同化探空、地面、飞机报等常规观测资料和全国区域地基 GPSZTD 资料。系统每天启动 00UTC 和 12UTC 的 2 次预报，预报时效为 126 h，可提供全国区域逐 15 min 的风电 / 光伏发电功率预报所需的气象要素。

2. 创新程度、学术水平或科技进步

为了提升风能太阳能气象预报系统的准确性，RMAPS-WIND v1.0 系统采用了多项关键技术，主要包括：

（1）热启动循环预报技术，该技术通过提前启动模式，能有效减少模式的 spin-up 时间，改善预报初始时期的预报效果。

（2）全国 100 多部风廓线雷达观测资料的质量控制和实时同化应用，有效提高了轮毂高度风速的预报准确率。

（3）次网格地形重力波拖曳参数化方案更新，有效改进了模式风速偏大的预报误差，有效提升了

轮毂高度风速预报的准确性。

（4）气溶胶—辐射相互作用的引入，通过耦合气候态 / 动态更新的气溶胶信息，在 RMAPS-WIND 系统中引入了气溶胶—辐射相互作用过程，有效改善了地表辐照度的预报准确率。

（5）更新模式静态数据集，通过采用更加符合中国地区实际的植被覆盖数据集、土壤数据集以及土壤水文参数表等，改进模式辐照度和轮毂高度风速的预报效果。

（6）地表粗糙度的调整更新，基于业务应用效果的检验评估，对中国区域模式粗糙度参数进行优化改进，进一步优化轮毂高度风速的预报效果通过以上预报技术的应用，提升了系统性能。

（7）UV 控制变量的高分辨率资料同化方法，在更小的尺度上明显改进资料同化质量。通过上述一系列针对轮毂高度风和辐照度的模式物理过程及同化方案的针对性改进，同时针对高频输出（逐 15 min 输出）和长预报时效（126 h）的需求进行系统运行策略的优化，集成形成 RMAPS-WINDv1.0 系统，提供风电 / 光伏发电功率预报所需的全国区域逐 15 min 实时格点化气象预报产品。

3. 成果产生的影响或转化应用绩效和贡献

RMAPS-WIND v1.0 风能太阳能数值预报系统于 2019 年通过中国气象局业务准入，实现业务运行，其预报产品于 2022 年 3 月正式向全国各省级气象部门发布。

自 2019 年实时运行以来，作为重要数据源支撑中国气象局公共气象服务中心研发的中国气象局风能太阳能气象预报系统 CMA-WSP1.0，为其提供风电 / 光伏发电功率预报所需的全国区域逐 15 min 实时格点化气象预报产品。为推动风能太阳能资源气象业务高质量发展、提升国省风能太阳能预报能力做出了重要贡献，同时对电力、新能源等行业以及社会公益服务领域都产生了较大的经济价值和社会价值。

5.10 福建省茶叶寒冻害气象指数保险关键技术研究与应用

5.10.1 基本信息

完成单位：福建省气象服务中心

完成人：陈家金、黄川容、孙朝锋、吴 立、汪春辉、王加义、江秀芳

5.10.2 成果简介

1. 成果综述

成果来源于 1 项福建省重点科技计划项目、2 项中国气象局项目和 1 项福建省气象局项目，通过 7 年研究，重点发展和完善了 4 个方面关键技术：（1）创建了农业气象指数保险产品设计的技术规程和方法，实现农业气象指数类保险产品从无到有的突破；（2）提出了茶叶寒冻害危险性建构技术，解决了茶叶种植区格点寒冻害致灾危险性指数量化问题，实现气象保险指数时空差异性表征；（3）创建了区域保险费率精算方法，确定了茶叶寒冻害不同风险区、不同触发条件下的保险费率，解决了不同风险区域使用同一保险费率问题；（4）制定了不同风险区、不同低温强度、不同时段的茶叶寒冻害保险赔付等级标准，提出了气象指数保险赔付合理性检验方法，降低了保险基差。

2. 创新程度、学术水平或技术进步

（1）专家评审认为项目成果总体上达到同类研究国际先进水平，其中在气象保险指数时空差异性表征及其保险费率精算方法等方面居国际领先水平 省内外专家对项目成果的评审认为：《福建省茶叶寒冻害气象指数保险关键技术研究与应用》项目成果。创建了农业气象指数保险产品设计规程和方法，为开展农业气象指数保险提供了重要的技术支撑；提出了茶叶寒冻害危险性建构技术，采用“层次分析法 + 熵权系数法”厘定不同寒冻害风险等级指标权重，构建了寒冻害危险性指数区划模型，解决了茶叶种植区格点寒冻害致灾危险性指数量化问题；厘定了寒冻害指数保险的纯费率、基准保险费率和区域保险费率；制定了茶叶不同风险区、不同低温强度、不同时段的寒冻害保险赔付等级标准；提出了平均赔付率和基差比等赔付检验方法，创建了茶叶寒冻害区域保险费率算法，实现了茶叶不同

寒冻害风险区费率厘定从单站到格点的突破，显著提高了保险理赔的合理性、降低了基差风险；首次创建了福建农业气象指数类保险产品，投入到中国人寿、中国人保和中国平安财产保险公司在茶叶寒冻害气象指数保险市场应用，为福建茶叶生产提供了超 6 亿元的风险保障；技术成果在福建、广西、江苏、贵州等省区推广应用，取得了显著的经济效益和社会效益。研究成果总体上达到同类研究国际先进水平，其中在气象保险指数时空差异性表征及其保险费率精算方法等方面居国际领先水平。

（2）项目科技查新显示项目成果在国内外具有创新性和领先性 对项目成果“福建省茶叶寒冻害气象指数保险关键技术研究与应用”进行国内外查新。查新结果显示：农业气象指数保险产品设计规程和方法、基于茶叶寒冻害灾损低温指数和风险评估的区域保险费率精算方法、制定的不同等级不同时段的茶叶寒冻害保险赔付等级标准、气象指数保险赔付合理性的综合检验方法仅见本项目组成员的研究文献报道，国内外未见相同文献报道。因此，本项技术成果在国内外具有创新性和领先性。

3. 成果产生的影响或转化应用绩效和贡献

（1）茶叶寒冻害气象指数保险产品的推广应用经济效益显著。气象指数保险产品已在中国人寿、中国人保和中国平安福建分公司业务应用 4 年多，技术成熟，保险金额达 6.08 亿元，合同保费收入 2544 万元，累计赔付 1020.6 万元，增收节支总额 2077 万元，并减少了查勘定损成本，取得了显著经济效益。

（2）农业气象指数保险技术方法在省内外推广应用成效明显。制定的农业气象指数保险产品设计技术规程和方法，已推广应用到福建、广西、江苏和贵州省气象部门等单位，为各单位开展当地特色农业种类的气象指数保险业务提供了重要技术支撑。

（3）指数保险为茶叶安全生产发挥了重要作用 成果为福建茶叶生产提供了风险保障，提升了政府部门灾后救助能力，有效保障当地保户在茶叶灾后快速恢复生产；推进了“气象 + 保险”的业务合作，发挥了气象在茶叶防灾减灾避灾增效中的重要作用。

（4）中央和福建主流媒体宣传报道，外加专家培训授课，受众面广。中央和福建主流媒体进行多次宣传报道，《福建日报》《农民日报》《中国气象报》等称赞“农业气象指数保险真好，最大限度减轻了生产风险”；同时专家为保险、气象人员及生产者培训授课，宣传普及气象指数保险知识。

5.11 甘蔗全产业链精准气象服务技术创新与应用

5.11.1 基本信息

完成单位：广西壮族自治区气象科学研究所、浙江大学、国家卫星气象中心（国家空间天气监测预警中心）、云南省气候中心（云南省生态气象和卫星遥感中心）、中国科学院地理科学与资源研究所、国家气象中心（中央气象台）、柳州市农业气象试验站、河池市气象服务中心、崇左市气象局、扶绥县气象局、广西大学、广西博庆食品有限公司

完成人：匡昭敏、李莉、马瑞升、丁美花、刘志平、余凌翔、钱永兰、黄永璘、陈燕丽、孙明、孙瑞静、李俊、黄海洪、黄敬峰、欧钊荣、刘永裕、吴炫柯、韩秀珍、张京红、刘梅、刘芳、谭佳勇、黄智刚、黄海静、鲁韦坤、梁宏卫、韦炳春

5.11.2 成果简介

1. 成果综述

主要由科技部重点专项、广西自然科学基金、广西财政项目和中国气象局业务建设项目综合支撑。围绕我国蔗糖产业可持续发展和国家食糖安全两大主题，以 FY-3 等中国卫星遥感数据为基础，结合地面甘蔗农业气象自动观测及多光谱无人机航拍等，建立覆盖全球甘蔗主产国生产全过程数据库，构建基于 FY-3 数据等不同区域尺度甘蔗产量预报模型，对全球甘蔗主产国甘蔗长势、灾情进行监测，基于大数据分析预报全球甘蔗主产国蔗糖产量，服务国家食糖安全和“一带一路”倡议；围绕农民增产增收、企业增效目标，构建甘蔗全产业链精准气象服务新模式，在糖业耕、种、管、收、榨、加工和销售环节，开展智慧精准全产业链信息分析预警服务，为糖业高质量发展提供科学支撑。

2. 创新程度、学术水平或科技进步

成果主要有 3 个重大创新：

（1）创建了全球主产国蔗糖产量预报成套技术，近 3 年准确率大多高于 95%。包括创建了融合基于甘蔗光谱特征和 AdaBoost 数据挖掘算法的甘蔗种植区域识别和面积估算技术、干旱等灾害定量化影响评估技术以及基于 FY-3 等的不同区域尺度的甘蔗产量预报技术的全球甘蔗主产国蔗糖产量预报成套技术。

（2）研发了甘蔗智能监测和预报技术，创建“种田神器”——“气象部门 + 龙头企业”的甘蔗智能精准气象服务新模式。基于甘蔗生长图像的发育期和株高的智能观测技术，创建了产量和糖分协同提高的甘蔗不同生育期需水量定量预报模型；融合“墒情 + 格点天气预报 + 长势 + 地块”等多元信息的甘蔗灌溉用水量智能预报模型，智能衔接田间滴灌系统，创建了多元数据融合的甘蔗水肥一体化智能管理系统，实现了甘蔗种、管、收、榨全链条智慧服务。

（3）首创基于多光谱无人机的甘蔗干旱灾害精细化监测评估和甘蔗黄化苗快速识别及治理评估技术，明显提升了甘蔗生产科学抗灾减灾能力。

成果在全球甘蔗主产国蔗糖产量预报技术、融合甘蔗光谱特征和 AdaBoost 数据挖掘技术的甘蔗种植区识别和面积估算技术在国内外同类技术中处于领先水平；形成的甘蔗智能精准气象服务模式、基于甘蔗生长图像的甘蔗发育期智能监测技术、基于多光谱影像的干旱灾害精细化影响评估技术、基于多光谱影像的甘蔗黄化苗快速识别和治理评估技术、基于多光谱影像的甘蔗黄化苗快速识别和治理评估技术、甘蔗智慧气象业务平台、甘蔗智慧气象服务 APP 以及甘蔗生产数据采集、业务和服务智能一体化技术在国内外属于首创。

成果通过 2021 年 6 月查新，结果表明未见其他相同报道，项目具有新颖性。项目成果获得 2021 年广西科技进步一等奖，荣获了第一届全国气象服务创新大赛三等奖，被评为 2019 年中国气象局创新工作。

3. 成果产生的影响或转化应用绩效和贡献

投入业务服务应用至今服务产品总数已达 2000 余份。

决策服务：为国家、省、市各级党委和政府领导及相关部门，提供全球甘蔗主产国蔗糖产量预报、服务专题、转折性灾害性预报预警及影响分析评估等气象服务专题。其中全球甘蔗主产国蔗糖产量预报至今发布 16 期，获省级领导批示 3 次，为国家制订食糖进口配额及当地调整收购价提供高质量决策依据，保障了国家食糖安全。

产业化服务：为种植户和糖企提供甘蔗全产业链智能精准气象服务。覆盖全国 90% 以上甘蔗新型经营主体、种植大户、糖厂等，已推广至 8 个省。

经济社会效益：推动甘蔗全产业链研究和服务技术进步，使甘蔗生产节本增产，助力脱贫攻坚，生态效益显著。

5.12 国家气象科学数据共享服务平台研发与应用

5.12.1 基本信息

完成单位：国家气象信息中心

完成人：张强、张志强、陈东辉、杨和平、邓莉、刘娜、赵煜飞、姜筱玮、陈京华、刘一鸣、陈楠、王妍、梁中军、冯明农、谭婷婷、李默予、刘雨佳、冯爱霞、许艳、王洁、杨笛

5.12.2 成果简介

1. 成果综述

2015 年，国务院印发了《促进大数据发展行动纲要》，中国气象局发布《基本气象资料和产品共享目录（2015 年）》，基于国家气象科学数据共享服务平台（中国气象数据网）面向社会提供公益、平等、普惠的气象数据服务，中国气象局成为首个向全社会开放专业数据的政府部门。该平台是中国气象局对外气象数据服务的权威门户，是在科技部、中国工程院以及中国气象局支持下开发的气象数据综合服务平台，是科技部和财政部首批认定的 20 个国家级数据中心之一。平台基于混合云架构的跨平台共享服务、多来源气象数据信息采集、大数据挖掘、知识图谱以及可视化等技术，扩展了气象数据服务手段，提升了气象数据服务成效，取得了显著的经济效益和社会效益。

2. 创新程度、学术水平或科技进步

该平台相关创新性和代表性成果共计 25 项，其中发表论文 8 篇、专著 1 部，发布行业标准 3 项，获得软件著作权 8 项，获得中国气象局科技成果认定 5 项。获评 2017 年第一届全国气象服务创新大赛气象服务系统平台二等奖（省部级奖项）等奖项。2021 年，经科技部推荐建设成果入选国家“十三五”科技创新成果展。该成果针对服务数据体量、用户数量、访问需求的快速增长与问题，从数据汇交、数据质量及资源管理服务等方面，开展了一系列技术攻关，有效提升了精准化、智能化气象数据服务供给能力。创新点如下：

（1）发展了基于知识产权保护的社会化气象数据汇交技术。构建基于云汇交技术的气象数据汇交平台并制定气象探测资料汇交元数据标准规范，从管理、法律和技术 3 个层面实现气象数据汇聚、应用与增值。

（2）探索了面向全球气象资源的数据质量保证以及动态评估技术，实现对全球地基、空基、天基 50 余种数据资源的质量动态评估，多维度及时发现并标注异常数据，显著提升发布数据的完整性、准确度和科学性保障。

（3）实现了混合云架构在专业数据服务领域的落地化应用。通过实现混合云架构在专业数据服务领域的落地化应用，面向用户提供交互式在线检索、定制下载、移动 APP 以及便捷高效标准的气象数据 API 接口服务，深入推进气象数据在不同行业和领域的多元化融合应用。

（4）探索了基于人工智能的气象专业数据应用服务。通过构建气象融合在线分析系统、气象科学专业知识关系图谱系统及气象服务智能应答系统，推动由数据服务向分析服务的延伸，服务于两院院士等国家高端智库，有效提升了气象数据在线分析与应用水平。

3. 成果产生的影响或转化应用绩效和贡献

该平台面向全社会和气象信息服务主体提供均等使用气象数据的途径，在支撑国家科技攻关、协同行业发展、激发大众创新活力、促进企业效益提升、支撑行业协同发展以及推进气象大数据产业合作共赢发展等方面效益显著。平台累计服务专业用户突破 46 万，年访问量超过 4.3 亿人次，服务用户行业覆盖率达 71.9%。为清华大学、中国科学院等百余所高校和科研机构提供数据服务，支持国家科技支撑计划、973 计划、863 计划、自然科学基金等重点科研项目 11000 余项，科技成果 5000 余项。在科技部和财政部共同认定的 20 个国家科学数据中心中综合服务指标排名第一。

5.13 海南省热带云人工增雨技术

5.13.1 基本信息

完成单位：海南省气象科学研究所

完成人：黄彦彬、敖杰、毛志远、李光伟、崔丹、邢峰华、黄巧明

5.13.2 成果简介

1. 成果综述

本成果依托“地面暖云烟炉人工增雨技术应用研究”“人工增雨潜力的自动分级预报设计”“机版人工增雨指挥系统开发”“海南省旱季人工增雨效果评估技术研究”等省部级科研项目，基于海南热带降水云的特点，开展了新型暖云人工增雨作业技术的研究和应用，研发了现代化热带云人工增雨作业技术和人工增雨综合业务系统。

2. 创新程度、学术水平或科技进步

基于本成果共完成国家气象行业标准 2 项和地方标准 1 项；发表论文 16 篇（核心期刊 14 篇），SCI 论文 4 篇。获得海南省科技进步二等奖 1 项、省级气象局气象创新奖 1 项、科技贡献奖励 2 项。依托该成果 2019 年获得国家自然科学基金资助 1 项，有待于进一步提升该项成果的理论和科技水平，组成员 1 人晋升正高级工程师、2 人晋升高级工程师，1 人获得海南省政府“青年英才”人才计划。本成果为我国南方各省开展新型暖云人工增雨选址规范、暖云作业技术及效果评估提供了成套指标体系与关键技术，成果达到国内领先水平，部分达到国际水平，编制了国家行业标准，暖云地面烟炉人工增雨随机化效果检验为国内外首次开展，结果显示，新型作业技术相对效果超过 10%，达到国际领先水平。

3. 成果产生的影响或转化应用绩效和贡献

该成果应用于 2015—2020 年海南省人工增雨抗旱作业，是海南省气象业务现代化建设的重要支撑，人工增雨作业效果和服务效益显著，取得良好的经济和社会效益。尤其是 2015 年和 2020 年海南省特大干旱期间，应用该成果指导海南省人工增雨抗旱作业，海南省政府主管副省长对成果给予高度

肯定。

2020 年《国务院办公厅关于推进人工影响天气工作高质量发展的意见》（国办发〔2020〕47 号）要求推进人工影响天气工作高质量发展，本项目为落实国务院文件推进海南人工影响天气高质量发展打下了坚实的基础。

5.14 湖北省区域性及重大工程气候可行性论证技术体系建立及应用

5.14.1 基本信息

完成单位：湖北省气象服务中心

完成人：陈正洪、胡昌琼、许杨、廖洁、方怡、何飞、张雪婷、成丹、袁业畅、祝传栋、吴佳、艾泽、庄妍、孙朋杰、许沛华

5.14.2 成果简介

1. 成果综述

成果基于气候可行性论证业务能力建设及山洪地质灾害防治气象保障工程、国家自然科学基金、气象行业标准、湖北省气象局科技发展基金、湖北省气象局软科学等项目支持。在区域性论证、重大工程及城镇排水防涝等领域开展了研究，形成了成熟的论证体系，解决的关键科技问题包括：（1）在全国率先建立了涉及多主体、多要素、多灾种的区域性气候论证体系，采用中小尺度数值模拟技术提升了论证的质量，形成了部门技术指南，研发了业务系统；（2）建立了大桥、内陆核电、火电厂、机场和三峡等重大工程的论证方法，牵头制定了部门技术指南或行业标准；（3）提出了暴雨强度公式参数求解的 1 种最优化方法，计算了湖北省径流控制率指标，为海绵城市建设提供了技术支撑。

2. 创新程度、学术水平或科技进步

成果经湖北省科技厅查新工作站实施国内科技查新，在所检国内文献范围内，未见有相同的报道。

（1）在全国率先建立了区域性气候可行性论证技术体系和论证系统。根据全国开发区的功能分类，提炼出每类开发区的气象敏感因子，设计了开发区的现场调查流程和调查表，提高论证内容的合理性和针对性；将论证内容分为了气候背景、关键气象因子及极端参数推算的基本项和气候资源、人体健康等选做项，全面且灵活地为开发区规划、建设和运营各阶段规避气象灾害风险和气候资源利用提供数据支持和切实建议。开发的区域论证系统基于多种因子的基础算法，实现园区管理、数据导

入、因子选取、报告编制和规范查询的功能，推广至全国 20 个省（自治区、直辖市），大大提高了工作效率，解决了多个省任务量大，时间紧急的问题。

（2）提出了论证区域与气象台站最大风速比值范围及具体值确定的一种有效算法，保证了场址区设计风速推算的准确性。在论证区域与气象台站最大风速推算中，其比值的取值范围并不是逐日一一对应的比值最好，而是以日、旬、月的最大风速比值具有更好的代表性，风速推算的结果更可靠。

（3）提出了暴雨强度公式参数求解的一种最优化方法，并运用到省内多地开展的暴雨强度公式编制工作中，其结果精度高于国家标准要求，且明显优于对比方法。

3. 成果产生的影响或转化应用绩效和贡献

（1）区域性气候可行性论证工作及研究。陆续开展了湖北省多地近 80 个不同类型开发区的气候论证工作，为本单位创造经济效益近 8000 万元。同时，先后编制的技术导则、指南及行业标准，开展的中国气象局山洪地质灾害防治气象保障工程建设项目、湖北省气象局软科学项目等，探索的工作方法及取得的一系列成果在湖北省乃至全国具有开创及示范意义，负责开发的“开发区气候可行性论证业务系统 V1.0”在全国 20 多个省区气象部门进行了推广，为当地开展相关工作提供了技术支持。

（2）重大工程气候可行性论证工作及研究。迄今为止共开展了国内外近 30 个重大工程气候论证工作，涉及大桥、内陆核电、火电厂、机场和三峡等重大工程，为设计院、建设方及政府提供了优质服务，推荐的设计参数更是其有力的数据支撑及技术支撑。

（3）开展城市排水防涝相关工作及研究。在湖北省内已完成 26 个城市的暴雨强度公式编制（修订）、14 个城市的短历时雨型分析和 3 个城市的长历时雨型分析工作。对湖北省内 76 个城市的年径流总量控制率对应的设计雨量进行了分析研究，填补了湖北省海绵城市建设技术体系标准中该项工作的空白。参与制定 3 项地方标准，均已发布实施，为指导城市排水防涝相关工作的开展奠定了基础。

5.15 环境健康气象预报评估关键技术与成果应用

5.15.1 基本信息

完成单位：长三角环境气象预报预警中心

完成人：许建明、彭丽、周广强、周骥、叶晓芳、毛卓成、潘亮、杨丹丹、谷怡萱、常炉予、高伟、马井会、瞿元昊、陈镭、杨丝絮

5.15.2 成果简介

1. 成果综述

根据国务院《大气污染防治行动计划》和《健康中国 2030 规划纲要》，依托国家重点研发计划“城市冠层效应对颗粒物重污染的影响研究及在 WRF-CHEM 模式中的应用”、国家自然科学基金“$PM_{2.5}$ 和极端温度对哮喘影响的协同作用及其机制研究”等项目，针对重污染天气应急预警、重大活动空气质量保障对精准预报和管控的需求，发展了空气质量数值预报、有毒气体应急扩散、轨迹源区追溯、污染输送评估等模式技术体系；通过气象、环境、公共卫生多学科交叉，将毒理学实验与流行病统计分析相结合，研制了极端天气与大气污染影响健康的风险预报和评估技术，应用于流感、慢阻肺等传染病和慢性病防控，提升了大城市公共卫生气象服务保障能力。

2. 创新程度、学术水平或科技进步

构建了以动力化学耦合模式为核心的华东区域环境气象数值预报系统，有效支撑了 0 ～ 10 天空气质量预报及重污染天气应急预警工作。在陆面过程和边界层过程中增加了城市建筑三维形态的动力热力影响，在光解模块计算中完善了气溶胶的光学效应，基于观测优化了气溶胶云内和云下清除的参数设置，显著改善了近地面臭氧和细颗粒物的预报效果。欧盟 MarcoPolo-Panda 国际多模式对比评估结果显示，华东区域大气环境数值预报业务系统（RAEMS-GFS）的准确性在国内外同类产品中处于先进水平，各项指标均优于德国马克斯—普朗克研究所（MPI）的预报。

基于欧拉和拉格朗日两类空气质量模型，研制了气团轨迹传输、潜在源区识别、气溶胶输送评估、气溶胶湿清除评估等技术，实现了空气污染气象条件评估从定性到定量、从粗放到精细的转变。尤其是在重大活动空气质量保障服务中，支撑了污染输送从来向预报向路径预报的转变，支撑了污染

管控从“面”向“线”的转变，在 G20 杭州峰会、上海国际进口博览会等保障服务中发挥了积极作用，得到上海市领导、生态环境部门的好评。面向长三角秋冬季大气污染联防联控，编制了 10 余篇决策服务材料，得到了各级领导的批示。

围绕趋利避害，融合流行病学和毒理学方法，探索极端天气和大气污染暴露对促发和加重呼吸系统及心脑血管疾病的负效应以及负氧离子对缓解精神类疾病的正效应，阐明了气象、环境因子及其交互作用产生的健康风险、滞后效应和人群差异，研制了气象环境因素对疾病发生发展的暴露关系曲线和影响阈值。联合疾控部门开展科技成果的转化应用，在国内首创了“风险预报－医生干预－效益评估”的全链条慢性病气象服务模式，创新建立了包含居民健康水平、经济负担、生活质量为核心指标的服务效果评估算法，科学证明了健康气象服务对降低疾病发生、减少医疗开支的显著作用，促进了上海公共卫生 20 条任务中“基于天气气候的传染病预警预报体系建设”的颁布和实施。

3. 成果产生的影响或转化应用绩效和贡献

华东区域环境气象数值模式（RAEMS-GFS）产品和平台在华东 6 省及河南、湖南等气象部门得到广泛应用，有效支撑了相关省份开展环境气象预报工作，服务大气污染防治。2018 年起 RAEMS-GFS 模式产品被国家气象中心选入环境气象多模式集成预报系统成员，为国家级空气质量指导预报提供支持。RAEMS-GFS 是上海市空气质量预报服务的支撑产品，在空气质量预报会商、重污染天气应急预警、中国国际进口博览会空气质量保障服务中发挥了不可或缺的作用，得到了生态环境部门的充分肯定。健康气象服务产品被接入上海市“一网统管”平台，为教育、民政、应急、卫生等部门提供感冒、儿童哮喘、慢阻肺、花粉等服务产品，为实施易感人群疾病预防和健康管理提供参考，相关预报和服务技术被深圳、浙江等气象部门引进转化。健康气象研究成果为上海市新冠肺炎疫情防控提供决策支持，相关建议被市政府采纳应用。慢阻肺预报服务取得了显著的经济和社会效益，使慢阻肺就诊人数减少了 17.6%，人均医保费用减少了 2.5%；感冒预报服务使儿童感冒缺课降低了 10%，从而为全面推动“一老一小”全链条慢病、传染病气象风险服务提供了科学依据，增强了大城市公共卫生气象服务保障能力。

5.16 基于 FY-4A 静止气象卫星的太阳能资源精细化监测预报技术

5.16.1 基本信息

完成单位：中国气象局公共气象服务中心

完成人：申彦波、胡丽琴、叶冬、胡玥明、陆风、姚锦烽、徐丽娜、王传辉、梁进秋、张晓虎、乌日柴胡、曹润东

5.16.2 成果简介

1. 成果综述

本成果自 2016 年底 FY-4A 发射后，在 2017 年 FY-4 科研试验星地面应用攻关行动计划“专业气象服务应用示范系统”支撑下，研发太阳能资源短临短期预报技术，开发基于风云卫星的太阳能资源监测—评估—预报系统。在 2019 年国家重点研发计划课题“关键气候因素对光伏系统影响研究和建模技术”支撑下，改进地面太阳辐射卫星反演算法，发展复杂地形太阳能资源空间降尺度技术。

解决的关键科技问题包括：（1）实现基于国产气象卫星的地面太阳辐射高精度反演，有效弥补我国地面辐射观测过于稀疏以及过多依赖国外卫星的问题；（2）实现自主知识产权的百米尺度、分钟级太阳能资源监测预报，为进一步开展精细化太阳能气象服务奠定基础。

2. 创新程度、学术水平或科技进步

本成果为原始创新，主要包括 3 个创新点。

（1）构建并改进基于 FY-4A 多通道光谱特性的地表太阳入射辐射产品反演算法，研发对复杂短波辐射过程的量化表征和有效的反演模型，实现地面太阳辐射（SSI）及直射、散射分量输出，以及太阳天顶角大于 70° 区域的全覆盖，空间分辨率为 4 km，时间分辨率可达 15 min。

（2）构建适用于光伏电站的复杂地形下太阳能资源空间降尺度方法，研发基于 FY-4A SSI 产品和分光谱辐射传输模式的订正模型，实现光伏发电太阳能资源参数的精细化监测评估，全国范围空间分辨率为 1 km，典型气候区光伏电站空间分辨率为 400 m，时间分辨率为 15 min。

（3）融合降尺度后的精细化太阳能资源监测产品，构建基于机器学习模型的太阳能资源短临预报模型，实现 0 ～ 4 h 快速更新预报，研发基于中尺度数值模式的太阳能资源短期预报方法，实现 72 h 滚动订正预报。

本成果各项指标明显优于气象部门原有业务产品，与国内外相关机构产品的性能指标相当。

（1）纵向对比。国家卫星气象中心 2002 年完成的 FY-2 地表太阳入射辐射产品，空间分辨率为 1°，时间分辨率为 1 天，本成果分别为 4 km、15 min，明显提升；中国气象局公共气象服务中心 2014 年研发的太阳能资源产品，空间分辨率为 10 km，时间分辨率为月，本成果分别为 1 km、15 min，明显提升。

（2）横向对比。中国科学院空天信息创新研究院基于日本葵花 8 号卫星完成的东亚—太平洋高分辨率下行长短波辐射数据集，空间分辨率为 5 km（低于本成果）、时间分辨率为 10 min（高于本成果）；世界银行采用瑞士 SolarGIS 公司制作的全球太阳能资源数据库，在亚洲区域的空间分辨率为 5 km（低于本成果）、时间分辨率为 1 h（低于本成果）；本成果的太阳能资源年总量相对误差低于 5%，国际上同类产品 MeteoNorm、SolarGIS 的平均相对误差高于 7%。

3. 成果产生的影响或转化应用绩效和贡献

应用价值：

（1）风云卫星遥感产品的应用，实现全国范围空间上全覆盖，有效弥补了我国地面太阳辐射观测的不足，全国任意光伏电站均可应用，也有效解决了过去过于依赖国外卫星开展太阳能资源评价的问题。

（2）基于百米级地面太阳辐射降尺度技术，可精确获得光伏电站所在点位太阳能资源，支撑光伏电站精细化设计。太阳能资源短临短期预报技术，实现 0 ～ 4 h、0 ～ 72 h 逐 15 min 预报，为开展新能源服务奠定基础。

应用成效：

（1）国家级业务单位：地面太阳辐射反演算法通过国家卫星气象中心业务准入，已在 FY-4A/4B 应用；太阳能精细化监测预报技术已在中国气象局公共气象服务中心新能源气象服务业务中应用。

（2）省市气象部门：已在内蒙古自治区气象服务中心、山西省气象服务中心、安徽省公共气象服务中心、大同市气象局等单位应用，提升新能源气象服务能力。

（3）新能源行业应用：已在新疆特变电工、北极汇能、北京华夏新能、南京新风等新能源企业推广应用。

（4）科研应用：基于本项研究成果，项目组申报获批多项省部级科研项目，经费近 500 万元，研究区域涉及青藏高原、南海地区及菲律宾、马来西亚、尼泊尔等“一带一路”国家，取得了较好的社会经济效益。

5.17 基于精细化水文气象模型的流域灾害气象风险预警关键技术及应用平台

5.17.1 基本信息

完成单位：国家气象中心、河海大学

完成人：包红军、张珂、曹勇、许凤雯、狄靖月、李宇梅、王晟、徐辉、张恒德、晁丽君、杨寅、刘海知、王蒙、曹爽、蔡芗宁、黄威、霍达

5.17.2 成果简介

1. 成果综述

本成果是在 2 项国家重点研发计划项目课题、2 项国家自然科学基金项目、国家高层次海外人才“青年人才”计划和江苏省杰出青年基金等项目支撑下，面向防汛减灾和流域气象业务需求，自 2016 年起，重点解决以下问题：（1）流域降水预报精准度不够问题，提出了 0 ～ 240 h 流域无缝隙精细化降水预报和面雨量技术；（2）水文模型结构单一，难以准确描述不同水文气象分区物理过程问题，构建了灵活组合架构松散耦合型精细化至 5 km 的水文气象模型；（3）针对中小河流洪水、山洪气象风险业务中固定临界阈值对致灾气象风险描述不够的问题，提出动态临界雨量阈值技术；（4）针对地质灾害业务统计模型精度不够问题，发展了耦合分布式水文气象模型的滑坡泥石流物理预报模型。

2. 创新程度、学术水平或科技进步

（1）流域基于金字塔架构雷达多尺度光流外推与 GRAPES-3 KM 数值模式预报 TIME-LAG 融合的短时临近雨量场构建技术，利用二维变分原理以及基于位置强度的协调匹配技术，解决不同预报时效之间预报缝隙融合问题，基于流域精细化分区，形成 0 ～ 10 天 5 km 分辨率的精细化网格降水预报与面雨量预报。相对于同类业务方法，2019—2021 年精度提升 8.3% 以上。

（2）组合框架松散耦合型精细化水文气象模型，发展了蓄满超渗空间组合的混合产流模型和 1D/2D 运动波汇流模型，面向全国不同水文气象分区预报，发展组合框架松散耦合型 GMKHM 分布式水文模型，预报基本单元为网格与子流域，产汇流模型包括 4 个产流模型与 6 个汇流模型，构建面

向不同分区的动态自动组合的分布式水文模型；发展了基于流域下垫面信息的分布式水文模型参数化方案，精度高于同类业务模型。

（3）基于动态临界阈值的中小河流洪水、山洪灾害气象预警技术。基于精细化水文气象模型技术，提出了考虑流域土壤饱和度的中小河流洪水、山洪致洪致灾动态临界雨量阈值技术，构建全国精细化预报模型，相对同类模型，精度提升 18.5%。

（4）耦合分布式水文模型的滑坡泥石流物理预报模型。利用潜势滑坡泥石流流域判识方法确定孕灾小流域作为预报单元，在 Slide 无限边坡物理模型中，耦合精细化水文气象模型模拟预报出滑坡泥石流研究区域的流域水文过程，通过完善的流域水文过程更为准确地计算触发滑坡的有效降水，提升滑坡预报精度；以流域径流和失稳土体耦合后的水土混合物密度作为泥石流预报标准实现区域泥石流预报，提高泥石流模型预报精度。相对同类模型，精度提升 8.8%。

本成果发表核心以上期刊论文 90 篇，其中 SCI 收录 37 篇，EI 收录 13 篇，中文核心论文 40 篇，获得 2 项专利，11 项软件著作权，3 项气象行业标准，获得 2 项省部级科技奖，5 项厅局级科技奖，并且通过专业科技成果机构查新与专家成果评价。

3. 成果产生的影响或转化应用绩效和贡献

（1）成果全部落地国家级水文气象业务应用，有效支撑国家级流域降水预报、面雨量监测预报、中小河流洪水、山洪灾害、地质灾害等预报服务工作，2016 年以来，预报准确率逐年提升。

（2）积极在气象行业内外开展推广应用。在 7 个省级单位、2 个地市级单位、1 个县级单位（中国气象局自然资源部示范基地）应用，在中国地质环境监测院（自然资源部地质灾害技术指导中心）、水利部减灾中心 2 个部委合作单位应用，有力地支撑了业务能力提升。

（3）有力支撑国家流域灾害预报与防控决策，包红军完成的中共中央办公厅约稿“中小河流洪水预报存在问题与对策建议”获得总理批示；完成的“中小河流洪水、山洪与地质灾害气象风险预警与存在问题及对策建议”提交中国工程院。

（4）2016 年以来，与汉江集团、水利部南水北调规划设计管理局、云南省气象台、天津市气象局、水利部海河水利委员会等单位签订成果转化合同 18 项，累计金额为 1725.8 万元。

（5）成果支撑中国气象局面雨量、中小河流洪水、山洪灾害、地质灾害业务规范，中国气象局七大流域、西南地区能力提升方案；获得水利部减灾中心、中国地质环境监测院（自然资源部地质灾害技术指导中心）、汉江集团、水利部南水北调规划设计管理局“科技成果预报精度高，减灾效益好”的客观评价。

5.18 基于物联网技术人工影响天气作业调度指挥业务平台

5.18.1 基本信息

完成单位：陕西省人工影响天气中心

完成人：罗俊颉、田显、乔友刚、朱荣增、薛卫东、李金辉、曹永民、何军、董文乾、梁谷

5.18.2 成果简介

1. 成果综述

该成果是中国气象局气象关键技术集成与应用重点推广项目“人工影响天气作业安全体系新技术集成与应用系统开发”的核心内容，项目集成开发基于标签（RFID、条形码）识别人工影响天气作业弹药物联网管理技术，通过作业弹药出入库、运输、作业、销毁各个环节的标签扫描技术，实现人工影响天气弹药状态全程监控，完成基于手持设备的人工影响天气智能管理终端开发，实现作业预警指令自主接收、作业空域信息申报批复直达、作业弹药库房物联网识别监控，作业参数自动采集上报。设计了识别人工影响天气作业目标多参数模型，实现了作业方位角、仰角、用弹量等参数定量化计算，通过物联网技术实现防雹作业“点对点”指挥，全面推进地面人工影响天气作业决策指挥调度能力，提高科学作业水平和效益。

2. 创新程度、学术水平或科技进步

（1）通过集成三维数字罗盘、加速度计、蓝牙通信模块、电源模块、激光监测、电压阈值测量、GPRS（3G）技术，完成高炮火箭作业参数通用采集传感器开发，作业方位采集精度 ±3°，仰角 ±1°，数量准确率达 99%，采集性能优于设计指标，从技术上解决了人工影响天气作业信息自动采集难点，同时通过多参数验证有效控制采集环节人为干扰对数据可靠性的影响。核心期刊发表论文 1 篇，获得国家实用新型专利 2 项、外观专利 2 项。

（2）设计了基于高频 RFID 电子标签技术弹箱管理与基于一维条形码标签技术弹体管理相结合的弹药监控管理模式，建立了人工影响天气作业弹药从生产—销售—库存—消耗全过程监控体系，为人

工影响天气作业弹药的安全管理提供了精细化的技术手段。核心期刊发表论文 1 篇，取得国家软件著作权登记 1 项。

（3）开发完成基于 B/S 架构的人工影响天气作业安全体系新技术集成管理平台，开发完成基于 WINCE 和 Android 版本的人工影响天气作业智能终端 APP，利用集成开发技术研发了不同权限省、市、县库房版，押运车辆版，检查员版人工影响天气作业弹药管理 APP，同时完成人工影响天气作业预警指令接收、作业空域申报、作业信息上报、安全射界查询、作业状态监控等功能开发，实现人工影响天气安全科学作业智能 APP。核心期刊发表论文 1 篇，取得国家软件著作权登记 2 项。

（4）设计了人工影响天气作业目标多参数识别模型，实现了作业方位角、仰角、用弹量等参数自动计算。通过物联网技术实现防雹作业"点对点"指挥，全面推进地面人工影响天气作业决策指挥调度能力，提高科学作业水平和效益。完成人工防雹作业预警等级国家标准 1 项，基于高炮火箭防雹作业点记录规范、作业点弹药安全存储行业技术规范等行业标准 4 项，项目获陕西省科学技术三等奖 1 项（2016-3-003-R1）。

3. 成果产生的影响或转化应用绩效和贡献

该项目研发作业信息自动采集关键技术，考虑作业弹药生产、销售、运输、入库、出库、发射、销毁、故障等各个环节状态变化，通过多种采集模块，实现了高射炮或火箭发射架发射作业方位、仰角、炮弹发射数量、时间和经纬度等信息自动采集，并利用通信技术及时将信息传输至应用平台进行处理，实现人工影响天气弹药全程监控。通过实测 GPS 信息和经过时钟校准的作业申报信息能够实现更准确的对空射击作业申报，更符合安全作业要求。通过项目实施，有效解决了人工影响天气作业中作业信息采集不及时、不准确的问题，减轻了人工记录的工作量，为人工影响天气作业提供安全、科学的保障，社会效益明显。该成果已作为中国气象局 2016 年人工影响天气作业装备弹药全程监控应用示范项目。

5.19 基于致灾过程的气象灾害风险评估技术及应用

5.19.1 基本信息

完成单位：安徽省气候中心、安徽省气象科学研究所、国家气候中心、南京信息工程大学

完成人：田红、卢燕宇、谢五三、王胜、邓汗青、唐为安、何冬燕、吴蓉、高歌、张方敏

5.19.2 成果简介

1. 成果综述

2011 年安徽省被中国气象局选为暴雨洪涝灾害风险评估试点，之后在国家自然科学基金、气象行业专项、中国气象局业务及科研等一系列项目支持下，在全国率先并持续开展气象灾害风险研究，形成系统性成果并转化应用。该成果突破传统的以气象致灾因子为主的风险评估思维和局限，引入并融合承灾体和致灾阈值等核心要素，研发了富含致灾机理的暴雨洪涝灾害演变模型，构建了基于致灾过程的气象灾害风险评估技术体系，实现了定量化动态风险评估。相关技术于 2013 年开始业务试运行，2014 年正式发布风险评估业务产品，有效提升了气象灾害风险预警服务能力，实现了从减少灾害损失向减轻灾害风险转变，契合新时期“两个坚持、三个转变”的防灾减灾救灾新理念。

2. 创新程度、学术水平或科技进步

本成果揭示了基于物理过程的气象灾害致灾机理，创新性提出了致灾阈值算法体系，发展了气象灾害演变模拟和风险评估技术，创建了具有全国示范作用的气象灾害风险评估业务体系。创新性和先进性具体如下：

（1）突破传统的单纯考虑气象致灾因子的风险评估思维，拓展了灾害风险概念，建立了基于致灾机理的气象灾害风险评估链条。确立风险由致灾因子和承灾体共同组成，通过解析灾变过程来揭示致灾机理，从而建立从致灾阈值→灾变模拟→承灾体易损性→风险评估的气象灾害风险评估链条。

（2）创建了致灾阈值算法体系，提升了气象灾害风险预警服务的科学性和精准度，实现了自主创新。根据不同气象灾害致灾机制及所掌握资料情况，因地制宜地研发了包含物理模型、统计分析和情

景模拟等在内的不同算法和应用策略，建立了安徽省各地 1 h、3 h、6 h、12 h、24 h 等多时效致灾阈值指标库。

（3）发展了基于致灾过程模拟的气象灾害风险评估技术，提升了风险评估的实时性和仿真效果，实现了集成创新。通过改进暴雨强度公式、修正产流降雨量、建立雨型分布曲线及优化模拟算法和参数等手段来精准模拟灾害演变，构建从致灾因子识别→致灾阈值判断→灾害演变模拟→承灾体脆弱性评估→灾害风险定量表达等一整套客观动态的风险评估体系，实现灾前、灾中、灾后实时评估，预评估时效可提前 2 ～ 3 天，评估范围覆盖安徽全省，空间分辨率最高可达 5 m。

（4）在试点成果基础上率先建立了具有全国示范作用的气象灾害风险评估业务体系，提升了气象服务的针对性和有效性。设计并建成了超过 50 万条记录的风险普查数据库；制定了风险普查、阈值确定及评分等一系列业务技术规范；开发了智能化、全链条的人机交互业务系统；研发出业务新产品《灾害风险评估快报》。

成果经中国气象服务协会组织的第三方评价，总体达到国内领先水平，综合评分为 95 分。先后获第二届全国智慧气象服务创新大赛技术创新二等奖、2020 年安徽省科技进步二等奖。

3. 成果产生的影响或转化应用绩效和贡献

本成果应用于全国气象灾害风险预警服务业务，推动了行业科技进步。

（1）经济效益。2013 年以来发布 120 余期《灾害风险评估快报》，用于防灾减灾决策参考，获省领导批示转发。根据风险预警信息，政府多次转移高风险区群众，有效避免重大伤亡事件。根据《水文情报预报规范》（GB/T 22482—2008），可采用灾害直接经济损失的 5% ～ 15% 来推算减灾效益。2013—2021 年安徽省气象灾害直接经济损失累计为 1800 亿元，取中间值 10% 推算，成果用于风险预警服务减灾效益累计达 180 亿元。

（2）社会效益。2013 年以来准确预估 2013 年夏季高温干旱、2014 年大别山区山洪灾害、2015 年滁河流域暴雨洪涝、2016 年沿江地区暴雨内涝、2018 年灵璧“7・25”风雹灾害及台风“温比亚”、2019 年台风“利奇马”以及伏秋连旱、2020 年梅雨期强降水，提高了气象服务的针对性和实效性，有效减轻人员伤亡和经济损失，社会效益显著。

此外，成果涵盖暴雨洪涝、干旱、高温、低温、冰雹、大风等多灾种，除了用于气象灾害风险预警外，还在农业、旅游、电力、城建、国土空间规划、大型工程气候可行性论证等多个行业领域得到应用，具有广阔的应用前景。

5.20 陆地植被生态质量气象监测评价技术及应用

5.20.1 基本信息

完成单位：国家气象中心

完成人：钱拴、延昊、曹云、吴门新、侯英雨、徐玲玲、孙应龙、程路、张蕾、陈紫璇、赵晓凤

5.20.2 成果简介

1. 成果综述

植被生产力反映了植被的供给能力，但大量遥感植被生产力模型都是大叶模型，只考虑大气饱和水汽压差的胁迫，忽略了 C_4 植物型的贡献，在估计植被生产力方面存在较大误差。同时，国内外研究中，一直缺少一个能把植被生产力和覆盖度综合起来的植被综合生态质量模型。为此，国家气象中心通过国家自然科学基金、气候变化专项以及业务能力建设等项目，研发了新遥感植被生产力模型，实现了从大叶模型向双叶模型发展，并考虑了土壤水分胁迫、C_3 和 C_4 植物型光合作用的差异；构建了既能反映植被净初级生产力（NPP），又能反映植被覆盖能力的植被综合生态质量指数、时空对比模型和指标，解决了植被生产力、综合生态质量气象监测评估中的关键技术难题。

2. 创新程度、学术水平或科技进步

中国科学技术信息研究所针对本成果的查新显示，“植被生态质量气象监测评价技术”新颖，“未见有与该项目查新点 1 ～ 2 项（补）所述技术特征完全相同的国内外公开文献报道。”自主研发的双叶遥感光能利用率 DTEC 模型是首个综合考虑土壤水分胁迫、光成分与阴叶和阳叶交互影响、C_3/C_4 植物型光合差异的遥感过程模型。

针对干旱影响，自主研发了 1 个改进的遥感叶面积指数和气象数据驱动的自定标帕尔默干旱指数模型，评价干旱对植被生产力年际变化的影响。面对业务服务中只使用植被生产力或覆盖度中的 1 个指标评估植被生态质量不全面的问题，国家气象中心基于植被覆盖度和植被净初级生产力，研发了植被综合生态质量指数模型、时空对比模型和气象监测评价指标，创建了植被生态质量气象监测评估业务系统，研制了植被生态气象监测评估业务服务产品，编制了植被生态质量气象业务规范和标准，推动了生态气象业务规范化发展。发表植被生态质量气象监测评估技术高质量学术论文 16 篇（SCI

论文 7 篇），取得软件著作权 4 项，有关研究结果在 *Ecological Modelling*、*Journal of Geophysical Research: Atmosphere*、*Journal of Geophysical Research: Biogeosciences*、*International Journal of Climatology* 以及《生态学报》等杂志发表，受到同行的广泛关注和引用，其中检索报告显示光能利用率模型的相关论文已被 SCI 期刊论文引用了 112 次。

利用国内外通量数据，对 DTEC 模型和国外的 MOD17 GPP 标准产品和 BESS GPP 产品进行同类产品对比，均方根误差（RMSE）和决定系数（R^2）统计都显示出 DTEC 生产力模型的估计精度超过了国际同类技术或者产品的水平。基于 DTEC 模型估测的生产力和成熟方法估测的植被覆盖度的植被综合生态质量指数，其估测精度也高于国际水平。

3. 成果产生的影响或转化应用绩效和贡献

作为陆地生态系统主体，植被在维护区域生态安全和全球碳循环中具有重要作用。2016 年起，国家气象中心在多个省部级以上项目支持下，开展了植被生态质量气象监测评价技术研究和攻关，从国家生态文明建设需求出发，针对业务服务技术难点进行研发，建立业务系统，开展业务应用，为保障生态安全、生态文明建设提供了有力的气象科技支撑。所建植被生态质量气象监测评估系统，在国家级和全国 31 个省（自治区、直辖市）进行了业务应用，研发形成年度生态气象公报，植被生态质量月报、季报和不定期决策报告，编制发布气象行业标准 1 项、下发业务规范 2 项，促进省级和国家级形成了统一协调的植被生态质量监测评价业务技术和服务体系。针对服务需求，不断改进完善模型和指标，加大对重点区域生态保护修复的气象影响评估，运用最新研究成果，努力提高定量化水平。植被生态质量气象服务报告得到省级以上领导批示 10 多次、中共中央办公厅和国务院办公厅采用 8 次；反映的绿色美丽度被中央人民政府门户网站、《人民日报》、新华网等多家媒体广泛报道和转载，为人们向往绿色大自然提供了及时的地表绿色信息，每年《全国生态气象公报》有关植被生态质量的信息一经发布，就会引起社会的高度关注。

5.21 面向多承灾体的暴雨灾害风险评估技术研发及平台应用

5.21.1 基本信息

完成单位：国家气象中心

完成人：王莉萍、张立生、刘扬、王铸、连治华、向欣、孙贺、刘璐、李佳英

5.21.2 成果简介

1. 成果综述

在国家重点研发计划课题“基于实时监测和精细化预报预测技术的风险快速识别方法”和中国气象局决策专项等多个项目支持下，研发了面向业务应用的精细化暴雨灾害风险评估技术，建设了面向人口、经济以及土地利用类型等多承灾体不同时空分辨率的影响预评估技术，形成了多项创新性成果，并将成果集成化工程化建成平台系统，在气象业务中应用。成果获发明专利 1 项，软件著作权 6 项，发表论文 12 篇，发布行业标准 1 项，编制国家标准 1 项。 解决的关键科技问题：创新性解决了业务亟须的基于过程演进的暴雨灾害风险动态评估问题；基于多模式预报的暴雨灾害风险评估准确率提升问题；解决了面向业务应用的人口、经济等承灾体的影响和损失评价问题。

2. 创新程度、学术水平或技术进步

暴雨灾害是我国主要气象灾害之一，科学预估灾害影响，能为政府部门防灾减灾科学决策提供依据。面向多承灾体的暴雨灾害风险评估技术和平台应用，发展了新技术，建设了新产品，创新如下：

（1）暴雨灾害风险评估是致灾因子危险性、孕灾环境脆弱性、承灾体易损性的综合表征，本成果创新性研发了致灾因子危险性评价技术，研发的日尺度适用于全国的降雨过程强度等级评价方法，解决了过程、逐日演进的暴雨灾害风险动态评估；进一步研发的小时分辨率降水过程辨识和评价方法属于发明型技术，基于该技术构建的精细化小时分辨率暴雨灾害动态风险评估技术达国内领先水平。另外，建立了适用于业务应用融合中央气象台中小河流洪水、山洪、地质灾害等风险预警的暴雨灾害综合风险评估技术，应用于气象灾害风险预估业务。

（2）探索上游多模式预报对暴雨灾害风险评估的影响，设计了一种针对致灾性暴雨的降水预报准确率计算的新方法，计算不同预报模式的降水准确率；运用集合平均、概率匹配平均法将集合成员集成，探索集合预报在暴雨灾害风险评估中的应用，概率匹配平均比集合平均或单一成员的预估结果更接近真实值，应用于提升暴雨灾害风险评估准确率，属于国内领先。

（3）基于 GIS 和遥感技术建立了基于智能网格预报的暴雨对人口、经济及土地利用类型的影响评估技术，实现业务应用，建立了中央气象台面向多承灾体影响预估业务。基于机器学习，建立了暴雨灾害人口损失预估模型，分类预测准确率达 89.6%；建立了基于信息熵的暴雨灾害综合损失评价方法；面向城市，建立了城市洪涝风险评估模型，形成风险图谱，并以石家庄为例建立城市积水模拟模型。形成国内先进的面向多承灾体的影响评价技术体系。

（4）集成整套成果到“气象灾害风险评估”平台，实现了从全球—全国—城市、从土地利用类型—人口—经济、从过程—日—小时的不同时空尺度的创新性灾害风险产品检索和业务应用。

3. 成果产生的影响或转化应用绩效和贡献

（1）《基于智能网格的暴雨对人口影响预评估技术》已登记气象科学技术成果（中气科成登〔2019〕0475），《暴雨灾害风险和影响评估技术》2019 年 1 月已认定为科技成果，《暴雨影响评估预报业务》2015 年国家气象中心业务处发文试运行（气中（业）函〔2015〕17 号）。

（2）在暴雨灾害风险评估成果在中央气象台业务平台稳定运行多年，逐日对外发布常规业务产品，是决策气象服务的重要支撑产品，应用于对党中央、国务院及相关部委报送的决策报告。2021 年于基于研究成果形成的关于城市洪涝灾害风险咨询报告被中共中央办公厅采用，发挥决策参谋作用。

（3）成果在全国天气大会商应用，也应用于水利部和应急管理部会商，2015 年荣获国家气象中心技术开发二等奖，2019 年获第二届全国智慧气象服务创新大赛气象服务应用创新二等奖。

（4）研发形成的气象行业标准《降雨过程强度等级》，应用于中央气象台对外发布的《暴雨过程纪要表》统计和强度评定；形成国家标准《短时强降水等级》和极端短时降水监测阈值。

（5）成果在省级气象部门应用，已在河北、天津、云南等省级气象局业务系统中稳定运行 1 年以上，正发挥着重要的防灾减灾效益。

5.22 面向试飞及航空安全的气象应用技术研发

5.22.1 基本信息

完成单位：上海市气象服务中心、上海市生态气象和卫星遥感中心

完成人：李佰平、王晓峰、姚建群、李静、张赟程、王平、郭巍、韩宁、葛伟强、吕青、谢英、王慧、傅洁、孔春燕、韩诚

5.22.2 成果简介

1. 成果综述

依托上海市科委“飞机观测资料在航空数值天气预报中的应用技术研究”、上海市气象局重大科研项目、中国商飞试飞中心和航空工业试飞中心等横向项目，围绕国产大飞机试飞保障及转场调度、民航安全和提质增效的需求，基于快速更新同化技术研发了航空高影响天气高分辨率监测预报产品和航空飞行安全等影响预报算法；优化了飞机结冰诊断和预报技术，研发了全国试飞气候资源分析评估产品。相关技术成果集成于航空专业气象服务平台，弥补了国内试飞气象保障领域的空白，改变了国产大飞机依赖国外技术和环境开展试飞的现状，确保国产大飞机试飞气象保障的自主可控，也为我国航空公司破除国外产品垄断，提质增效做出积极贡献。

2. 创新程度、学术水平或科技进步

（1）实现飞机结冰气象条件的精准预报。以往国内的飞机结冰气象条件研究几近空白，或因缺少完备的观测资料，或因个例代表性不够，不能准确地给出飞机结冰发生时的典型环境场特征；对结冰云层的液态水含量和中值体积直径等关键参数的分析代表性也较差；国内常用的飞机结冰诊断算法提供的潜在飞机结冰区域偏大、空报多。由于对型号结冰试飞的工程应用支持不足，民机自然结冰试飞取证只能耗巨资依赖国外技术。项目组基于收集或“捕获”的多个典型飞机结冰个例和机载观测信息，结合多源观测资料，首次给出国内有利于飞机结冰发生时的大气环境、云微物理参数特征，研发的飞机结冰诊断算法，有效消除了空报，能较好地反映多种情况下的空中飞机结冰特征，与实际探测具有更高的符合度。

（2）国内试飞气候资源分析与评估。面向飞机试飞的需求，利用多源观测资料，首次系统性地梳

理了国内特殊天气试飞资源，提升了试飞气象决策服务的科学性，促进试飞效率的提高，特别是大侧风、自然结冰、高温高湿等特殊天气资源的评估，为科目试飞选择窗口期和区域提供了依据，科学合理的气象前置分析避免了以往型号试飞的“盲动”，助力相关型号不断刷新国内试飞效率和纪录。

（3）航空高影响天气预报产品研发。项目研发了针对不同天气特征的航空高影响天气预报产品，其中针对航线的云底高度、雷电指数等预报产品在国内大型航空公司中首次应用。针对飞行安全及飞行舒适性、机场起降、航线优化，分别开发了航线不同高度上的飞机湍流（颠簸）指数、低空风切变指数，机场大雾、机场云底高度、地面侧风预报产品及不同飞行高度层上的风速、风向和温度变化等，可为航空公司设计更优的飞行航线、停飞备降调度提供依据。

（4）集成气象和航空特点，开发航空专业气象服务平台。该平台应用于大飞机日产试飞调度、机场塔台、航空调度、飞行保障等不同航空岗位，对破除国外企业在航空保障领域的技术垄断起到积极作用。

3. 成果产生的影响或转化应用绩效和贡献

项目形成了面向飞机试飞及航空安全的航空气象预报产品体系和服务平台，具有很好的技术成熟度和应用场景。相关成果在中国商飞试飞中心、航空工业试飞院、华东地区空中交通管理局、东方航空公司等单位的实际业务中得到应用和转化，成果显著，具有较好的社会、经济效益。

在飞机试飞气象保障方面，本项目成果填补了国内试飞气象保障服务领域的空白，为国产飞机提升试飞取证效率提供了有效的气象支持，实现了国内试飞气象保障技术的自主可控，刷新了 ARJ21 和 C919 多项特殊天气试飞纪录和效率。以自然结冰试飞为例，ARJ21 飞机在 2011—2014 年曾 4 次前往乌鲁木齐，仅 1 个架次捕捉到适合的气象条件，最终在加拿大五大湖区域完成试飞验证。基于本项目研究成果，2022 年上海市气象局成功保障 C919 于 1 个月内利用 5 个架次在陕西完成自然结冰审定试飞，实现了在国内按照国际适航标准完成航空器自然结冰试飞零的突破，结冰气象捕捉效率与在北美试飞时的效率相当，实现了飞机结冰气象条件的精准预报。

此外，项目也为气象、航空、大数据等不同行业的交叉配合、科研成果在企业运营中的运用开展了有益探索，并最终推动我国数值预报核心技术进一步发展。

5.23 南方季节性干旱时空演变特征与防旱减灾关键技术研究及应用

5.23.1 基本信息

完成单位：四川省气象台、四川农业大学、中国农业大学、四川农业科学院、河南中原光电测控技术有限公司、四川省农业气象中心、河南省气象科学研究所、湖南省气象科学研究所

完成人：王明田、杨晓光、杨志远、邓家林、张玉芳、黄晚华、王艳斌、蔡元刚、郭翔、陈文秀

5.23.2 成果简介

1. 成果综述

在国家高技术研究发展计划（863 计划）节水农业重大专项（2002AA2Z4011）等项目的支持下，四川省气象台、四川农业大学等单位通过近 20 年的共同努力，系统构建了适用于南方季节性干旱的指标体系，揭示了气候变化背景下农业气候资源和季节性干旱的时空演变特征及其发展趋势，创建了种植制度定量评估与优化的技术方法和指标体系，构建了从监测到预警全链条的集成技术体系，实现了大田作物生产中农业干旱监测预警的实时、遥测、连续、快捷、自动化和跨越式发展，改进了复杂地形气候条件下作物干旱风险评估技术方法，系统开展了水稻等主要作物在干旱逆境下的生理生化响应机制，针对不同区域的干旱特征提出并推广了一系列的防旱减灾关键技术。

2. 创新程度、学术水平或科技进步

2017 年 6 月 14 日，四川比尔投资咨询有限公司邀请中国工程院张洪程院士等国内同行专家组成评价委员会，对本成果进行评价。评价意见认为：

（1）基于气候条件的变化和南方农业生产实际，建立了系统的南方地区季节性干旱指标体系，揭示了气候变化背景下农业气候资源和季节性干旱时空演变特征及农业干旱的发展趋势，为复杂地形气候条件下季节性干旱指标的优化及进行系统性研究提供了理论支撑。

（2）研发了基于 FDR 原理的土壤墒情自动监测系列设备，结合精细化天气预报技术，构建了从监测到预警全链条的集成技术体系，为农业干旱监测预警提供了技术支撑。

（3）改进了复杂地形气候条件下作物干旱风险评估技术方法，构建了干旱风险评估指标体系和旱灾综合风险评估模型，在四川盆地进行了检验与应用，开展防旱减灾种植制度适应性评估。

（4）系统开展了水稻等主要作物的抗旱性研究，揭示了水稻主要生育期对水分胁迫的响应机制，研发的防旱减灾关键技术在农业生产中得到大面积推广应用。

综上所述，该成果创新性强，技术指标先进，应用面积大，社会、经济、生态效益显著。成果总体达国际同类研究先进水平，其中南方农业干旱指标体系的构建、复杂地形气候条件下种植制度适应性评估等居国际领先地位。

3. 成果产生的影响或转化应用绩效和贡献

成果应用效益显著。

（1）主要知识产权在科研、教学和业务中产生较大影响。3 篇论文入选“中国精品科技期刊顶尖学术论文——F5000”,《基于标准化降水指数的中国南方季节性干旱近 58 a 演变特征》单篇被引频次 205 次；培养博士和硕士 22 名。

（2）防旱减灾气象服务产品得到各级领导的高度重视。时任副总理汪洋和中国气象局、水利部、河南省委领导曾亲临指导，央视新闻联播有报道，超过 50 篇服务产品被省级领导批示或文件引用。

（3）基于FDR原理研发的系列产品已在四川等13个省（自治区、直辖市）的气象、水利、农业、交通领域广泛应用，并走向国际。

（4）四川为主的区域近 3 年新增纯利 74.2 亿元，未来推广空间巨大。

5.24 农业气象灾害和作物苗情的全天候卫星遥感监测技术

5.24.1 基本信息

完成单位：中国气象科学研究院、国家气候中心、中国科学院植物研究所、国家卫星气象中心、国家气象中心、中国气象局气象探测中心

完成人：房世波、王蕾、周广胜、董立新、钱永兰、朱永超、谭凯炎、张峰

5.24.2 成果简介

1. 成果综述

在国家自然科学基金重点项目、国家国际科技合作项目、国家自然科学基金国际合作重点项目等支持下，围绕农业气象灾害和作物苗情的全天候卫星遥感监测技术，历经 10 年，重点突破了灾情和苗情光学评估新方法、光学微波遥感结合的全天候新监测方法、光学微波遥感结合全天候灾害监测和评价三大关键技术，研发了中国农业气象灾害和作物苗情的全天候卫星遥感监测技术。研发了多种作物长势和农业干旱监测的新方法、新模型，包括遥感作物干旱 / 光合能力监测评估新方法、光学和主被动微波结合的全天候作物和牧草苗情监测方法以及全天候土壤水分反演和干旱监测方法等，有效提高了农业气象灾害和作物苗情监测的准确性和实用性。

2. 创新程度、学术水平或科技进步

干旱和涝渍害是影响我国农业生产最为严重的 2 种气象灾害，分别被列为我国农业气象灾害前两位。然而，对旱涝灾情和作物苗情遥感监测，无论是光学遥感或主、被动微波遥感因受天气等的影响，其精度难以满足需要。本成果创新发展了中国农业气象干旱灾害和作物苗情的全天候卫星遥感监测的关键技术，并在多个省（自治区、直辖市）推广应用，显著提高了对干旱的减灾效益。

（1）提出了光学遥感的作物干旱 / 作物光合能力监测评估的新方法。监测评估准确率达到 90% 以上。

（2）发展了光学遥感与主被动微波结合的全天候作物苗情监测方法。制定了统一的作物苗情监测

评价行业标准。创立了基于多源光学遥感数据的遗传算法优化的 BP 神经网络模型，提高了苗情的监测精度，平均误差减少到 10% 以内。

（3）建立了光学遥感与主被动微波结合的全天候土壤水分反演方法。揭示了热惯量和 TVDI 法对农田不同状态干旱监测的适应性。通过植被指数等多变量的引入，将风云气象卫星的被动微波土壤水分产品的精度提高了 20% 以上。

（4）构建了基于地面数据的土壤田间持水量数据集，建立了中国第一个基于土壤剖面观测数据的 10 km × 10 km 土壤田间持水量数据集。

该成果获国家发明专利 3 项、软件著作权 8 项，制定气象行业标准 3 项，出版专著 6 部。发表研究论文 76 篇，其中 SCI 收录 45 篇、EI 收录 24 篇、CSCD 收录 35 篇。成果推进了我国农业气象防灾减灾的科技进步，形成了在国内外有一定影响力的农业气象灾害卫星遥感创新团队，取得了显著的社会、经济和生态效益。

中国气象学会组织了以中国科学院童庆禧院士为专家组组长的专家鉴定，认为：该成果建立了农业气象灾害和作物苗情的全天候卫星遥感监测系统，总体技术水平处国内领先并达到国际先进水平。其中光学与微波相结合的高精度土壤水分反演和干旱评价以及合成孔径雷达反演植被指数方法具有首创性。

3. 成果产生的影响或转化应用绩效和贡献

成果集光学和主被动微波遥感农业气象灾害及苗情监测、土壤水分反演、高精土壤田间持水量数据集建设、干旱监测预警评估模式以及业务服务平台系统于一体，创制的国、省级农业气象灾害和作物苗情全天候监测信息新产品，克服了以前单独利用光学遥感存在的受云雨天气影响而无法周期性监测的问题，可长期应用于气象、农业的防灾减灾工作，显著提高了灾害监测评估精度和准确率以及时效性。同时极大地提升了国、省级农业气象灾害监测预警、指挥决策能力和主动防控能力，推动了农业重大气象灾害监测预警评估与防控技术的进步。

研发的农业气象灾害和作物苗情的全天候卫星遥感监测系统，在山东、陕西、河南和辽宁 4 个省的农作物气象灾害和作物苗情监测中推广应用，在西藏和内蒙古 2 个自治区推广应用牧草苗情和草原气象灾害监测，发布各类服务产品和决策服务材料，推广面积 1.05 亿公顷，在农作物种植区和牧草种植区的推广面积分别达到了 1450 万和 11000 万公顷，如果减灾效益每农作物按每年 10.0 元 / 公顷、牧草按每年 1.0 元 / 公顷计算，则每年经济效益达 2.0 亿元以上。

5.25 气象干旱监测预警技术及其灾害风险评估方法研究

5.25.1 基本信息

完成单位：中国气象局兰州干旱气象研究所、兰州区域气候中心、甘肃省气象信息与技术装备保障中心、兰州资源环境职业技术大学

完成人：张强、王劲松、岳平、王静、王莺、姚玉璧、韩兰英、王素萍、李忆平、张良、任余龙、王芝兰、颜鹏程、刘晓云、金红梅

5.25.2 成果简介

1. 成果综述

973 计划和国家自然科学基金等国家级项目资助。面临对干旱指数时空适应性认识不足、对变暖背景下干旱灾害影响和致灾新特征理解不深及干旱灾害风险的静态评估已不能满足新形势的挑战，因此项目团队研发了干旱监测新模型，分析了降水亏缺时间尺度和作物不同生长阶段的干旱敏感性，构建了新的干旱灾害风险评估模型。成果提高了针对不同时空尺度干旱监测预警的精细化程度，认清了干旱致灾过程的逐阶传递性特征和干旱关键影响期规律，厘清了干旱灾害风险分布演化的主控因素及其在变暖背景下的变异性特征，为国家抗旱决策提供了关键科技支撑，有力保障了关键区生态修复，在国家级媒体普及干旱防灾减灾知识成效显著，受众超 300 万人次。

2. 创新程度、学术水平或科技进步

（1）研制的高时空分辨率 K 干旱指数监测模型，克服了已有干旱指数在不同时空上使用统一等级阈值的缺陷，提高了干旱监测的时空精细化程度；利用 CABLE 陆面模式监测干旱的技术，与国际同类技术对比，Venkat Sridhar 等 2019 年发表在 *Journal of Hydrology* 的文章指出，该技术达到模式监测干旱的国际水平。

（2）提出的考虑气候变化和人类活动影响的新动态干旱灾害风险评估模型，明显优于 Garatwa 于 2002 年建立的静态灾害风险评估模型，国际著名水文气象学家 Moradkhani 2019 年发表在 *Journal of*

Environmental Sciences 上的文章对这一成果给予了充分肯定；构建的多种评估方法相互验证的干旱灾害风险综合评估技术，明显比单个方法更可靠、更准确，极大地降低了评估结果的不确定性。基于这些方法完成的 973 计划，在科技部组织的验收中被评为优秀。

（3）成果发现了降水亏缺累积时间尺度影响干旱灾害的规律和农作物不同生长阶段干旱敏感性影响旱灾损失率的特征；揭示了气候变暖背景下干旱灾害影响过程的机制；阐明了气候变暖背景下干旱灾害风险分布和变异性新特征；针对不同风险因子、风险等级、风险对象、作物类型和作物时段的干旱灾害风险提出了应对策略。这些成果都明显促进了我国干旱气象技术进步，并获 2021 年度甘肃省科技进步奖一等奖。

（4）成果发表的 65 篇论文，被 SCI 和 EI 收录 37 篇，他引次数为 835 次，获得国际同行专家的积极评价，显著提升了我国干旱气象学科水平。国际著名气象学家丁一汇院士对成果出版的专著《走进干旱世界》给予了积极评价："这是一本比较系统、具有科普特色和理论基础的专著，为大众认识干旱气象科学起到了桥梁沟通作用，对干旱气象科技成果的转化及其在社会中的推广应用具有一定的宣传推介作用。"成果中的许多内容被纳入秦大河院士主编的《中国气候与生态环境演变：2021》科学报告，成果负责人张强被聘为该科学报告的主要作者。

3. 成果产生的影响或转化应用绩效和贡献

（1）为区域抗旱决策和服务提供了关键科技支撑。有力支持了旱区支柱产业和特色农业发展，仅服务于甘肃的成果使马铃薯和中药材年产值超 200 亿元，间接效益年均超 10 多亿元。

（2）在科学技术普及和教学方面发挥显著效益。在中央电视台和《人民日报》等国家媒体平台就干旱防御等热点问题回应社会关切和科普宣传，受众超 300 万人次，提高了公众抗旱防旱科学素质。成果"干旱灾害风险及其管理"被列为南京信息工程大学研究生教材，累计培训 3000 多人次，提升了高校生对干旱灾害风险的认识。

（3）显著提升了我国干旱研究的国际影响力。成果得到国际著名气象学家丁一汇院士、著名生态专家 Venkat Sridhar、气候学领域专家 Hartmut 等高度评价。

（4）为党政领导科学应对气候变化提供了重要决策依据。提交的《谨防气候变化成为西部地区因灾致贫新"穷根"》等重大决策建议，有力保障了精准扶贫和生态屏障建设，产生了重大社会效益。

（5）人才培养和团队建设成绩斐然。获省部级一等奖 1 项、二等奖 3 项；1 人获全国创新争先奖；1 人获省第一层次领军人才；2 人分别获中国气象局气象领军人才和气象部门青年英才、2 人获西部优秀青年人才。形成了一支有国际影响的干旱研究团队。

5.26　气象远程教育培训与资源共享平台

5.26.1　基本信息

完成单位：中国气象局气象干部培训学院、人工影响天气中心、气象干部培训学院河北分院、气象干部培训学院甘肃分院、气象干部培训学院湖南分院、黑龙江省气候中心

完成人：邹立尧、胡宜昌、赵永明、荆国栋、赵鹏、杨睿、申耀新、王永锋、储凌、刘晓玲、赵阳、姚海涛、孙景荣、冀文彬、侯锦芳、黄世银、彭茹、李慧欣、张颂惟、高婕、崔颖、陈金阳、李焕德、马景奕、罗雪玲、刘春生、杜枚、霍英、汤岳华、岳宏伟、仇娜、刘青春

5.26.2　成果简介

1. 成果综述

为落实中共中央、气象部门干部教育培训规划要求，依托中国气象局重点工程项目支持，从资源开发、系统建设、体系构建等多方面开展研发工作，获多项自主知识产权，建成了行业内首创、国际先进、适用于大规模培训的气象远程教育培训与资源共享平台。平台包括内容丰富的学习资源及功能完备的教学系统；学习资源主要包括气象名师课堂、业务精品课程、仪器装备实训课程、干部培训课程等，实现观测、预报、服务、信息以及干部培训需求全覆盖；教学系统集在线学习、同步答疑、测练考评、分级管理等功能于一体，提供按需调配、量身定制、共建共享的培训模式。平台解决了气象系统、行业用户、国际学员知识更新的培训需求，获国内教育培训行业、WMO 高度认可和推广。

2. 创新程度、学术水平或科技进步

（1）管理模式创新。将 ISO10015 标准培训过程管理体系首次应用于气象远程教育培训，ISO10015 培训过程管理体系贯穿气象远程教育培训全流程，实现了培训需求、培训计划、培训实施、培训评估全过程的规范化管理和监控。支持在线自学及各级机构自主开展有组织培训，支持特色数字化学习子站的个性化自主定制，实现了省、市、县分层级的在线培训垂直管理新模式。

（2）技术应用创新。融合应用云计算、大数据分析、人工智能、虚拟仿真、移动互联等新技术。对气象远程培训视频应用进行云化改造，私有化部署 CMA 云平台，实现了视频点播、直播的 SASS 云服务；通过分布式缓存、预加载及动态压缩、动态线程池、负载均衡、反向代理等方案保证了平台

并发支持能力和高效稳定运行；采用 webRtc 等视频编解码技术，支持各类培训资源全格式播放及同步教学互动课堂；使用人工智能技术实现平台资源的精准个性化推送；使用大数据分析技术实现远程培训的智能决策支持；使用虚拟仿真技术实现了通过互联网开展气象仪器装备实操培训；采用移动互联技术实现了远程培训的移动端同步学习。

（3）资源开发创新。建成业内唯一完整覆盖气象业务各大领域、融合应用数字媒体技术、体系化的网络培训资源。内容设计丰富，与高校专业基础教育相衔接，开发大气科学知识系列名师课堂，传承名师智慧；与气象业务服务需求相衔接，开发气象业务技术系列精品课程、仪器装备虚拟仿真课程、气象防灾减灾微课程等；与国际先进水平相衔接，内容紧跟气象科技发展前沿。资源覆盖观测、预报、服务、信息等各大领域；教学构思新颖：采用模块化设计理念，实现学习流程可选择、模块可配置组合。学习内容细化到知识点，针对性采取不同教学表现形式，综合运用视频讲授、动画演示、虚拟实操等多种形式，满足基层职工沉浸式学习需求；技术应用灵活：将视频、动画、三维可视化、虚拟仿真等技术融合应用于气象教育培训，实现了技术的融合应用创新。

3. 成果产生的影响或转化应用绩效和贡献

（1）应用效果。平台用户覆盖国家编制、地方编制、编外、信息员协理员、行业用户、国际学员、社会公众。“十三五”期间举办远程培训 1236 期，气象职工每年人均有效学习时长由 24.8 学时提至 115.6 学时，参学率由 33.79% 提高至 87.33%，如期实现了干部教育培训规划网络培训要求。

（2）经济社会效益。利用平台开展培训，节省了经费、解决了工学矛盾，尤其疫情期间发挥了重要作用，保障了中国气象局重点培训计划的完成，以地面观测课程为例，总有效学习量 137.78 万学时，课程产生效益 1182.15 万元，投入产出比为 1∶20，应用效益还将持续凸显。多个课程在学习强国、气象科技活动周、中国科普产品展等平台推广应用，受众达千万人以上，其中虚拟气象站获评最受观众喜爱科普互动体验项目。

（3）文化价值。2016 年获中央国家机关工委“中央国家机关十大学习品牌”，2019 年获中组部“第十五届党员教育电视片观摩交流活动优秀奖”，2019 年、2020 年获中国高校继续教育优秀成果及特色案例奖，2020 年获中国 E-Learning 行业应用创新奖。平台为 146 个国家和地区的学员提供培训支持，发挥了 WMO 区域培训中心（北京）的作用，获 WMO 赞赏，提高了国际影响力。

5.27 全国苹果气象服务关键技术研究与应用

5.27.1 基本信息

完成单位：陕西省农业遥感与经济作物气象服务中心、中国气象科学研究院、陕西省果业中心

完成人：李艳莉、刘璐、屈振江、刘跃峰、周广胜、梁轶、胡迎春、柏秦凤、张维敏、李红梅、李健、张勇、贺文丽、张东峰、张焘

5.27.2 成果简介

1. 成果综述

陕西是全国苹果气象服务中心牵头省份，陕西省农业遥感与经济作物气象服务中心集成“中国富士苹果种植的气候潜在分布及主要气象灾害风险”（CCSF201621）等 4 项项目成果，创建了苹果气象大数据集；研发了富士苹果的气候适宜性与灾害风险监测评估预警技术，明确了影响富士苹果种植的主导气候因子，给出了气候适宜性区划，揭示了气候变化背景下苹果花期冻害和越冬冻害的风险等级与区域分布；发展了适于苹果生产管理的分果区物候预测模型、气候品质评价模型，形成了较为完善的技术体系。在此基础上，研发了服务于业务人员和种植大户的苹果气象服务系统和智慧果园天气通 APP，并推广至全国 8 个苹果主产省。

2. 创新程度、学术水平或科技进步

项目针对全国苹果气候适宜性变化、气象灾害风险分布、始花期和品质预报等气象服务关键技术需求，利用气象、物候、品质、灾情、地理信息等多元数据融合，引进最新技术方法，进行创新性研究。

（1）发展了气候变化背景下全国尺度的苹果气候适宜性及灾害风险区划。针对富士品种明确了全国尺度上影响苹果产量和品质的主导气候因子，给出了苹果种植分布的气候适宜性与等级划分；确定了影响苹果花期冻害和越冬冻害风险的主导气象因子及等级阈值，揭示了重点风险区和分区域主要防御时段。

（2）构建了定量化分果区的苹果始花期预测模型和苹果气候品质评价模型。明确了影响苹果始花期的关键气候因子、影响时段及强度，分果区构建了全国苹果始花期预测模型，准确率达 80% 以上；

建立了定量化的苹果气候品质评价模型，模型准确率达 87%，解决了目前国家标准关于苹果品质的单一分级标准无法综合定量评估的难题。

（3）研发了以苹果气象大数据为基础的全国苹果气象业务系统和基于位置的果园天气通 APP。提升了全国苹果气象服务产品供给能力，并实现了基于位置、融入生产、个性定制、分类推送的智慧服务。

国内主管业务部门和合作单位评价：

国家气象中心表示，全国苹果气候适宜区变化、花期冻害预测及风险评估、苹果产量预测等方面的技术水平有了进一步认识和提高，在花期冻害防御、产量预测等关键服务节点能够提供较为可靠的气象服务产品，为开展“全国一张图”的苹果气象服务奠定了基础。

农业农村部信息中心表示，陕西以促进苹果提质增效、服务市场营销和增加果农收入为切入点，利用苹果花期冻害预测、产量预测等技术，为信息中心开展灾害防御和丰富农业产业信息提供了决策依据。

3. 成果产生的影响或转化应用绩效和贡献

（1）发挥行业协同优势，优化产业布局。为国、省、市、县各级政府和果业管理部门调整产业布局以及优化种植品种等提供了充分的决策依据，为建立区域防灾减灾体系和产业提质增效提供了技术支撑和理论实践基础。

（2）气象信息技术应用产生的减损增效收益突出。带动全国苹果四大主产区 8 个主产省开展苹果气象服务工作，苹果始花期预报和花期冻害工作在陕西、山西、云南等产区指导灾害防御超过 500 万亩，其中陕西省在 7 个重点县累计推广 173.5 万亩*，总经济效益达 32966.8 万元。此外，带动 4 个省建立本区域果品气候品质认证规范和业务，累计为 47 家企业和合作社开展了果品气候品质认证服务，发挥了显著的经济效益。

---

* 注：1 亩 = 666.67m^2，下同。

5.28 全球气象卫星遥感动态监测、分析技术及定量应用方法与平台研究

5.28.1 基本信息

完成单位：国家卫星气象中心、中国气象科学研究院、北京大学、武汉大学、南京信息工程大学、国家气象中心（中央气象台）、中国农业科学院农业资源与农业区划研究所、中国交通通信信息中心、中国航天系统工程有限公司

完成人：杨军、翁富忠、刘超、韩秀珍、洪阳、陈晓玲、唐世浩、高浩、朱琳、郑伟、高玲、任素玲、刘清华、董佩明、杨元建、马自强、毛克彪、房世波、吴门新、刘海、王芳、许青云

5.28.2 成果简介

1. 成果综述

在“重大自然灾害监测预警与防范”重点专项支持下，“全球气象卫星遥感动态监测、分析技术及定量应用方法及平台研究”项目由国家卫星气象中心牵头，组织 8 家科研院所、高校和业务单位，经过 3 年的技术攻关，项目在研发自主可控的国产快速辐射传输模式（ARMS）上取得了里程碑式的突破，ARMS 已成为中国气象局数值天气预报和风云卫星遥感的“科技芯片”，填补了国家快速辐射传输模式技术的空白；同时实现了研发针对全球气象灾害的高精度气象产品体系，解决全球气象灾害致灾因子提取及遥感定量监测模型关键技术，建立具备全球实时业务能力的气象灾害遥感分析与快速响应能力的 3 个关键技术创新，在“一带一路”区域和国家的应用示范取得重要影响。

2. 创新程度、学术水平或科技进步

项目突破了国产卫星辐射传输关键技术，研发的自主可控的国产快速辐射传输模式（ARMS）是一项里程碑式的重要突破，填补了国家快速辐射传输模式技术的空白。ARMS 为我国气象卫星业务系统提供国产化的快速辐射传输模式，已成为中国气象局数值天气预报资料同化系统和风云卫星遥感的“科技芯片”。ARMS 实现了辐射传输求解由标量到矢量的飞跃，显著提高了灾害天气条件、“三极”地区复杂

地表状况下卫星观测模拟精度和对风云卫星仪器的支持能力，计算精度和功能优于或相当美国的 CRTM、欧洲的 RTTOV 等辐射传输模式。基于 ARMS 构建的企业级风云卫星关键参数集成反演系统，改善了风云卫星产品反演单一孤立算法的缺陷，大幅提升了气象卫星产品的物理一致性、精度和动态范围。

项目实现了 3 个关键技术创新，研发了针对全球气象灾害的高精度气象产品体系，生产了 1 套全球高精度气象灾害关键参数产品和高质量、一致性的全球主要气象灾害卫星遥感融合产品；突破了以国产卫星为主的全球主要气象灾害致灾因子提取技术，构建全球主要气象灾害卫星遥感的成灾指标，首次研发适用于全球重点区域不同地理条件和不同季节的主要气象灾害定量监测模型，解决了全球气象灾害致灾因子提取及卫星遥感定量监测模型关键技术，改变以往应急事件触发模式，实现了全球气象灾害监测的实时业务能力；突破了基于容器技术的异构环境下气象灾害算法模型集成技术、多源异构气象灾害数据统一组织和存储的三级模式技术和气象反演产品、融合产品及气象灾害监测数据的可视化技术体系等全球气象灾害遥感可视化分析与快速响应关键技术，建立了具备国际快速水平、全球实时业务监测能力的气象灾害卫星遥感综合分析与快速响应服务平台。项目研发的数据集合平台已在全球 16 个典型区，包括“一带一路”沿线 14 个国家或地区，开展面向防灾减灾业务需求的应用服务示范，协助“一带一路”沿线各国减轻气象灾害风险提供科技支撑，取得了重要社会经济效益。

3. 成果产生的影响或转化应用绩效和贡献

科学价值上，解决了我国风云气象卫星辐射传输的关键科学问题，对全球预报产生了积极影响。首套卫星遥感气象灾害成灾指标体系，为卫星遥感灾害监测评估提供科学参考。高质量、一致性的遥感融合产品为国际科学研究贡献中国力量。

技术价值上，解决了辐射传输系统的“卡脖子”难题，填补了快速辐射传输系统的空白，提供了高质量、一致性的全球气象灾害气象产品体系，实现全球主要气象灾害从被动到主动监测的突破，建立了首个具备全球灾害实时业务监测和快速响应服务能力的平台。

经济价值上，实现了全球主要气象灾害监测能力的提高，降低了气象灾害造成的经济损失，支持了国内和“一带一路”区域的重大气象灾害监测服务，在全球防灾减灾上产生了巨大的经济价值。

社会价值上，提高了重大气象灾害的监测能力，大幅减轻重大气象灾害的影响，体现了科技向善的重要价值，支持了风云卫星服务“一带一路”国家和地区的应用示范，在全球防灾减灾中发挥了重要的影响力。

文化价值上，提供了中国特色的灾害监测解决方案，彰显了中国的大国义务和责任，为构建人类文明共同体提供支撑，培养公众防灾减灾意识，彰显项目的防灾减灾社会责任，扩大风云卫星全球影响力，已成为中国外交的闪亮名片。

5.29 人工影响天气模式业务预报系统

5.29.1 基本信息

完成单位：中国气象局人工影响天气中心

完成人：史月琴、刘卫国、孙晶、陶玥、周毓荃

5.29.2 成果简介

1. 成果综述

在中国气象局行业专项“层状云人工增雨条件识别和效果分析技术”、国家重点研发计划“云水资源评估研究与利用示范”“新一代人工影响天气数值模式系统研发”的支持下，研发了人工影响天气模式业务预报系统，开展了业务应用。2017 年，实现了云降水显式预报系统 CMA-CPEFSv1.0 的业务化运行，向全国发布指导产品；2018—2022 年，耦合了成冰剂和制冷剂 2 类冷云催化方案，开发了飞机、火箭、高炮、烟炉等作业效果的模拟技术。实现了 3 km 分辨率全国云宏微观场的客观预报，提出了作业条件预报方法和宏观云场检验方案，解决了对不同催化方式的似真模拟，在全国人工影响天气业务中不断应用，在作业条件预报、作业预案制定、作业效果评估中发挥了重要作用。

2. 创新程度、学术水平或科技进步

人工影响天气模式业务预报系统，是在 WRF 中尺度模式中耦合了自主研发的 CAMS 双参数微物理方案和 2 类冷云催化方案，首次实现了全国范围 8 大区域水平分辨率为 3 km 的云降水预报、重点区域的 1 km 催化模拟预报。开发了云结构和作业条件精细预报业务指导产品，实现了作业方案设计预估和实际作业效果数值评估功能，提出了冷云催化增雨作业条件预报方法和云场检验方法，面向全国人工影响天气部门开展了业务应用。

（1）业务发布云降水预报指导产品。开发了垂直累积总水成物（云带）、垂直累积液态水、垂直累积过冷水、云顶温度（高度）、云底温度（高度）等云场预报参量，形成了云宏观场、云微观场、云垂直结构场、降水场 4 大类 27 个预报产品。产品在 2017 年投入业务运行，在国内首次实现了对云场的 3 km 分辨率预报。目前成为全国人工影响天气部门作业条件预报制作和作业条件会商演示的重要工具。中国气象局人工影响天气中心在重大服务时，采用 LAPS 同化系统改进初始场，并对重点区

域提高分辨率至 1 km，实现精细分析预报。

（2）实现了不同催化方式的仿真模拟功能。在模式的 CAMS 方案中耦合了 2 类冷云催化模块，实现了对 AgI 类催化剂和液态致冷剂催化过程的数值模拟，发展了飞机、地面不同作业方式模拟技术，为提炼作业区域、部位和剂量等作业方案指标优选和作业效果评估提供依据。该催化模式曾对多次增雨、消减雨等作业过程和重大活动保障的效果开展了数值模拟评估，并给出了定量的评估结果，发挥了重要作用。

（3）提出了冷云催化增雨作业条件预报方法和云场检验方法。利用增雨作业指标进行可播区识别实现客观预报，结合模式预报的云带、云顶（底）高度 / 温度、过冷水等云参量预报产品，综合分析移向移速、云性质、垂直结构等，得到增雨潜力区预报结果，形成作业条件预报方法。创建了基于星—空—地多源观测的云结构预报检验方法。融合多种卫星产品、飞机探测资料和地基特种观测资料，零起步建立了 3 类宏观云场和云结构检验方案。

3. 成果产生的影响或转化应用绩效和贡献

模式系统的云宏观场、云微观场、云垂直结构场、降水场 4 大类 27 种人工影响天气特色预报产品每日定时发布全国，已成为全国人工影响天气业务单位作业条件预报业务的必要工具。

建立的催化模式在人工影响天气实时业务中进行了应用，针对全国近 10 个省份飞机增雨作业过程开展了模拟评估，并在 2016 年 G20 杭州峰会活动保障、2017 年天津全运会、2019 年中华人民共和国成立 70 周年保障以及第七届世界军人运动会、2020 年东京奥运会和中国共产党成立 100 周年等一些重大活动的人工影响天气业务保障中为作业方案设计和作业指挥决策提供了重要依据。

发展的作业条件预报方法有力推动了全国人工影响天气业务单位作业条件预报和作业预案制定业务的建立，为科学实施作业提供有力支撑。同时过冷水预报应用到航空领域，为国产大飞机和直升机积冰探测试验顺利实施提供了重要支撑，得到应用单位的好评，经济效益、社会效益显著。

提出的《人工影响天气模式系统云和降水预报产品省级检验方案（2016 版）》指导各省开展预报云产品检验业务及模式本地化适用。在重大干旱、森林灭火、重大活动等人工影响天气保障服务中，通过预报检验修订了作业预案，提前 24 h 给出准确的预案，为提前调配作业防线起到了关键作用，提高了全国作业预案的合理性。

5.30 人工影响天气新型冷云催化剂

5.30.1 基本信息

完成单位：中国气象局人工影响天气中心、中国气象局上海物资管理处
完成人：王广河、房文、苏正军、党娟、方春刚、关立友、刘伟

5.30.2 成果简介

1. 成果综述

本项成果由公益类（气象）行业专项“人工增雨（雪）催化剂定量检测、改进与业务应用”支持。该成果由项目组联合燃烧型催化剂有关生产厂家的技术人员，在现有催化剂的基础上，结合国内外催化剂研究进展，利用 CAMS 1 立方米等温云室及其配套检测系统进行催化剂成冰性能的检测，对配方进行优化筛选，研究开发了“WMC-IN-001”和“WMC-IN-002”2 种适合我国冷云的新型高效的冷云催化剂。成核率检测结果表明 2 种冷云催化剂焰剂样品的成核率在 -20 ～ -4 ℃温度下达到了 10^{12} 以上。与目前业务用的 5 个厂家生产的焰剂类冷云催化剂成核率相比较，2 种新型冷云催化剂成核率高一个量级以上。

2. 创新程度、学术水平或科技进步

本项目研究开发的 2 种冷云催化剂配方（WMC-IN-001、WMC-IN-002）的检测结果与目前我国使用的 5 种催化剂检测结果对比，结果表明，在 -10 ℃时，5 种催化剂配方的成核率在 6.58×10^{11} ～ 2.62×10^{12}，相较之下，新配方 WMC-IN-001 成核率提高了 1.88 ～ 10.50 倍，WMC-IN-002 配方成核率提高了 12.8 ～ 54.4 倍，达到 10^{13}/g 焰剂的量级；另一方面，新配方较高温度段（-8 ～ -4 ℃）成核率较 2011 年检测结果有大幅提高，WMC-IN-001 在 -4 ℃时成核率仍能达到 10^{11} 量级。目前飞机人工增雨外场试验中主要催化高度为 5000 ～ 6000 m（约 -5 ℃温度层），更利于提高飞机人工增雨外场作业实际催化效果。

与国外焰剂配方的对比，俄罗斯给出了最新配方和节银剂配方的云室检测结果，-10 ℃时，节银剂配方成核率为 9.0×10^{12}/g 焰剂，俄罗斯新配方 AD-1 的成核率为 1.2×10^{13}/g 焰剂，而 -10 ℃时的检测结果中 WMC-IN-001 配方的成核率为 7.554×10^{12}/g 焰剂，相当于节银剂配方的成核率，低于俄

罗斯新配方；WMC-IN-002 配方的成核率为 3.640×10^{13}/g 焰剂，优于俄罗斯新配方，是其 3 倍。2 种冷云催化剂配方均通过了中国气象局科技与气候变化司组织的成果认定。

3. 成果产生的影响或转化应用绩效和贡献

2014 年 10 月至 2019 年 10 月，华云公司采用中国气象局人工影响天气中心新研冷云 WMC-IN-001 配方研制的“HY-1A 型机载焰条”通过了产品技术鉴定；在陕西、河南、甘肃、山西、新疆等地进行人工影响天气作业业务，累计消耗机载焰条近 3000 根，使用效果良好。

5.31 山东农业生产气象保障技术体系创建与应用

5.31.1 基本信息

完成单位：山东省气候中心、南京信息工程大学、山东省农业技术推广中心、山东省农业科学院作物研究所

完成人：薛晓萍、李楠、杨再强、李长军、鞠正春、王旭清、李峰、张继波、董智强、陈辰、赵红、胡先锋、李鸿怡、陈益玲、王娜、韩伟、李曼华、冯建设、宿文、李雪源、张乾、朱雨晴

5.31.2 成果简介

1. 成果综述

针对现代农业气象服务能力不足问题，“十三五”以来，在山东省“十三五”气象重点项目、国家重点研发计划等支撑下，基于自动监测，采用理论研究、指标构建、模型研制和技术集成总体思路，创新了农业气象监测数据实时质量控制、设施小气候观测以及生理生态融合的作物灾害指标确定技术，突破了精准预报预警与风险评估技术瓶颈，研发出智能业务平台和智慧服务终端；创建了“气象 + 农业 +”多部门协同的标准化服务模式。获专利 14 项；主导制定国家标准、行业标准、地方标准 14 项（国家标准 2 项），省部级规范、导则和技术规程 45 项；发表论文 127 篇（SCI 论文 27 篇），主编专著 12 部，培养硕士、博士 16 名，17 份决策报告获省级领导批示。

2. 创新程度、学术水平或科技进步

（1）创建了首个标准化农业气象立体监测体系。率先建成标准化“土壤—作物—大气”农业气象地基精密监测系统，创新了农业气象数据智能质量控制技术，数据可用率提升 10% 以上；创建了多源卫星数据在作物长势、灾害影响监测中融合应用技术，制定的小麦遥感监测导则全国推广；探明了设施内能量平衡机理，提出了设施小气候监测关键参数。

（2）揭示了气象灾害影响机制，构建了主要作物灾害指标体系。突破了基于灾变过程的作物生理生态参数变化耦合技术难题，小麦、玉米等 25 种作物干旱、低温等 8 类灾害指标达到精细定量；揭示了低温、寡照对番茄、黄瓜等作物的致灾机理，创新出主要设施作物灾害指标识别方法和风雪灾害指标确定技术。

（3）创立了主要粮食作物和设施蔬菜预报预警技术体系。创建出小麦玉米旱、涝等灾害及病虫害预报预警技术，准确度提升 5% ～ 10%；创新了设施小气候预报技术，研发出设施灾害致灾因子甄别、预警模型构建技术；创建了京津冀等 12 个省市设施小气候预报、灾害预警模型，精度提升 5% ～ 10%；研制了长序列气象数据重构技术，突破了设施农业气象灾害风险评估技术瓶颈；发展了灾害风险评估与区划技术。设施农业气象灾害影响预报业务规范与技术指南全国推广应用。

（4）构建了“气象 + 农业 + 生产用户”标准化服务体系。研制出小麦抗逆调控和光温高效利用技术，小麦产量减损 10.9%，小麦、玉米光温利用效率提高 3.3% ～ 7.2%；创建了低温寡照复合灾害防御系列方法；创制的温室自然通风调控技术，气温模拟误差低于 0.9 ℃；开发出保姆式一站服务的微信服务平台。创建了评价、预报、预警、风险预估与防御保障技术体系和政府推动、部门联动、行业协同成果推广体系。

与国内外同类技术相比，模式创新了农业气象数据智能质量控制、设施小气候观测及生理生态融合作物灾害指标确定等技术，创建了设施蔬菜气象预报预警及风险评估技术；创建了国内首个标准化现代农业气象服务山东模式。

3. 成果产生的影响或转化应用绩效和贡献

（1）应用效果。成果形成跨界联动的技术示范推广和服务模式。通过组织大型现场观摩会及广电媒体讲座，对基层农技人员、新型经营主体等进行技术培训，累计培训 130 余万人次，为稳粮保供奠定了坚实基础。“遥感 + 气象 + 农业 + 用户”开展灾害全过程服务，广播、电视面向山东省公众滚动播报服务信息。如 2021 年秋导致山东省 60% 冬小麦无法适期播种，气象 + 农业联合制定了“播期—积温—播量”种植指导方案，科技贡献率达 35.5%。

（2）经济效益。通过培训，小麦、玉米、蔬菜防灾减灾与抗逆稳产等技术得到大面积推广应用，小麦、玉米、蔬菜收益显著提升。近 2 年，技术累计推广面积 5173 万亩*，新增效益 82 亿元。近 3 年，9 个省市“设施农业气象服务中心”直接服务效益为 8.5 亿元、13.9 亿元和 38 亿元。

（3）社会效益。17 份农业气象灾害影响报告获得省委省政府领导批示，要求对防御建议加大推广力度。牵头成立了全国“设施农业气象服务中心”，服务全国 80% 设施种植面积，2 份预警决策报告被中国气象局采纳并呈报中共中央办公厅和国务院办公厅，全国设施农业灾害预警信息由 CCTV17 频道发布，受到中国气象局领导表扬。产学研结合，推动了气象与农业交叉学科的技术进步。

---

* 1 亩 = 666.67m^2

5.32 设施园艺环境智能监测及调控关键技术研究与集成应用

5.32.1 基本信息

完成单位：天津市气候中心、北京农业信息技术研究中心、天津农学院
完成人：黎贞发、李明、王铁、宫志宏、陈思宁、董朝阳、刘同海、李春

5.32.2 成果简介

1. 成果综述

本项目在 4 项国家和天津市科技计划支持下，从 2013 年开始系统开展了设施蔬菜及果树环境智能监测及调控关键技术的研究与创新，于 2019 年 6 月 21 日由天津市科技评价中心组织成果鉴定，评价意见为“相关研究成果总体上达到国际先进水平”，同年获天津市科技进步二等奖。项目主要在温室保温性能评估与科学分类、低温冷害精细化监测评估与病虫害预警模型研发、环境智能监测与调控技术集成等 3 方面取得突破，2016 年开始应用推广，建立了 3 类设施园艺物联网应用模式，开发了 Web 版、APP、监测调度系统、微信公众号等辅助管理应用系统，建立了 4 类示范应用基地。同时，相关产品实现产业化，3 年获得利润超过 1000 万元，并推广到 10 多个省市。

2. 创新程度、学术水平或科技进步

通过项目的实施，在理论方法、技术产品和系统集成上实现了突破，技术产品性能指标、稳定性、一致性达到国际同类产品水平，成本降低 10%～20%。共获批 4 项发明专利、7 项实用新型专利、6 项软件著作权、3 项天津市地方标准，发表论文 13 篇（SCI3/EI2），成果整体达到国际先进水平。成果在天津市主要设施园艺园区应用，产品实现了产业化；在黑龙江、河北等 12 个省市推广，取得良好社会经济效益，获得了 2019 年度天津市科技进步二等奖。研究在 3 个方面取得创新性成果：

（1）研制了基于物联网日光温室小气候环境智能监测、温室作物长势与气象灾害实景监测、温室蔬菜害虫自动监测、压力传感防坠落卷帘机等智能感知与调控装置，以及智能加温补光、水质 pH 值智能灌溉等应用关键技术及软件系统，实现了 3 项设施园艺环境智能监测与调控新技术的优化和集成

应用，提升了天津市设施园艺物联网技术应用水平。

（2）研究解决了温室小气候低温冷害指标与风险评估方法、日光温室黄瓜霜霉病初侵染模型、日光温室黄瓜粉虱和蓟马诱虫板的图像识别算法等多项影响设施园艺高效安全生产关键技术难题，其中针对温室小型害虫识别计数准确率达 90% 以上，有效解决了设施园艺生产中低温冷害防御与黄瓜病虫害预警问题。

（3）发明了日光温室室内外温差新算法，创建了日光温室气候学分类方法，实现了对日光温室进行普适性科学分类，较好地解决了对日光温室保温性能进行定量的估算或评价，为开展节能日光温室资源评估与利用、灾害防御及物联网技术应用有重要科学价值。

（4）技术成果国际化，西班牙阿尔梅里亚大学等欧洲知名高校邀请项目组共同申报并获批欧盟 FP7 玛丽居里国际合作项目 TEAP，促进了中欧间在农产品供应链中的溯源和预警系统方面的创新研究与学术交流。2016 年 2 月，项目组成员受邀赴西班牙，参加第二届西班牙国家园艺工程研讨会，做题为“ICT 在中国园艺生产中的应用”的报告，得到了国际同行的肯定。

3. 成果产生的影响或转化应用绩效和贡献

（1）重点推广了温室环境智能监测与调控、温室黄瓜病虫害监测预警、温室保温性能评估与分类等技术成果。包括更新改造全市温室小气候自动监测站网，实现数据 10 min 实时更新与分析，正确率超过 90%，保证温室环境小气候实时服务需要；开发了园区级、市级、公众系统 3 套设施种植辅助管理应用系统；建立了 3 类设施种植业物联网应用模式并推广应用，建成了 4 类应用示范基地。成果覆盖全市 10 个区县 30 多个设施园区，服务辐射面积达 20 余万亩；微信公众号关注用户超过 1 万人，发送农业气象服务短信 1200 万条，基本覆盖主要农业生产主体。

（2）依托项目专利成果的转化，实现温室环境智能监测设备的产业化，产品销往黑龙江、河北等十几个省市，经济效益显著。项目成果之一的小气候环境自动监测技术转化至北京华云尚通科技有限公司，3 年累计销售 3000 台，获得利润 1150 万元。新装备代表天津市参加了 2017 年苏州国际物联网博览会、2018 年天津市世界智能大会。其中，成果之一的“基于物联网的日光温室低温冷害监测预警与智能调控技术”入选 2019 年数字农业农村新技术新产品新模式优秀项目，由农业农村部面向全社会推介，表明该项应用技术在全国处于先进水平。生态文明绩效考核气象条件贡献

5.33 生态文明绩效考核气象条件贡献率评价技术与业务系统

5.33.1 基本信息

完成单位：中国气象科学研究院、中国农业大学、中国气象局应急减灾与公共服务司、国家卫星气象中心、中国科学院空天信息创新研究院、中科海慧（天津）科技有限公司、北京亿耘科技有限公司

完成人：周广胜、汲玉河、周莉、何奇瑾、张迪、李贵才、王树东、杨邦会、王春红、李兆毅、宋艳玲、周梦子、吕晓敏

5.33.2 成果简介

1. 成果综述

该成果针对生态文明建设、气象服务保障对生态文明绩效考核气象条件贡献率评价技术及业务系统的迫切需求，基于全球变化研究国家重大科学研究计划项目“全球变化影响下我国主要陆地生态系统的脆弱性与适应性研究”（2010CB951300）等的研究成果，在 3 个中国气象局山洪地质灾害防治气象保障工程建设项目（气计函〔2017〕263 号、气计函〔2019〕249 号、气计函〔2020〕260 号）持续支持下，联合多个单位，研发的植被生态质量指标、评价方法和智能化业务系统，解决了生态文明绩效考核评价定量指标动态提取难题，获国家发明专利 18 项、软件著作权 14 项。系统已在全国推广应用，社会效益显著。

2. 创新程度、学术水平或科技进步

生态文明绩效考核气象条件贡献率评价技术与业务系统基于新理论、新技术与业务服务一体化的理念，采用生态文明绩效考核的评价指标、评价模型、地球系统信息与地理信息系统技术相融合的研究思路，创建综合体现植被生产功能、生态系统服务功能和生物多样性的生态环境质量评价指标，发展生态系统适应性与脆弱性评价理论与技术体系，建立生态质量监测评价及其归因分析技术；提出气象条件和遥感信息相耦合的植被生态环境现状及其动态变化监测与评估技术体系；通过地理信息系统技术、评价模型与气象、生态、遥感、地理等地球系统信息的有机融合，研发智能化的生态文明绩效考核气象条件贡献率评价系统，实现植被生态质量的动态监测、评估、归因分析业务服务以及数据、

软件和分析结果的一体化与自动化，包括数据下载、质量控制、专题数据处理、批量专题制图、空间分析以及评价报告生成等自动化。

该成果的创新性体现在：

（1）提出综合体现植被生产功能、生态系统服务功能和生物多样性的生态环境质量评价及其归因分析方法，解决了气象条件和人为因素对生态环境变化影响难以分离的技术难题，不仅可实现生态保护的结果监管考核，还可实现生态保护过程监管考核，填补了生态环境质量的结果和过程分别进行监管考核关键技术的空白。

（2）建立了气象条件和遥感信息相耦合的植被生态环境现状及其动态变化监测与评估技术体系，解决了生态文明绩效考核评价定量指标的动态提取难题，获国家发明专利 18 项。

（3）研发了智能化的生态文明绩效考核气象条件贡献率评价系统，融合了地理信息系统技术与发明专利技术，实现了植被生态质量的动态监测、评估、归因分析业务服务以及数据、软件和分析结果的一体化，获软件著作权 14 项，有效提升了生态环境监测评估的自动化功能，包括数据下载、质量控制、专题数据处理、批量专题制图、空间分析以及评价报告生成等。

3. 成果产生的影响或转化应用绩效和贡献

“生态文明绩效考核气象条件贡献率评价系统”已被指定为中国气象局业务系统，已在 17 个国家和省级部门业务应用，2022 年将完成全国 31 个省（自治区、直辖市）推广应用，主要用于生态环境监测评估、生态文明建设绩效评价、科学研究和重大工程规划建设。自 2020 年以来，业务产品被收录到《全国生态气象公报》和各省《遥感年报》，形成决策服务材料 12 份、专报 8 份，并被中共中央办公厅采用和领导批示，社会效益和生态效益显著。

业务系统以公益性质免费提供给气象业务部门使用，未产生经济收益；但业务系统本地化改造和特殊技术服务在 2019 年 9 月至 2021 年 10 月获合同收益 454.22 万元。除气象部门外，业务系统还能用于生态环境部、自然资源部、应急管理部、水利部等部委的业务部门和各级政府有关生态文明建设决策，也可用于科研、环评、教学等专业人员，具有广阔的应用前景。

5.34 双季水稻气象保障技术研究与应用

5.34.1 基本信息

完成单位：江西省气象科学研究所、国家气象中心、江西农业大学、南京信息工程大学、广东省气候中心

完成人：黄淑娥、田俊、杨军、聂秋生、吕厚荃、陈小荣、景元书、杜尧东、贺浩华、李祎君、张崇华、黄珍珠、刘维、江晓东

5.34.2 成果简介

1. 成果综述

项目总投资共计 688.9 万元，来源于 2 个科技部重点专项和 1 个省部级项目。揭示了双季稻区气候资源演变规律，提出适应气候资源变化的水稻种植结构调整和熟性配置方案，评价了水稻气象灾害风险，建立了双季稻高效利用气候资源避灾安全种植区划方法；建立了双季稻气候适宜性评价方法，厘定了模型参数；综合考虑不利温度强度、持续时间、水稻形态特征等综合因子影响，改进了双季稻主要农业气象灾害指标及等级标准，创建了水稻高低温灾害综合评价指数模型和指标；制定了水稻气象灾害试验观测技术方案，研究了适用技术应用对稻田小气候环境的改善作用，揭示了双季水稻抵抗低温和高温影响的生理机制，研制了多项水稻气象适用技术和定量指标。

2. 创新程度、学术水平或科技进步

项目验收获专家优秀好评。验收专家一致认为，“气候变化背景下双季稻生产全过程的气象适用技术研究（GYHY201406025）”项目研究解决了多项关键技术并取得多项创新成果，经专家独立评分，获综合评分 95 分的优秀成绩。

国内外科技查新：在所查询的国内外文献中，除本查新课题委托人所在单位课题组人员的研究成果涉及部分查新点外，未见与本课题查新点相同技术特点的研究报道。

论文论著发表情况：项目发表专著《水稻气象适用技术》1 部，发表论文核心期 40 余篇，SCI 收录 2 篇，论文被他引达 160 余次。其中 1 篇 SCI 论文在英国 *BMC Genomics* 期刊上发表，国际影响因子达 4.0，该论文被他引 20 次，有关论点和研究成果受到国际同行学者的高度关注和采纳引用。

项目成果总体达国际同类研究先进水平。其中，双季稻应对气候变化的适用技术达国际领先水平。项目成果推动了气象行业的技术进步和农业气象学科的发展。

3. 成果产生的影响或转化应用绩效和贡献

项目成果已在中国气象局、江西农业农村厅、双季稻主产区省级农业气象业务部门、高校等单位开展了广泛应用，为我国双季水稻高效利用气候资源、避灾安全种植、产业结构调整与布局、水稻气象灾害监测预警与防控等提供了技术方法和决策依据。成果的应用已在中央电视台、中央气象台、广东气象网、江西省农业农村厅官网、江西微农、人民网、新华网等众多媒体、网站中报道，取得显著的社会经济效益。

5.35 太阳能热发电工程气象参数精细化评估技术

5.35.1 基本信息

完成单位：中国气象局公共气象服务中心、安徽省公共气象服务中心

完成人：申彦波、王传辉、胡玥明、乌日柴胡、樊静、贾蓓西、李利秋、叶冬、汪翔、张蕾

5.35.2 成果简介

1. 成果综述

本成果先后在中国气象局政策法规司标准预研究项目“光热电站太阳能资源评估技术”、国家自然科学基金面上项目“近地边界层大气透射率对塔式太阳能热发电的影响机理与模拟研究”支持下开展的。太阳能热发电作为一种不同于光伏发电且发电效率更高，供电持续性更好的发电方式，对其资源评估提出迫切需求。从太阳能热发电光资源评估过程中最为核心的法向直接辐射（DNI）计算与评估、太阳能热发电光资源折减系数定量评估两方面开展相关研究，重点解决：DNI 数据观测和处理、代表年太阳辐射数据集的生成、太阳形状折减系数的定量估算和大气透射率折减系数的定量估算等关键科技问题。

2. 创新程度、学术水平或技术进步

本成果主要部分获得了 2021 年中国气象服务协会科学技术奖气象技术创新奖二等奖，其创新点主要集中在 DNI 数据观测和处理关键技术、太阳形状折减系数和大气透射率折减系数定量估算。DNI 数据观测和处理方面，对比了多种典型年选取方法，得出了不同方法局限性及适用性，给出了各方法使用范围、边界条件和挑选原则；研究并推荐了 DNI 短期实测数据长年代订正方法，提出了订正原则；给出测站最佳观测周期最少为 9 个月，少于《光伏发电站设计规范》（GB 50797—2012）标准中一年的规定。 代表年太阳辐射数据集的生成方面，吸收并引进 IEC《太阳能光热发电站 第 1—2 部分：建立年太阳辐射数据的步骤》，在国内形成具备指导意义的太阳能光热发电站代表年太阳辐射数据集的生成组成要素、生成流程和方法。成果形成了国家标准《太阳能光热发电站代表年太阳辐射数据集的生成方法》（GB/T 40099—2021）。 太阳形状折减系数定量估算方面，在国外相关研究有少量报道，国内类似研究还鲜有报道。本成果给出科学评估太阳形状折减系数具体方案。在“光热项目

太阳能资源评估方法研究”验收意见中专家组给出了“基于 SMARTS 模式模拟了因环日辐射给塔式电站太阳能资源评估带来偏差，定量给出了中国北方地区因环日辐射带来 DNI 折减比例”。大气透射率折减系数定量估算方面，目前在国际上还未检索到基于现有气象及其他数据或方法计算得到大气透射率折减系数的方法，能够检索的相关研究均是基于数码相机等设备进行观测计算得到的大气消光作用，但由于数码相机光感应与全光谱下太阳消光尚存在较大差异，同时利用数码相机测得数值具有地域局限性，难以推广。本成果给出了通过输入历史常规气象观测要素、再分析数据及地理信息数据即可计算任意地区、任意时间大气透射率折减系数。在国家自然基金面上项目评审意见中，专家指出“申请项目通过研究气象学问题，探讨大气透射率对太阳能资源利用的影响，既有科学问题，又有较强的实用价值”。

3. 成果产生的影响或转化应用绩效和贡献

成果应用于太阳能热发电光资源评估相关工作中，为准确评估资源提供依据，使得太阳能热发电光资源评估相对误差＜10%、工程投资不确定度＜10%。为太阳能热发电站的科学选址、评估等提供理论支撑，在电站的设计、建设、生成以及后评估过程中产生经济效益。承担西北电力设计院有限公司技术服务项目“光热项目太阳能资源评估方法研究”；承担特变电工新疆新能源股份有限公司技术服务项目“创新项目《基于多维度的太阳能资源精准评估系统研究与平台开发》中的太阳能资源评估技术服务”，累计合同额 126 万元。科学合理的太阳能热发电光资源评估将有利于太阳能热发电站的科学选址，充分推进了可再生能源的开发和利用，体现了节能减排政策的优越性，而且可以彰显我国环保节能新理念，这对我国建设资源节约型、环境友好型城市，实现绿色转型，将有着极为重要的意义。

5.36 我国主要农作物生长信息监测与综合评价技术及应用

5.36.1 基本信息

完成单位：河南省气象科学研究所、国家卫星气象中心、中国气象科学研究院、国家气象中心、南京信息工程大学、中国农业大学

完成人：陈怀亮、延昊、董立新、邹春辉、马玉平、景元书、刘忠阳、李颖、冯利平、孙睿、李军玲、唐世浩、朱琳、黄淑娥、余卫东

5.36.2 成果简介

1. 成果综述

成果来源于 2009 年国家公益性行业科研专项“主要农作物生长动态监测与定量评价技术研究”、国家自然科学基金河南人才培养联合基金项目“基于高光谱特征分析的冬小麦冻害遥感监测方法研究”、河南省基础与前沿技术研究计划项目“基于 MERSI 数据的亚像元尺度夏玉米种植面积提取”等项目，以冬小麦、夏玉米及水稻等作物为对象，研究完成了作物生长与环境参数优化反演技术及长时序数据集构建、作物长势遥感监测技术、遥感—作物生长模型体系与作物生长模拟参数数据集构建、农作物种植面积提取及发育期识别模型等创新性关键技术成果，提出了气象、遥感与作物生长模型相结合的作物生长信息综合监测、影响评价技术体系与业务流程，并进行了推广应用。

2. 创新程度、学术水平或科技进步

（1）针对 FY-3 数据特点，以 GLOBCARBON、Becker 等算法为基础，研发出 1 套适用于 FY-3 数据 LAI、LST、NPP、SM 等参数优化反演技术，并基于 LACC 方法建立了各参数长时序数据集。为我国 FY-3 数据提供了作物参数标准反演算法，建立了我国华北区域作物参数标准产品，并通过中国气象局卫星气象工程向全国共享。成果为我国 FY-3 数据在农业领域的应用提供了坚实的技术基础。成果中的 LAI、LST 优化反演技术和基于 LACC 方法的时间序列数据集重建技术未见国内外相关报道。

（2）研发了具有自主知识产权的可区域应用的冬小麦生长模型 WheatSM3.0，并基于 LAI 同化方法构建了遥感—作物生长模型体系，生成了作物生长状态参数时间序列数据集，为利用作物模型动态评价作物生长提供了基础支撑。

（3）对混合像元分解提取农作物种植面积的传统方法进行优化改进，提出基于优化 N-FINDR 算法和线性混合像元分解的冬小麦种植面积提取方法、基于相似性运算和 FastICA 算法的水稻种植面积提取方法及基于光谱匹配的自适应优选线性混合像元分解算法的夏玉米种植面积提取方法。经应用验证，优化方法的面积提取精度和效率较传统混合像元分解算法有明显提升。经查新，优化 N-FINDR 和 FastICA 的面积提取算法上有独到之处，国内外未见与之相同的公开文献报道。

（4）基于遥感监测、气候适宜度评价、作物生长模型 3 种监测评价方法，采用专家知识法，将 3 种方法的监测评价结果以不同权重集成为综合的作物长势评价结果。综合评价方法中权重的设置可根据对 3 种方法生成评价数据质量的动态评价结果进行调整，具有较好的适应性。较国内外现有各自独立的单一评价方法，本研究提出的多方法集成综合性评价技术对作物生长状况的评价结果更加全面、客观、可靠。利用 IDL 编程语言建立了试验性综合评价系统和综合评价业务流程，并在业务中开展应用。

3. 成果产生的影响或转化应用绩效和贡献

成果在部分国家级和省级气象部门进行了应用，制作的产品在部分省农业技术推广部门得到了应用，取得了一定的经济和社会效益。其中，2012 年以来，基于 FY-3 数据的农作生长与环境参数反演技术在国家卫星气象中心 FY-3 工程中投入应用，为全国气象部门制作分发 LAI、VI、LST 等遥感监测数据产品；玉米面积提取模型、作物综合评价指标、遥感—作物模型等成果在国家气象中心进行了应用，编入《作物模型业务应用技术指南》并集成到 CAgMSS 作物模型系统平台，由中国气象局减灾司发文向全国推广；作物长势综合评价、面积提取及气候适宜评价等技术在河南省气象台等单位进行了应用，制作的苗情长势和墒情监测、作物产量预报、农业气象灾害监测评价等产品，通过河南省农业技术推广总站向全省推广应用，科学指导农业生产田间管理；2013 年 10 月以来，作物长势综合评价模型在山东省气候中心进行了应用，相关冬小麦、夏玉米关键生育期长势综合监测评价、产量动态预报、农业气象灾害监测评价等技术服务产品通过山东省农业技术推广总站向全省提供了服务；水稻长势遥感监测评价、水稻气象条件评价等技术通过江西、安徽省农业技术推广总站进行了服务。

5.37 夏玉米高产稳产气象保障关键技术研究与应用

5.37.1 基本信息

完成单位：河南省气象科学研究所、河南农业大学、安徽省气象信息中心、河南省气象台、中国气象科学研究院、山东省气象局、鹤壁市气象局

完成人：刘荣花、刘天学、盛绍学、余卫东、薛昌颖、李树岩、成林、邹春辉、赵艳霞、王新敏、薛晓萍、王福州、李军玲、王宇翔、吴骞

5.37.2 成果简介

1. 成果综述

基于精细化生育期气候动态综合分析，采用卫星遥感—气象综合监测相结合的技术方法，构建了夏玉米干旱、涝渍、连阴雨、大风倒伏 4 种主要农业气象灾害等级评价体系，揭示了黄淮海夏玉米生产中 4 种灾害的规律，完成了综合风险区划。建立了涝渍、大风倒伏、连阴雨灾害概念模型，基于数值天气预报与精细化降水预报产品，建立了渍涝、大风倒伏和连阴雨预报预警指标，开发了分类预报服务产品平台。研发了夏玉米高产稳产气象保障技术综合服务平台，集成创新了以“抗逆品种利用、深耕＋秸秆还田、化学控制”为核心的气象灾害综合防御技术，为政府决策和业务部门应用供了决策科学技术支撑。

2. 创新程度、学术水平或科技进步

建立了夏玉米干旱、涝渍、花期连阴雨、倒伏 4 种主要气象灾害指标体系，完成了灾害风险评估及区划。

（1）确定了夏玉米各生育阶段不同干旱等级的土壤相对湿度指标。建立了土壤相对湿度和水分亏缺指数之间的定量关系模型，发现土壤相对湿度和作物水分亏缺指数之间存在一定的定量关系，并基于此方法确定了水分亏缺指数干旱等级指标。

（2）构建了基于雨量、雨日、日照 3 个因素的夏玉米涝渍指数，根据各减产年各旬夏玉米涝渍指数确定不同减产程度下的夏玉米涝渍等级指标。用累积距平法将夏玉米涝渍分为轻度、中度、重度 3

个等级，确定了各生育阶段的涝渍等级指标。

（3）分别从日照不足（阴）、持续降水（雨）、日照不足与持续降水组合（阴雨）的角度构建灾害指标。

（4）建立了基于最大风速和过程降水量的夏玉米大风倒伏气象等级指标。

国内外关于夏玉米干旱指标中针对的生育阶段和干旱等级的划分方法等不一致。成果建立了 1 套涵盖夏玉米播种至收获各生育阶段及各干旱等级的指标，具有较强的系统性，便于在实际业务中推广应用。

已有涝渍研究多以旬或月降水量为主要参考指标，通过降水距平、Z 指数或 K 指数等分析涝渍等级，没有考虑雨量、雨日、日照等多要素的综合影响。本成果根据考虑了 3 种影响因素并结合减产率确定了不同生育时期的涝渍等级指标。

花期连阴雨的研究多利用田间试验分析不同程度的弱光逆境对夏玉米生理生态的影响，但对致灾情景没有专门的研究。本研究构建的花期连阴雨灾害指标体现了持续光照不足与持续降水对夏玉米的影响，明确了夏玉米花期连阴雨灾害的致灾因子及其等级。

在品种抗性、栽培技术等因素对倒伏发生率影响等方面有较多研究，但对夏玉米发生倒伏的外界气象条件及其不同程度的受灾指标尚缺乏成熟系统的研究。本项目根据农业气象观测报表中农业气象灾害记载及典型年大风倒伏灾害调查资料，确定了夏玉米不同生育阶段大风倒伏等级指标。

3. 成果产生的影响或转化应用绩效和贡献

该项目研究成果在河南、山东、安徽等省的气象常规业务和决策服务中，提高了服务产品的针对性，增强了服务效果，促进了业务发展。开发的“夏玉米高产稳产气象保障技术综合服务平台”实现了夏玉米主要气象灾害监测、评估与预报，能满足省级夏玉米气象灾害监测与预报业务服务需求，大大提高了省级农业气象业务人员的工作效率，在 2013 年和 2014 年的夏季干旱、2012 年 6 月豫东苗期涝渍、2014 年 9 月连阴雨、2014 年 7 月大风倒伏等灾害防御工作中发挥了重要作用，共发布相关服务材料 30 余期，其中有 4 期得到省政府主要领导批示。

集成创新了夏玉米“旱涝阴倒”综合防御技术，在河南、山东、安徽等粮食主产区选择试点进行推广应用，河南、山东累计推广面积均在 400 万亩以上，新增效益分别达 2.13 亿元和 1.59 亿元。2012—2017 年在河南省 50 余个试点县开展夏玉米农业气象适用技术示范推广工作，针对不同地方夏玉米生产中出现的农业气象灾害，项目组有针对性地提供生产建议和防御措施，实现了科研成果的快速转化。河南农业大学在中央人民广播电台、中国乡村之声、河南人民广播电台、河南电视台等开展玉米减灾稳产技术咨询讲座 16 期，培训河南省基层农技人员。

5.38 新舟 60 人工影响天气飞机任务系统

5.38.1 基本信息

完成单位：中国气象局人工影响天气中心、中航西飞民用飞机有限责任公司、江西新余国科科技股份有限公司、陕西中天火箭技术股份有限公司

完成人：李集明、陈宝君、陈添宇、殷占福、李宏宇、李德泉、周旭、高扬、苏海周、张骁拓、张荣、纪三红、丁亚修、赵华、李恒、王璞、朱科平、龚毅、李健、武玉忠、孙永涛

5.38.2 成果简介

1. 成果综述

2012 年和 2017 年，国家发改委先后批复“新增千亿斤粮食工程东北区域人工影响天气能力建设工程”“西北区域人工影响天气能力建设”项目，新舟 60 人工影响天气飞机为工程核心建设任务，是最重要、最关键的技术装备。该飞机任务系统集催化作业、云宏微观探测、空地实时通信、集成任务系统等模块于一体，且各模块均采用双重或多重备份的创新设计，保证系统安全可靠。通过两工程的优化迭代，解决进口机载设备集成改装软硬件“卡脖子”问题，实现多种催化装备组合优化，攻克人工影响天气开展不同云系部位和作业目的等关键技术，提高了人工影响天气作业的科学性；加装的机载探测设备，实现云降水研究、气溶胶—云、人工影响天气作业效果评估等研究领域原位探测的突破。

2. 创新程度、学术水平或科技进步

新舟 60 人工影响天气飞机是基于国产支线客机平台，进行探测、催化、通信和集成等系统的加改装，应用于人工影响天气的专用飞机，是国内首批国家级高性能增雨飞机，已投入东北、西北区域人工影响天气业务运行。其创新性、科技水平和成熟度如下。

创新性：（1）首次实现国产中程客机经过必要的加改装应用于人工影响天气行业，并取得了通用航空补充型号合格证（STC）证书。（2）首次实现 4 种人工影响天气机载催化剂播撒装备的集成。研制应用了焰条、焰弹、制冷剂和吸湿粉剂 4 类机载播撒装备，实现 4 种催化手段的同机集成，能够满足不同作业对象以及云层不同部位精准催化作业的需要，实现了对冷云、暖云单类作业和双类混合作

业，可对目标云定时、定点和定量播撒作业，大大提高人工影响天气作业的精准性。（3）首次实现进口机载设备数据采集及集成显控软硬件的国产化，解决关键应用的“卡脖子”问题。系统集成的机载云、气溶粒子测量系统，可实现实时连续的云微物理特征量探测，通过任务系统进行催化作业条件的自动化、智能化识别，提高了人工影响天气作业的科学性，为作业和催化效果监测评估提供重要观测基础。（4）首次实现空地多功能、一体化通信。系统应用了海事卫星和北斗双套空地通信技术，具备地面—飞机、飞机—飞机间一体化实时通信、指挥与监控功能，能够实现数据、文本、音视频等各类信息的实时交互，提高了飞机作业指挥决策的时效性和科学性。

技术水平：总体技术水平达到国际先进、国内领先，其中机载播撒、空地通信和系统集成技术达到国际领先水平。

成熟度：新舟 60 人工影响天气飞机分别于 2015 年和 2021 年先后投入业务运行，充分发挥了其续航时间长、催化能力强、一体化探测指挥和跨区域作业等高性能优势，既开展了不同需求的作业，又作为空中实验平台参与多项科学试验。截至 2022 年 4 月，累计作业飞行近 800 架次，作业服务遍及 10 余个省市，参与 20 余次重大气象服务、应急保障和科学探测试验等任务。

3. 成果产生的影响或转化应用绩效和贡献

新舟 60 人工影响天气飞机投入运行以来，在抗旱减灾、缓解水资源紧缺、改善区域生态环境、国家重大活动和应急服务保障等多方面发挥出了积极作用，并对全国其他区域人工影响天气工程和地方人工影响天气作业能力建设起到示范作用，前景广阔。

2016 年春季，该飞机在吉林增雨作业 19 架次，共累计增加降水 11 亿 m^3，是任务系统投入业务运行后首次发挥经济和社会效益，为抗旱增雨、改善大田土壤墒情发挥了重要作用。此后，该任务系统在常驻省开展常态化作业，在防灾减灾、农业生产、水库蓄水和生态保护等方面发挥了关键作用。

2016 年 9 月，新舟 60 人工影响天气飞机以宁波栎社机场为基地，参加 G20 杭州峰会保障任务，为投入运行以来首次参加重大活动服务保障，为确保重要时段的良好天气要求，起到了重要作用，效益显著；随着新舟 60 人工影响天气飞机运行机制的不断完善，相继在中国人民解放军建军 90 周年，中华人民共和国成立 70 周年，第 13 届、第 14 届全国运动会，第 1 届、第 2 届、第 3 届、第 4 届上海进博会，毕拉河“5・2”森林火灾、华南前汛期季风 / 台风强降水协同观测试验、2018 郑州航展等重大活动及应急气象保障任务、科学试验和科普宣传中发挥重要作用，社会、经济和生态效益显著，文化价值凸显。

5.39 云降水精细处理分析技术与人工影响天气决策指挥系统（CPAS）

5.39.1 基本信息

完成单位：中国气象局人工影响天气中心、北京晨景科技有限责任公司

完成人：周毓荃、侯明生、蔡淼、史月琴、王飞、孙晶、刘卫国、陶玥、李琦、李德泉、李抗抗

5.39.2 成果简介

1. 成果综述

人工影响天气理论基础是云降水物理，云降水实时精细的认识，是人工影响天气作业成功的关键。然而长期以来缺少基于云物理处理分析的人工影响天气作业指挥技术及业务平台做支撑，制约着人工影响天气作业的科学性。本成果历经近10年攻关，在行业专项“层状云人工增雨作业条件识别和效果分析技术”、国家重点研发计划“云水资源评估研究与利用示范”等科研和卫星工程先后支持下，创研了以云物理处理分析技术为核心的云降水精细处理分析与人工影响天气决策指挥系统（CPAS）。创建多源观测云物理参量提取和分析技术；提出人工影响天气“五段业务”关键技术，多项技术取得突破，形成成套的实时业务技术；作为核心业务平台，在全国人工影响天气及相关行业推广。

2. 创新程度、学术水平或科技进步

针对制约我国人工影响天气科学作业的重大瓶颈，围绕云降水实时精细处理分析技术、人工影响天气“五段业务”关键技术和人工影响天气决策指挥平台研发等方面，取得多项创新成果：

（1）基于星—空—地多源观测，创建云物理特征参数的提取和云结构融合分析技术及产品，提高人工影响天气云物理监测分析能力。融合实时探空，创新发展云结构特性参数卫星反演技术；创建探空云结构分析技术和云场诊断方法；发展飞机云物理和过冷水分析技术；创研四维云结构融合分析技术。

（2）提出人工影响天气“五段业务”关键技术，在作业条件预报分析、过冷水监测识别、基于扩散传输的充分连片作业设计、区域移动多参量效果检验方法等多项技术上取得突破，形成成套的实时

业务技术。创建人工影响天气作业条件多模式预报分析技术和作业预案分析方法。提出了人工增雨和防雹多尺度概念模型构建技术思路，创建了作业条件识别方法和作业指标体系。提出不同作业方式催化剂扩散传输解析计算方案，首创人工影响天气充分连片播撒的作业设计思想和不同条件下的作业设计，提高全国人工影响天气设计和作业质量。研究基于催化剂扩散的区域移动多参量作业效果物理检验方案，实现针对单次 / 过程人工影响天气作业的实时效果评估。

（3）首创云降水精细处理分析和决策指挥系统（CPAS），将创新技术和方法进行有效集成，具备多源多尺度云降水物理的监测和预报的精细实时综合加工及分析处理功能，并实时稳定运行。首次实现作业决策指挥和效果分析等人工影响天气“五段业务”功能，支撑各级人工影响天气业务实时运行，在国内外都属首创，对提高我国人工影响天气科学性、减少盲目性发挥关键的作用。

（4）围绕特定目标人工影响天气关键技术，发展 CPAS 重大服务版，移植应用多领域，有效支撑重大活动、应急人工影响天气保障以及改善空气质量等服务。结合最新科研成果，进一步发展特定目标区云水资源耦合开发利用的关键技术和决策指挥功能。

（5）发展 CPAS 科研、业务、服务和培训不同专业版本系列，推进我国人工影响天气业务现代化建设，支撑服务科研业务及人才培养。

3. 成果产生的影响或转化应用绩效和贡献

该成果获得软件著作权 8 项、专利 1 项，发表相关论文近 30 篇，产品业务发布 2 项，技术工作指南 3 项。2015 年，CPAS 平台收录了中国气象局业务现代化创新项目，2019 年，云降水精细处理分析技术和系统（CPAS）获中国气象学会气象科学技术进步成果一等奖。在全国人工影响天气业务及其他相关行业得到广泛应用，全国 28 个省、660 个市县级移植应用 CPAS，支撑全国人工影响天气业务近 10 年，有效推进人工影响天气业务现代化体系构建。发展 CPAS 不同专业版本系列，服务业务、科研和服务。凝练提出人工影响天气业务系统功能设计，形成行动方案和技术指南发布全国，推进人工影响天气业务现代化建设。发展科研版，支撑云物理研究，不同学者利用平台功能发表文章近 30 篇。发展业务版，国家版 CPAS_WMC 实现国家级人工影响天气业务从无到有全面开展；东北区域版 CPAS_NE，实现区域、省、市、县一体化人工影响天气业务，示范全国。发展重大服务版，在消减雨、增雨扑火和增雨减污等重大服务中取得突出成效。应用在近 50 次重大活动和应急服务一线，发挥关键作用。该成果在防灾减灾、生态文明建设及重大活动等人工影响天气服务中发挥重要作用，还应用在国产大飞机、直升机自然结冰试验中，取得明显的社会经济效益。

5.40 智能气象服务产品自动加工关键技术研发与应用

5.40.1 基本信息

完成单位：中国气象局公共气象服务中心

完成人：唐卫、王慕华、丰德恩、渠寒花、郑江平、郝江波、袁亚男、王天岳、李蔼恂、梅钰、冯宇星

5.40.2 成果简介

1. 成果综述

“十三五”期间，气象服务内容生产面临内容话题性不够、表现形式个性化不足、支撑软件依赖进口、产品智能化不足的问题。针对以上问题，智能气象服务产品自动加工关键技术研发与应用，依托国家重点研发计划“科技冬奥”、中国气象局山洪地质灾害防治气象保障工程建设等项目支持，聚焦气象服务智能化引擎研究、天气服务热点自动发现、智能构建复杂业务模型和服务场景自适应，开展气象服务图形图表文本产品加工关键技术研究，实现气象服务内容个性化包装和多元化呈现；开展气象服务文本生成关键技术，实现气象服务文稿自动生成，研发自主化气象服务产品加工与应用技术，开展智能化智慧气象服务。

2. 创新程度、学术水平或科技进步

智能气象服务产品自动加工关键技术研发与应用研究方面创新点如下：

（1）技术创新。智能化赋能气象服务产品生产模式转型升级。针对传统气象服务产品服务热点不精准、服务产品同质化严重、生产效率低下等“卡脖子”问题，成果实现了技术上国内领先。

（2）业务创新。构建气象服务一体化产品加工中心。打造了由气象服务热点挖掘、业务建模、产品制作和共享传播的一体化气象服务业务流程。

（3）应用创新。多场景气象服务应用智能适配。制作开放式气象服务产品框架，支持公众气象服务、行业气象服务、春运保障、防灾减灾等各个气象服务领域。

与国内外同类先进技术的比较：

（1）首次研发了气象图形产品可视化概念模型和过程模型，实现服务产品的个性化和分众化表现。该技术能够实现国、省、市级业务图形图表产品生产耗时从小时级缩短为秒级，人力成本从每天10 人次缩减至 1 人次，制作产品日服务量增加 4 倍，大大提升了工作效率，减少了人力成本。

（2）在气象领域首次提出了知识引导的数据—文本生成技术框架。该技术框架在北京 2022 年冬奥会和冬残奥会期间，能够智能自动完成场馆服务专报通报近 80% 的内容，较人工编写通报不仅高效且提高了准确度，支撑了日常逐小时、每日 2 ～ 3 次或重大天气服务应急状态下的通报文本生成任务，累计制作专报超 1000 余期。得到了一线预报员反馈的高度评价，大大提高了一线预报员的工作效率，在多次开幕式演练、雪务保障及正式活动期间发挥重要作用。

3. 成果产生的影响或转化应用绩效和贡献

研发成果得到了该领域专家的应用论证，并在全媒体及冬奥气象保障服务领域业务化应用，具备较高的技术成熟度。提供的全媒体气象服务产品很好地支撑了 CCTV1、CCTV4、凤凰卫视、新华社、中国天气网等主流媒体、微信和微博等平台，并在交通、保险、农业等多个领域得到应用。同时在云南、青海、浙江、北京、兴安盟、嘉兴等 10 余个省市（盟）气象服务部门本地化部署应用，助力国、省、市三级全媒体服务产品内容生产的业务升级。智能气象服务文本产品自动加工关键技术研发与应用属于全媒体应用领域，应用于华风影视国内气温天气稿件，欧洲、北美天气稿件的自动化撰写，在冬奥会期间，面向冬奥主运行中心（MOC）及北京、延庆及张家口三大赛区应用的 13 个竞赛及非竞赛场馆，开展赛区及场馆中英文服务专报自动化、智能化、按需生成，获一线预报员广泛好评，成为专报制作的“必点按钮”。

相关成果获得省部级奖励 2 项，中国气象局第二届创新服务大赛三等奖和地理信息科技进步二等奖，获得专利 3 项、软件著作权 3 项，发表科技论文 5 篇，其中 SCI 论文 1 篇，核心论文 3 篇。

5.41 主要粮食作物重大农业气象灾害监测预警与防控技术

5.41.1 基本信息

完成单位：中国气象科学研究院、中国农业科学院作物科学研究所、中国农业科学院农业资源与农业区划研究所、全国农业技术推广服务中心

完成人：霍治国、赵艳霞、郭建平、王培娟、王春乙、董志强、李茂松、鄂文弟、刘建栋

5.41.2 成果简介

1. 成果综述

本成果在国家科技攻关计划、国家科技支撑计划、国家自然科学基金的支持下，聚焦严重制约国家粮食安全和农业可持续发展的主要粮食作物重大农业气象灾害，针对指标缺乏或适用性差、实时监测与精细预警服务系统缺乏、预警服务与生产防控配套集成度低等技术瓶颈，围绕灾害监测预警与防控技术开展科技攻关，突破了农业气象灾害等级指标创建、实时监测、精细预警、主动防控四大关键技术，创建了小麦、水稻、玉米三大粮食作物干旱、低温、洪涝灾害监测预警评估方法和技术体系，研发了重大农业气象灾害服务系统，研创了系列配套的灾害防控技术与产品，在粮食主产省推广 12450 万亩，减少粮食因灾损失 73.11 亿 kg，挽回经济损失 118.46 亿元。

2. 创新程度、学术水平或技术进步

（1）较早提出了作物干旱、低温、洪涝灾变过程解析新方法，创建和发展了主要粮食作物重大农业气象灾害等级指标体系 综合运用人工控制与野外观测试验、历史灾情反演、数据挖掘等技术方法，提出了表征作物干旱、低温、洪涝灾变过程的干旱胁迫指数、热量指数、当量降水量概念，量化了过程致灾因子与持续时间变化对作物气象灾变过程的动态贡献效应，突破了基于灾变过程的指标阈值厘定的技术难题，创建了具有农学意义的冬小麦干旱识别指标、玉米和水稻洪涝与冷害等级指标，灾害等级识别准确率平均提高 10% 以上，制定国家 1 项、气象行业标准 2 项。

（2）创建了多模型和多方法集成的灾害实时监测、精细预警、等级预测与风险动态评估技术，解

决了重大农业气象灾害监测预警预测与风险动态评估的应用难题，提升了农业气象业务服务的科技水平，提出了作物模型多尺度信息同化方法，研发了基于作物模型与农田小气候数值模拟的灾害实时监测技术，创建了集成数值天气预报、区域气候模式、作物模型与数理统计等方法的灾害精细预警与等级预测技术，建立了基于灾害风险四要素的量化评估模型。中国主要粮食作物产区干旱与低温灾害实时监测准确率由 75% 提高到 85% 以上，未来 1~10 天农业气象灾害格点预警准确率达 80%、等级预测准确率由 70% 提高到 80%，建立了重大农业气象灾害服务系统，为国省级农业气象业务提供了有力支撑。

（3）揭示了重大农业气象灾害致灾机理与生化调控机制，研创了系列配套的灾害防控技术与产品，在全国大面积推广应用。从不同灾种导致的植株激素生理—逆境生理—代谢生理—表观形态—产量品质构成要素劣变等角度，阐明了作物干旱、低温、涝渍灾害的致灾机理与生化调控机制，研发了小麦和水稻抗低温抗倒伏增产调节剂及其制备方法，其转化产品“吨田宝”已取得农业农村部肥料登记认证，研创了灾害预警与抗逆调节剂主动施用的配套应用技术，减灾增产 8% 以上。在黑龙江、吉林、河南等 9 省推广 12450 万亩。

3. 成果产生的影响或转化应用绩效和贡献

（1）农业气象灾害监测预警服务在生产防灾减灾中发挥了重要作用 重大农业气象灾害监测预警评估系统已成为中国气象局农业气象业务服务系统之一，显著提升了灾害监测预警预测的准确率和时效性。2008 年起，连续向农业农村部种植业管理司提供农业气象灾害监测预警评估等服务信息，为全国粮食生产防灾减灾工作赢得了时间，争取了主动，为保障国家粮食安全提供了有力支撑，高效推进了国家农业气象防灾减灾部门联动与密切合作机制的形成。

（2）农业气象灾害监测预警信息、防控产品与技术极大地增强了灾害防控的主动性、针对性和可操作性，减灾增产效益显著 研发的《含氨基酸水溶肥料》获农业农村部肥料登记认证（商品名“吨田宝”），提高了作物抗旱、抗冻、抗倒伏能力，增产 5% ～ 15%。全国农业技术推广服务中心发文，“吨田宝”化控产品在小麦产区推荐列入“一喷三防”施用药剂名单，在水稻和玉米产区推荐列入农业防灾减灾促早熟施用产品名单。基于农业气象灾害监测预警服务信息，“吨田宝”在全国 9 个粮食主产省累计推广 12450 万亩，减少粮食因灾损失 73.11 亿 kg，挽回经济损失 118.46 亿元，实现了农业气象灾害监测预警与农业防控的有机结合，社会经济效益显著。

第6章

综合气象观测

6.1 风云三号黎明星资料地面接收和处理系统研制

6.1.1 基本信息

完成单位：国家卫星气象中心、中国气象局地球系统数值预报中心

完成人：张鹏、胡秀清、孙凌、徐娜、陆其峰、朱爱军、陈林、林曼筠、漆成莉、杨磊、张效信、赵现纲、商建、窦芳丽、徐喆、刘健、黄聪、贾树泽、郎宏山、卫兰、裘奕、程朝晖

6.1.2 成果简介

1. 成果综述

原创性提出极轨卫星黎明星观测概念，完成了风云三号黎明星（FY-3E）需求论证、使用要求编制、地面应用系统设计、建设和业务化运行任务，建成了全球唯一的黎明、上午、下午三星组网极轨卫星业务体系；解决了晨昏轨道复杂温度和光照条件下的资料预处理技术，实现了遥感仪器的高精度定位定标和全流程质量监控；攻克了低光照定量遥感难题，实现了主被动、多谱段融合的定量产品处理，显著提升了海面风矢量、大气温湿廓线等产品精度；突破和完善了国内首台天基太阳望远镜的资料处理技术，实现了 X-EUV 太阳成像和可见光红外太阳光谱测量与综合应用。FY-3E 填补了黎明和黄昏时段卫星观测资料的空白，为全球数值天气预报精度和时效改进做出了中国贡献。

2. 创新程度、学术水平或技术进步

风云三号黎明星共安装了 11 台遥感仪器（3 台新研、7 台改进、1 台继承），国际上首次实现了黎明 / 黄昏时段高精度大气温湿度垂直探测、有源雷达与导航卫星反射观测的高精度联合风场探测、X-EUVI 全太阳成像和精细光谱 / 总太阳辐照度的联合应用。在国内首次实现了宽幅、大动态范围的黎明 / 黄昏全球微光成像探测，还实现了空间粒子、磁场和电离层等空间天气综合监测，卫星观测资料整体达到国际先进水平，实现了对地综合探测的新跨越。FY-3E 地面系统突破双频双极化风场测量雷达亚像元级定位技术和全流程定标技术。针对黎明星晨昏太阳光照和温度条件复杂的轨道特点，研制了微光通道三增益观测图像辐射一致拼接算法和星上漫透板衰减订正的定标算法。针对红外高光谱探测仪太阳污染问题，独创建立了太阳自动规避的多观测模式智能辐射定标技术。构建了 X-EUVI 空间天气业务化处理流程，原创性提出采用旋转平场法、霍夫变换法、光流法和时间轴平滑

法的 X-EUVI 图像精细几何校准和质量提升，填补了我国在该领域的技术空白。突破全球高时效星地全链路系统的健康诊断和质量控制技术，建立了多平台协同、多源互补、反馈闭环的运行和数据质量保障，提高了实时业务和数据质量自动化标准化水平，黎明星业务数据质量达到世界一流水平。联合双频双极化主动雷达和全球三类导航卫星掩星－反射探测仪，突破贝叶斯二维变分去模糊的多波段联合反演等关键技术，研发了加权最大似然代价函数的海面风速反演算法，实现了主被动联合矢量风场的反演与融合应用，提升了海面风速的最大探测范围和大风观测资料盲区，达到国际先进水平。突破了高光谱红外、多通道微波和掩星资料的温湿度廓线反演技术，原创性提出了快速分段定义的神经网络方法，实现全天空条件下的大气温湿度廓线准确反演，掩星观测反演的弯曲角、折射率、温度和水汽的精度达到国际领先水平，提升了风云气象卫星大气温湿度廓线产品在天气预报和分析中的应用能力。

3. 成果产生的影响或转化应用绩效和贡献

风云三号 E 星的成功发射和业务运行，发展和完善了我国现有气象卫星业务观测体系，提升了风云气象卫星的国际影响力。它与在轨上、下午轨道卫星完成三星组网，使我国成为首个实现 WMO 提出的“2040 年全球卫星观测愿景”基线配置国家，实现每 6 h 全球卫星资料完全覆盖，满足 NWP 6 小时同化窗要求，有效提高和改进预报精度和时效。 风云三号 E 星迄今为专业用户及全球用户提供了约 2.5 亿个文件、超过 2.7 PB 的数据，用户单位涵盖 10 多个行业，国际用户超过 20 个国家。FY-3E 数据在“灿都”台风等灾害天气监测、夏威夷冒纳罗亚 / 汤加等火山活动、太阳“海啸”极紫外波等空间天气监测中发挥了重要作用。在国际民航组织全球空间天气中心值班简报业务中持续使用 X-EUVI 图像产品，并支持国家天文台等多个科研团队的太阳活动研究。 风云三号 E 星的微波温度 / 湿度计、HIRAS-II、风场雷达资料已在中国气象局全球同化预报系统的应用效益评估显示，在全观测基础上同化 FY-3E 观测资料可有效提升模式分析和预报场的精度。微波温度计 / 湿度计资料已于 2022 年实现在 CMA-GFS 中的业务应用，HIRAS 和风场雷达资料计划于 2023 年下半年实现业务。

6.2 风云三号卫星微波成像仪观测资料偏差溯源和订正方法

6.2.1 基本信息

完成单位：中山大学、国家卫星气象中心、上海航天测控通信研究所

完成人：谢鑫新、谷松岩、俞伟敏、孟婉婷、董克松

6.2.2 成果简介

1. 成果综述

在国家自然科学基金项目“微波成像仪升降轨偏差订正方法研究”支撑下，针对 FY-3 微波成像仪天线口面定标特殊体制自主研发了观测资料偏差溯源和订正体系，攻克了微波成像仪定标瓶颈技术，为精细化天气预报和气候研究提供了高精度高稳定度微波资料保障。

解决的关键技术有：（1）微波成像仪升降轨偏差物理订正，升降轨偏差从 2 K 降低至 0.2 K。（2）热镜背瓣辐射污染订正，海陆边界亮温定标误差减小 1 ～ 2 K。（3）非线性时变特性订正，微波观测资料年际定标偏差减小了 0.8 K，平均亮温衰减优于 0.1 K/ 年。（4）在轨不确定度模型构建，系统全面溯源分析了观测资料误差成因，推动了微波资料定量化应用。

2. 创新程度、学术水平或科技进步

围绕提高 FY-3 微波成像仪在轨观测资料精度的根本目标，聚焦其天线口面定标特殊体制，在国内外率先提出了有效实用的观测资料偏差溯源和订正体系。通过订正微波成像仪热镜热辐射特性、背瓣效率和接收机双参数非线性依赖影响，溯源分析了在轨不确定度因素，显著改善和提高了观测数据精度和稳定性，实现了微波成像仪在轨观测资料偏差订正技术创新。

经偏差订正后的 FY-3 微波成像仪观测资料质量有了显著提升，满足了气象和气候等研究对高精度高稳定度微波资料的迫切需求。成果创新性和先进性具体如下：

（1）针对 FY-3 微波成像仪天线口面定标系统特殊设计，创新构建了在轨热镜辐射物理模型，有效去除了仪器升降轨偏差。订正后的微波成像仪升降轨偏差均值约为 0.2 K，升降轨精度达到国际领

先水平。该成果的有效性和可靠性得到了英国气象局等权威机构的充分检验和验证。

（2）针对微波成像仪背瓣辐射污染问题，构建了微波成像仪背瓣效率订正方法，有效减小了海陆边界增益跳变，缓解了海陆边界亮温偏离。海陆边界亮温偏差减小了 1 ～ 2 K，达到了国际同类仪器水平。

（3）针对微波成像仪亮温非线性时变模态，在传统单参数亮温非线性模型的基础上，先于欧美提出了仪器温度和自动增益的双参数模型，解决了微波资料由于仪器参数时变引起的非线性时变。订正后微波成像仪年际平均亮温衰减优于 0.1 K，与国内外同类仪器长期亮温变化水平相当，满足了气候变化长期监测的精度需求。

（4）立足 FY-3 微波成像仪独有天线口面定标系统和仪器观测机理，系统全面溯源分析了微波成像仪观测资料误差成因，推动了高精度微波资料定量化应用。

3. 成果产生的影响或转化应用绩效和贡献

微波成像仪观测资料偏差溯源和订正体系显著提高了仪器在轨观测资料精度。订正后的微波资料为精细化全球数值天气预报和气候变化监测等研究提供了精确数据和科学依据，在推动微波遥感载荷技术进步和微波定量化应用中发挥了极其重要的作用。英国气象局在发布的研究技术报告和相关论文中均多次提到，微波成像仪观测资料已经成功消除了升降轨偏差，数据质量有了很大提升。中国气象局数值天气预报中心的同化结果也表明经过订正的微波成像仪观测资料对同化系统的贡献是不可或缺的。

该成果为我国深入研制和开发高精度星载微波探测系统提供了可靠的技术支持，也为我国卫星气象观测网的技术研发、完善和改造提供了有力的科学支撑。成果已在相关卫星研制项目中得到了广泛的应用和推广，已成功应用于 FY-3 微波业务系统研制，并已推广到 FY-4 微波星主载荷工程研制和多项国家及省部级预先研制项目中。

6.3 国产多系列遥感卫星历史资料再定标技术

6.3.1 基本信息

完成单位：国家卫星气象中心、中国资源卫星应用中心、国家卫星海洋应用中心、中国科学院合肥物质科学研究院、北京理工大学、国家测绘地理信息局卫星测绘应用中心、复旦大学、中国科学院光电研究院、国家海洋技术中心、中国科学院国家空间科学中心、中国科学院上海技术物理研究所、武汉大学、中国科学院西安光学精密机械研究所、国家海洋局烟台海洋环境监测中心站、中国科学院遥感与数字地球研究所、上海航天测控通信研究所、哈尔滨工业大学深圳研究生院、西安空间无线电技术研究所

完成人：张鹏、胡秀清、谷松岩、闵祥军、宋庆君、孙凌、徐娜、陈林、赵现纲、咸迪、韩启金、杨磊、刘建强、卢乃锰

6.3.2 成果简介

1. 成果综述

国产遥感卫星最长已有近 30 年连续观测，卫星换代和载荷升级使新旧观测数据在精度、稳定度、一致性等方面参差不齐，无法满足长时间序列气候和环境变迁研究的基本需求，为加强国产卫星观测对气候变化研究的科技支撑，在国家重点研发计划支持下形成了“国产多系列遥感卫星历史资料再定标技术”项目，通过深度挖掘气象、陆地、海洋等多系列国产卫星历史数据资源，突破遥感载荷辐射基准溯源、寿命期特性演变、代际基准传递、历史数据质量再分析等关键技术，建立历史资料再定标技术标准和规范，研发 PB 级数据密集型快速再处理平台，生产最长达 30 年的我国多系列卫星初级气候产品和不少于 5 种典型专题产品，实现产品验证和共享示范。

2. 创新程度、学术水平或科技进步

项目通过外场试验与大数据机器学习相结合全面评估了我国多种目标的准不变特征，甄选了我国特有的西北地区沙漠、青藏高原永久冰川、南海寡营养海区、云南热带雨林等多种光学和微波准不变场地，补充完善了国际通用基准场地在中国区域的空白，建立了满足国产卫星历史资料再定标的全谱段辐射参考基准。首次提出了遥感仪器定标全数字孪生思路，建立了全链路辐射定标物理模型，实现

了数字化仿真。基于多源辐射参考基准，建立了宽动态范围全寿命辐射响应衰变模型，相关技术成果均用于国产遥感仪器历史资料再定标处理。

构建了海量资料分析和再处理平台，完成了气象、海洋、资源 3 个系列 28 颗国产遥感卫星 15 种遥感仪器历史数据质量诊断和基础辐射数据集、典型产品专题库建设，并已在遥感科研和业务用户中推广试用，包括：（1）完成时间跨度 9 年的海洋卫星的基础气候产品数据集以及时间跨度达 9 年的叶绿素产品、跨度 8 年的海面高度、海面风场在内的海洋卫星专题产品数据集；（2）完成了跨度 20 年的陆地系列 9 颗卫星 18 个遥感仪器再定位数据集，4 类载荷 10 m 级分辨率（14 年）、20 m 级分辨率（22 年）、2 类载荷优于 30 m 级分辨率（12 年）地表反射率和 1 类载荷地表温度（10 年）的专题产品数据集；（3）完成时间跨度 30 年的风云系列 13 颗卫星 7 类遥感仪的基础气候产品数据集以及射出长波辐射、海温、陆温、植被指数 4 种产品在内的气象卫星专题气候产品数据集。

形成了遥感卫星长时间序列历史数据再处理规范，通过全国卫星气象与空间天气标准化技术委员会（SAC/TC347）、全国遥感技术标准化技术委员会（SAC/TC327）联合推荐，正在申请国家标准。项目为研制的所有基础气候数据集和专题气候数据集注册了国际数字对象唯一标识符（DOI），按照 DOI 标准要求完成了文档整理，发表了 70 余篇高质量论文。

3. 成果产生的影响或转化应用绩效和贡献

全谱段辐射参考基准、宽动态范围全寿命辐射响应衰变模型、长序列数据质量评估体系、质量评估与诊断集成化平台技术成果已反馈应用于风、云、资源、海洋多系列卫星的地面工程系统建设，支撑三大卫星系列业务资料提升。基础气候数据集在多个科研团队试用，支撑了 28 个机构和项目组的科研工作，在要素反演和气候分析领域取得良好效果，形成了一系列基于我国自主卫星数据及自主算法体系的长时间序列气候要素数据集，具有良好的气候变化表征能力，拓展了国产卫星自主数据的遥感应用范围和深度。资源卫星数据集在多家单位的应用证明成果在资源调查、农业保险、林业调查、城市规划等方面的应用价值。海洋卫星数据集的应用证明该成果在海洋碳循环、全球海洋 ENSO 事件、海平面上升、近海绿潮年际规律探索、溢油事件捕捉等方面具有广泛应用前景。气象卫星数据集已提供给多个单位的研究团队，支撑开展了 10 余个物理参数数据集再研发的研究，表明再定标数据满足相关参数反演需求，支撑开展了数据气候评估分析等方面的研究，结果表明数据集 ENSO、MJO 等气候事件中的应用效果与国际主流气候数据集表现能力相当，在极地、青藏高原、陆表、海洋监测与气候研究等方面具有广阔的应用前景。

6.4 空间辐射测量基准源研制

6.4.1 基本信息

完成单位：国家卫星气象中心、中国科学院上海技术物理研究所、中国科学院合肥物质研究院、中国科学院长春光学精密机械与物理研究所

完成人：张鹏、丁雷、郑小兵、叶新、卢乃锰、胡秀清、陈林、徐娜、闵敏、王玉鹏、李健军、吴荣华、张璐

6.4.2 成果简介

1. 成果综述

成果依托 863 计划地球观测与导航技术领域“空间辐射测量基准源研制”项目，提出了空间辐射测量的新概念，突破了星载超高精度可见光和红外辐射源研制以及基于月球源可见光定标关键技术。构建了控温稳定度优于 0.01 K 的红外绝对辐射温度基准源系统、绝对响应度不确定度优于 0.3% 的可见光自校准辐射基准源系统、不确定度优于 0.2%（＜ 1600 nm）和 0.5%（＞ 1600 nm）的太阳光谱辐射基准溯源系统研发，并完成原理样机研制；研制了基于月球反射的可见光谱段月球定标技术系统，实现在轨卫星定标检验，系统投入业务应用，不确定度优于 3%。

2. 创新程度、学术水平或科技进步

瞄准国产卫星在轨高精度定标和稳定度的迫切需求，提出了空间辐射基准测量的概念，突破了星载超高精度可见光和红外辐射源研制以及基于月球源可见光定标等一系列关键技术创新。主要创新点包括：

（1）提出的基于控制辐射的在轨比辐射率测量方法和基于微型镓相变点的温度传感器在轨校准方法，成功研制了基于水、镓、镓—铟、镓—锡等多套微型相变固定点，研制了红外绝对辐射源样机 1 台，控温稳定度优于 10 mK，温度不确定度 8.4 mK，可用于卫星红外波段空间辐射基准，国内外文献未见报道。

（2）在国际上率先进行了辐射观测与自校准一体化体制研究，证明了绝对辐射测量精度不受光路透过率和探测器量子效率衰变影响，为工程研发太阳反射波段空间辐射测量基准载荷奠定了技术基

础。研发了绝对响应度不确定度优于 0.3% 的可见光自校准辐射基准源系统。

（3）完成了空间低温辐射计研制、单色太阳基准源光源、基准溯源与传递链应用、太阳光谱辐射基准评价与验证等技术研究；突破了基于空间低温辐射计的高精度太阳光谱辐射基准建立及传递关键技术，构建了以太阳为光源、可溯源至国际基本单位的高精度天基太阳光谱辐射基准系统（不确定度优于 0.2%（＜ 1600 nm）和 0.5%（＞ 1600 nm）)，并完成了原型样机研制、仿真与地面实验验证。

（4）针对国产遥感卫星在可见光谱段定标精度和稳定度差的短板，完成了月球预测月报模型研制，建立了自主全月盘月球照度模型和网格化月球辐射模型，月面分辨率达到 1° ×1° ，提升了国际上对月球辐射模型的定量描述水平。

基于自主月球辐射模型的高精度可见光谱段月球定标技术系统，实现在轨卫星定标检验，系统投入业务应用，不确定度优于 3%，将现有定标频次从 1 年 1 次提升到 1 月 1 次，为国内首创。该系统提升了对在轨卫星遥感器辐射响应稳定度的监测能力，丰富了风云气象卫星可见光波段的定标手段，从而保证了业务卫星数据能够在全球应用。

3. 成果产生的影响或转化应用绩效和贡献

成果填补了可溯源的高精度、高稳定度星载定标设备的国内外研制空白，填补了太阳反射波段月球定标方法的国内技术空白，使我国在高精度地球观测领域处于提升至国际领先水平，并为今后探索和推动空间测量基准卫星的研发奠定了必要的技术储备。

多项成果已经应用于风、云、海洋、资源等对地观测卫星的星上定标器设计与定标中，比辐射率在线测试技术和高精度测温元件溯源应用于风云卫星红外载荷。基于自主月球辐射模型的高精度可见光谱段月球定标技术系统，实现在轨卫星定标检验，系统投入业务应用，不确定度优于 3%，将现有定标频次从之前的 1 年 1 次提升到 1 月 1 次。

本项目解决了近期红外和太阳反射波段空间辐射基准设计研制关键技术，奠定了远期空间辐射基准载荷核心技术基础。正因为此项工作的重要意义，为持续推动空间辐射测量基准的研制，在 863 计划的基础上，国家重点研发计划地球观测与导航技术领域设置了空间辐射测量基准与传递定标技术下一个项目群，并作为国家重点研发计划、国家自然科学基金等项目论证的关键技术基础，引导科研经费投入近 2 亿元，带动了一大批基础科研力量成长。

6.5 雷电探测技术研发应用与雷击机理新认识

6.5.1 基本信息

完成单位：中国科学院大气物理研究所

完成人：郄秀书、蒋如斌、杨静、孙竹玲、王东方、刘明远、刘冬霞、张鸿波、袁善锋、徐晨

6.5.2 成果简介

1. 成果综述

雷电具有高电压、大电流、强电磁辐射特征，是威胁人民生活和国民经济各个领域的严重天气灾害。在 973 计划项目、国家重点研发计划项目课题、国家自然科学基金委重点项目、中国科学院前沿科学重点研究计划等支持下，针对雷电探测手段匮乏、灾害机理认识不清等雷电研究领域亟须解决的关键科学技术问题，坚持自主创新，突破雷电直接测量和近距离强电磁辐射探测技术等瓶颈，发展完善了人工引发雷电实验和雷击灾害防护测试平台，研制了多频段高时空分辨率雷电综合探测技术，建立了华北地区高精度雷电三维定位网，取得了雷电发生发展过程特征与物理机制的一系列新认识，为雷电监测预警和防护技术设计研发提供了科学依据。

2. 创新程度、学术水平或科技进步

建立了集光学、甚低频—甚高频和微波电磁场探测及高精度射频动态成像为一体的雷电综合探测技术体系，实现对雷电全过程的高时间分辨率射频成像及全闪三维高精度探测和定位，具备了对雷电从“单点”到“过程”的综合探测能力。发明多传感器电磁耦合装置，构建分布式站网，有效解决电磁环境干扰问题，实现多频段雷电三维定位成像；研发雷电甚高频动态成像干涉仪，突破多通道高速采集连续记录瓶颈，先于国际同行发展基于广义互相关时延估计的高精度定位算法，实现 10 m^3 量级精度雷电辐射源定位；发明国内首台四频段雷电微波辐射探测系统，优于国外单一频段测量技术；发明雷电高速光度计，引入光纤传光束、雪崩光电二极管阵列等实现同时对雷电先导和回击过程的 10 ns 超高时间分辨率探测；自主研发引雷火箭，形成集引雷火箭、发控系统、综合测量和防雷测试等为一体的人工引雷实验平台，化“随机”为“可控”，构建了定量研究雷电过程、精准获取雷电关键参数、客观测试和评估防雷技术的综合能力。

利用自主发展的雷电探测新技术和平台，开展外场综合观测实验，研究构建了涵盖雷电宏、微观物理过程的综合理论体系。揭示正先导的不连续传输特征，更新了国际上关于正先导连续传输的传统认识；发现在持续延伸的正极性雷电通道周围激发的悬浮双向先导过程、沿已电离负极性雷电通道发展的双向先导过程；在国际上首次获得雷电连接过程最后一跳的连续帧光学图像及同步电磁场波形，揭示相互靠近的正、负先导头部之间的公共流光区特征；澄清 2 个或多个击地点的雷电物理过程及形成机制；研究揭示飑线、超级单体等强对流雷暴中的闪电活动特征及对应的云内电荷结构，发展了调整云微物理过程和动力过程的闪电资料同化新方案；获得我国首例红色精灵、巨大喷流等中高层大气放电事件图像，揭示它们的母体闪电及雷暴特征；首次获得赤道地区地源伽马射线闪母体雷电的低频磁场信号特征，给出迄今为止距离其卫星观测最为接近的雷电电磁辐射特征。

3. 成果产生的影响或转化应用绩效和贡献

研究成果在国际上有重要学术影响，1 篇论文被 GRL 期刊选为亮点文章，并被美国科学促进会（AAAS）、*Science News* 等科学机构和媒体报道，1 篇入选 ESI 高被引论文；成果被相关国际学术专著、国际标准工具书等收录；7 人次受邀在国际学术会议上做特邀报告，2 名年轻人在国际学术会议上获奖。研究成果也为我国在国际大气电学领域争得了话语权，郄秀书 2017 年组织召开首届雷电物理和气象学国际研讨会，2019 年开始担任国际大气电学委员会主席，受邀担任 *Journal of Geophysical Research: Atmospheres* 的主编（中国首个，2022 年始）和 *Atmospheric Research* 的副主编（2011 年始）。

研究成果在国防、气象、电力、通信等多个领域得到应用，为国防发展规划制定提供了科学依据，并在雷电电磁脉冲模拟、星载设备探测能力评估、抗辐射加固能力验证等方面发挥重要作用；研究成果为气象行业强对流及雷电监测预警提供关键支撑，为电力和通信行业雷电防护技术的性能评估和升级改进、雷电防护标准制定等提供了重要基础数据和理论基础。研究过程中进行了多种形式的科普宣传，在弘扬科学精神、提高公众雷电防护意识和科学认知水平方面产生了积极的社会影响。

6.6 天气雷达标准输出控制器

6.6.1 基本信息

完成单位：中国气象局气象探测中心

完成人：邵楠、王箫鹏、刘洁、陈玉宝、李斐斐

6.6.2 成果简介

1. 成果综述

2016 年，中国气象局在全国范围内开展新一代天气雷达质量专项治理工作。探测中心按照质量整改工作要求，针对我国业务运行的天气雷达设备端在线监测标准不统一、监测功能不完善、远程控制隐患大、智能化程度低等不足开展了关键技术攻关，研制并批量业务应用了天气雷达标准输出控制器。成果研发了基于模糊理论和层次分析法的新一代天气雷达健康指数评价算法，实时分析雷达健康状况，实现在线对雷达适配参数变更、业务定标等业务过程的监控、分析评估，并对监测数据、智能分析结果友好展示；首次集成了安全、标准化的雷达远程分级控制、一键开关机及完善的附属设备控制，满足了无人值守运行需求，降低了雷达操作技术门槛，提高雷达稳定运行性。

2. 创新程度、学术水平或科技进步

标准输出控制器统一了不同型号雷达的监测标准，在气象部门首次引入了装备健康管理技术，基于控制器得到的丰富的雷达关键部件及实时监测、业务过程等数据为更新迭代天气雷达设备健康管理技术应用奠定了基础，同时各级管理人员改进雷达业务提供数据支撑，大幅提升了天气雷达设备保障水平和观测数据的可靠性。

（1）气象部门率先提出并应用雷达故障预测与健康管理。基于层次分析法建立了天气雷达设备健康指数的层次评估体系，并针对评估体系中雷达的关键指标设计对应的模糊隶属度函数完成其健康指数评估，最终采用模糊评价方法完成新一代天气雷达系统关键指标、分机和设备整体健康指数的评估。健康指数评价方法能够有效地在线反映天气雷达系统设备的运行状况，识别雷达系统、各分机和关键指标的性能差异及变化态势，大幅提升了气象部门智能化应用水平，为雷达维护、维修、性能优化等提供决策依据。

（2）统一雷达各项在线监测标准并可视化显示。将CINRAD/SA等7种型号雷达关键参数统一为5类67项（静态参数、定时标定参数、实时标定参数等），在线监测点均增加2倍以上；统一了5项业务过程内容，包括强度定标、动态范围测试、太阳法检查等；统一了分析算法模型和报警门限设置。同时雷达监控参数、业务过程等一目了然，监测数据和分析结果一键导出。

（3）设计安全、标准化的雷达及附属设备远控流程。制定了安全的远程开关机和一键开关机流程，雷达“一键开关机”功能属于气象部门首创，模式切换、故障复位、程序重启、在线标定测试等均能远程实现，对雷达机房和天线罩运行环境及附属设备状态参数能够在线采集、显示并记录上传、超限报警，满足了无人值守运行要求。

3. 成果产生的影响或转化应用绩效和贡献

自2018年9月13日首台控制器在江西吉安首次正式投入运行以来，截至2022年4月底，共完成158部的业务应用，覆盖我国组网全部7种型号雷达。控制器能够自动、及时发现雷达设备及附属设备问题并通知维保人员，约35%的雷达故障可通过控制器远程解决，雷达维保效率提高约67%，推动雷达维保由事后维修和定时维护逐渐向基于状态维修转变。

据统计，2020年1月至2021年12月，及时发现了雷达关键参数跳变171次、环境温湿度超限350次、严重警告78次、UPS故障8次等；台站人员利用控制器远程开关空调9346次、远程开关雷达852次，台站人员利用控制器的远程控制功能及时采取措施消除故障隐患，及时对雷达进行维护，保障雷达运行状态稳定。

2019年起，控制器的相关技术先后被拓展应用到风廓线雷达、气溶胶激光雷达、云雷达等气象雷达和地面自动站等业务观测设备，有力推动了气象部门整个观测系统监测标准的完善、设备的智能化升级及保障效率的提升。同时，控制器监测到的海量关键数据目前已被应用到国省在线性能分析平台，为整个气象观测业务的管理和改进提供了重要支撑。

6.7 天气雷达拼图系统

6.7.1 基本信息

完成单位：中国气象局气象探测中心

完成人：梁海河、邵楠、吴蕾、杨洪平、张乐坚、文浩、李瑞义、张林、古庆同、杨金红、杨馨蕊、胡媗、柳云雷、姚聃、孟昭林

6.7.2 成果简介

1. 成果综述

我国自 1999 年开展新一代天气雷达建设，至 2015 年已业务布网雷达 180 余部，但雷达资料的应用仅限于台站级产品，未能有效综合利用多部天气雷达观测信息，制约气象预报和服务能力的提升。中国气象局气象探测中心依托于雷达工程等项目，逐步开展天气雷达资料应用能力建设，通过组网拼图技术、质量控制技术和质量评估技术的研发应用，发现和解决了中国实时业务天气雷达资料组网拼图应用中的诸多隐蔽性、制约性问题，形成了分钟级实时共享多类精细化格点的全国天气雷达拼图系统与拼图产品，大大提升了雷达资料分析应用效益与同化应用效果，切实促进了天气雷达资料在我国气象业务和科技创新研究中的应用。

2. 创新程度、学术水平或科技进步

中国气象局气象探测中心以国家需求为引领，以“监测精密、预报精准、服务精细”为驱动，跟踪国际发展前沿，多年来在天气雷达数据质量控制、产品生成等关键技术研究方面取得了长足进步，建立了与国际现阶段水平相当的天气雷达拼图系统。主要成果的技术进展如下。

（1）抓住中国天气雷达资料最为薄弱的环节，自主研发与引进改造相结合，发展了多种和多源观测资料的质量控制、评估技术，形成单站质量控制、组网质量控制、评估检验、诊断勘误全业务质量控制和评估流程。实现对单双偏振天气雷达资料电磁干扰、地物 / 超折射、海浪、噪声 / 孤立点、故障坏图、晴空等非气象回波的剔除以及径向速度模糊扩展，质量控制效果在国内领先，与国际水平相当（准确率为 90% 以上）；实时开展相邻雷达回波均一性检查、数据质量检查等评估技术，为雷达定量应用、标定等业务提供支撑。

（2）深化自主研发的天气雷达组网拼图产品生成技术已集成于业务系统。基于多源观测资料，攻克了天气雷达三维数据格点组网技术，建立回波顶高、液态水含量、三维反射率因子等 6 类基础物理量产品以及降水、冰雹、三维风场等智能化精细化格点监测产品，其中冰雹监测命中率达到 95%，与美国处于同一水平。此种基于精细组网且融合多源数据的产品优于单站产品，突破了单站波束遮挡、扫描盲区以及参数非本地化的技术缺陷，提高了监测的准确性。

（3）基于流数据，针对全国 200 余部天气雷达，构建了“观测、传输、质量控制、加工、发布、应用”的“一站式”模式，研发了分钟级高时效的全网雷达三维组网拼图业务系统，输出产品空间分辨率为 0.01° ×0.01° ，时间分辨率为 6 min，时效最低达 3 min，实现了国、省、市、县雷达回波、风场等三维立方体动态同步监测分析，大大提升了强对流天气监测预警需要。

3. 成果产生的影响或转化应用绩效和贡献

通过研发升级，形成了具有完全自主产权的天气雷达拼图系统，系统自 2016 年业务运行以来，已在全国气象系统范围内以及民航、空军总参等行业外部门推广应用，具有良好的应用成效和广泛的社会服务效益，主要表现如下。

（1）应用效果和社会效益。天气雷达拼图系统（2.0 版）于 2016 年 5 月开展业务运行，天气雷达拼图系统单站、组网数据产品和图片产品传输至国家气象中心、中国气象局公共服务中心等国家业务单位，并通过 CMA CAST 下发各省市业务单位，为强对流天气的监测、预警以及重要活动气象服务保障提供支撑；北京城市气象研究院应用质量控制后基数据、拼图产品开展同化应用，区域降水 TS 评分最高可达 19.9%；国家气象信息中心将拼图产品作为实况降水产品输入数据，有效提高产品精度；中央气象台、中国天气网、民航气象中心预报业务系统等实时展示天气雷达产品，为公众的生活、出行以及航空运输安全保障助力。

（2）专利、论文及标准等实施情况。通过对天气雷达资料质量控制、组网产品和系统建设等关键技术的集中攻关，获得国家专利 3 项、软件著作权 2 项，正在申请专利 1 项；在国内核心期刊等共计发表论文 8 篇；获得气象行业标准 1 项。

6.8 往返式智能探空系统研制及试验

6.8.1 基本信息

完成单位：中国气象局气象探测中心、中国化工株洲橡胶研究设计院有限公司、深圳华大北斗科技股份有限公司、北京华云东方探测技术有限公司、国家气象中心（中央气象台）、上海长望气象科技股份有限公司、北京无线电测量研究所、天津华云天仪特种气象探测技术有限公司、南京大桥机器有限公司、太原无线电一厂有限公司

完成人：曹晓钟、杨荣康、肖迪娥、孙中亮、杜建苹、王金成、郭启云、杨加春、夏元彩、罗皓文、张本志、黄晓杰、黄丹丹、卢轶、梁佳祥

6.8.2 成果简介

1. 成果综述

（1）成果由国家重点研发计划“重大自然灾害监测预警与防范”重点专项项目“往返式智能探空系统研制及试验”支持。（2）首先在湖南长沙进行单点试验，验证原理样机；然后在内蒙古进行小型组网试验解决组网融合等技术问题；最后在长江中下游 6 省进行总时长 13 个月的观测—预报互动组网试验。（3）低成本探空气球预定高度长时平漂和下落控制技术；基于基带射频一体化北斗导航卫星 SoC 芯片及其探空模组的精确定位和探空仪集成化技术；适应上升—平漂—下降三阶段温度、湿度和风的测量技术及观测方法；高并发时分、频分自适应广域地—空物联网构建与智能化管理应用技术；往返式智能探空组网观测资料的四维变分同化技术和精细化天气分析技术。

2. 创新程度、学术水平或科技进步

（1）业务模式国际首创，在 WMO 起到引领示范作用。往返式智能探空系统基于北斗卫星导航定位测风体制，将传统的单纯气象气球上升阶段观测，变为上升—平漂—下降三阶段观测。采用地—空物联网技术，由单站接收数据定时发报应用转为智能化多站接收处理实时应用系统。以较低成本实现高空资料在时间、空间上的加密，增强了对中、小尺度天气系统的捕获能力，提高了以探空为基准的天—地—空基遥感观测布局、校准、检验和数据融合等业务的应用水平，为气象预警、人工影响天气等社会服务提供更好的基础支撑，并进一步提升我国气象防灾减灾的综合能力。

（2）业务推广前景巨大。往返式智能探空系统实现了由传统单站、定时探空观测向基于地—空物联网的“云 + 端”探空观测的变革，解决了低成本探空观测的时空加密需求，并且能够高水平地自动化、智能化运行，具有较好的应用推广前景。未来业务化后，将显著减少探空观测的运行保障人力和资金投入，实现最经济的成本达到探测目标效益最大化；该系统单次观测的成本仅为传统模式的 1.5 倍，但同时增加了 1 条下降段廓线和 4 h 平流层平漂探空资料；该系统在时间、空间上的延伸优势，可有效解决现有探空站网分布不均和观测能力偏弱的不足，更好地发挥探空观测全网效能。

（3）突破关键瓶颈，多项新技术得到应用。成果发表科技论文 29 篇，其中 SCI 论文 2 篇、EI 论文 4 篇，出版专著 3 部；申请专利 47 项，其中发明专利 26 项，获得软件著作权 17 项；完成各类功能规格需求书 9 项，其中已发布 4 项，通过专家评审 5 项，完成规范标准 2 项。一举突破低成本、抗老化平漂零压气球，多通道、远距离双向通信接收设备，高精度气象专用北斗导航 SoC 芯片等 8 项探空装备关键技术瓶颈，解决探空业务中的基础性、关键性技术问题，研究建立了相应的探空观测方法和标准规范，实现了往返式智能探空系统的原型设计和试验验证，突破的部分创新技术具备全球领跑能力。

3. 成果产生的影响或转化应用绩效和贡献

（1）资料高效应用，开创观测预报互动新模式。2018 年以来，往返式智能探空系统在湖北、湖南、江西和安徽 4 省超过 60 万 km^2 区域内开展了 2800 多次组网试验，研制了用于天气预报、数值预报的高质量数据集，质量控制后数据可用率达 85% 以上，风、湿度和高度测量结果对标世界气象组织（WMO）探空天气观测的最高目标，资料同化后风的分析场标准差减小约 1%。数据集在 GRAPES 区域高分辨率模式中同化，能够明显提高除 08 时和 20 时以外其他时刻起报的降水预报技巧。数据集在天气分析及天气环境演变监测、强对流天气预报预警中得到了应用。同时，研究建立了基于高分辨率数值天气模式的往返式探空轨迹预测、仿真和路径选择系统，并基于数值预报技术提出了往返式智能探空站网科学布局方案，为往返式智能探空进行目标观测和大规模组网布局提供决策依据。

（2）基于新型装备、智能化设计和观测方法研究成果，提出下一代探空和无人驾驶航空平台气象观测系统建设方案，用于中国气象局与国家发展改革委联合印发的《综合气象观测业务发展“十四五”规划》、“生态保护和修复支撑体系重大工程”及“自然灾害防治气象监测预警支撑保障工程”等工程化应用。

6.9 新一代天气雷达关键技术升级与应用

6.9.1 基本信息

完成单位：北京敏视达雷达有限公司

完成人：吴艳锋、刘强、张持岸、虞海峰、孙召平、崔劼、李佳、王京、张垚、郭志勇、刘杨、温俊、杜云东、郭佳、王晓科、张亚斌、王砚舟、马文明、王栋、孙剑、郭树坤、余洋、赵治卫、刘鹏

6.9.2 成果简介

1. 成果综述

成果面向灾害性天气频发的形势下对新一代天气雷达关键技术升级的迫切需求，在公益性行业（气象）科研专项“新一代天气雷达升级主要技术研究（GYHY200906034）”和“双线偏振技术业务化应用研究（GYHY201306075）”支撑计划基础上，对标关键技术升级改进、双偏振信号处理、探测时空分辨率和应用产品等方面制约应用效益的问题，从核心器件、指标、算法和功能等方面进行技术创新，在提升我国业务天气雷达技术性能、数据质量和可靠性等方面形成了具有自主知识产权和国际先进性的一系列新技术、新方法、新产品和新应用，以满足更高数据质量、更加精细化的观测服务要求，为提高灾害天气的监测和预警能力提供了有力的技术支撑。

2. 创新程度、学术水平或科技进步

（1）新型双偏振数字中频和信号处理系统。研制出通用化、标准化、高性能、多通道的双偏振数字中频和信号处理系统，性能达到国际先进水平。其中动态范围由 85 dB 提高到 120 dB，地物抑制能力从 50 dB 提高到 60 dB 以上，雷达最大不模糊速度从 27 m/s 提高到 65 m/s 以上，速度探测范围从 148 km 提高到 230 km。在国内率先研制出面向业务应用的双偏振天气雷达气象产品算法软件，包括 4 类气象算法，新增 8 种气象产品，为天气雷达资料的业务应用提供了有力支撑。

（2）快速和精细化探测技术。研制并试验了快速和精细化探测技术，通过局部模块升级和算法改进，充分挖掘现有技术体制的潜力，能够在不降低观测数据质量和精度的前提下，快速、低成本、高可靠地将雷达探测的时空分辨率从 6 min 周期、1.0° ×250 m 分辨率提高到 3 min 周期、0.5° ×62.5 m 分辨率，实现对快速移动的小尺度天气目标进行快速精细化扫描。

（3）系统相位噪声。相位噪声是直接影响天气雷达信号质量的关键指标。项目采用3项创新技术，将指标由0.15° 提高到0.06° ，优于现行国际标准的0.10° ，成果达到了国际领先水平。首先，射频信号源改进电路设计，使用稳定性更高的恒温晶振和分频、变频技术，使射频信号的相位噪声减小8 dB。其次，采用超低抖动的时钟电路设计方案，使时钟信号抖动小于0.6 ps。最后，对发射脉冲信号的相位进行实时订正，使相位噪声改进5 dB。

（4）在线和离线标定方法。研制开发了一系列自动在线与机外离线相结合的标定方法。其中双线偏振雷达全接收链路标定方法，通过新增标定信号源，对双偏振雷达全接收链路进行在线标定和离线检查，将标定间隔由6 min缩短到30 s。利用太阳射电源法标定回波强度，实现多个雷达同源标定，提高了雷达反射率强度的一致性，差异从3 dB缩小到2 dB以内。这些标定方法及成果达到国内领先水平，广泛应用于业务雷达的测试和标定。

3. 成果产生的影响或转化应用绩效和贡献

截至目前，成果已应用于85部S波段和C波段双线偏振雷达系统，其中8部S波段雷达完成精细化升级并投入业务运行。运行结果表明，雷达系统在软硬件稳定性、产品数据质量和易用性等方面都有很大提高，在强台风和冰雹等灾害性天气监测和预警中发挥了重要作用。标准化数字中频信号处理集成度高，既节约了成本又提高了可靠性。双线偏振雷达机内自动在线标定、机外全雷达标定标校系统已经在全国双线偏振雷达站点投入使用，具有标定数据准确、误差小、工程上易于实现等优点。通过多年跟踪运行情况看，对比分析机内、机外在线自动实时标定数据和雷达实际产品质量，整个雷达系统运行稳定，能够满足业务运行的需求。双线偏振二次气象产品软件包已运行在广东、福建、浙江等省的双线偏振新一代天气雷达系统，生成的多种双线偏振气象产品已经应用在天气形势分析和气象预警预报服务中。精细化探测技术升级的雷达系统已经在浙江省和湖南省气象业务观测中提供了更精细的探测数据，为定量降水估测和精细预报提供了有力支撑。

上述技术成果将应用于中国新一代天气雷达网的技术升级和建设中，并有望在“十四五”期间全面推广，将科技成果转化为生产力，为推进气象事业高质量发展贡献力量。

6.10 综合气象观测实时业务系统（天衡天衍）

6.10.1 基本信息

完成单位：中国气象局气象探测中心

完成人：李良序、梁海河、邵楠、赵培涛、郭建侠、秦世广、李翠娜、吴蕾、施丽娟、李巍、张乐坚、徐鸣一、崔喜爱、李雁、王佳、康家琦、高岑、林雪娇、李瑞义、杨金红、杨馨蕊、张林、石城、高杰、赵晨曦、石锐、郭亚田

6.10.2 成果简介

1. 成果综述

围绕“精密监测”和“精准服务”目标，依托工程项目中国气象局气象探测中心自主设计和创新研发了综合气象观测实时业务系统（天衡天衍），打造出集装备运行—质量控制—产品应用等功能为一体的实时业务系统，实现天气雷达、地面、高空等 8 大类观测装备运行和数据质量实时监视及评估，观测实况监测产品实时加工处理和分析，突出“装备运行一张图”“数据质量一张表”“异常问题一张单”“气象要素一张网”“天气现象一张画”等多种展现形式。

2017 年以来，系统分步开展全国推广应用和业务运行，在观测业务运行、重要天气保障和重大活动服务中发挥了重要作用，产生了重要的业务效益和社会经济效益，成为观测业务系统中一个“创新品牌”。

2. 创新程度、学术水平或科技进步

天衡天衍系统以质量管理为理念、数据为核心、创新为驱动、高质量发展为目标，应用“气象云”“大数据”“机器学习”等新兴技术，采用一级部署多级应用架构，解决了长期以来观测业务系统林立、管理分散、标准不一等发展瓶颈问题。系统基于统一的观测元数据和装备编码，形成集元数据—运行监控—维护维修—在线支持—仓储供应—计量检定—探测环境直报等业务环节流程化操作和信息化管理，通过一致性、准确性、流程控制等管理方法，实现观测元数据准确管理和权威发布，运行保障业务环节高效联动，为国、省、市、县业务应用和业务管理信息化提供支撑。系统采用先进质量控制技术和智能化诊断勘误技术，实现 8 大类观测数据质量控制全覆盖及质量控制结果由幕后到台

前的直观显示，应用多源观测检验技术和客观定量指标体系实现观测数据质量评估，为产品应用和数据同化提供保障。系统构建“二五六”观测产品体系，实现“霾云雾霜冰、雹暴雷电雪”等现象汇集，“温压湿风雨”等气象要素站点、格点、三维无缝展示，实现数字大气精准刻画，为监测预警和公众服务提供了准确数据产品支撑。天衡天衍系统内部数据和用户统一，高效集约，分系统功能各具特色又互为支撑，装备运行为数据质量控制提供权威元数据和运行信息，是数据实时质量控制的重要参考依据，数据质量控制为观测产品制作提供高质量数据服务同时也提供装备故障隐患和维修指导，产品系统面向用户提供观测产品服务并通过用户反馈对实时业务系统提出改进意见，形成闭环管理和良性发展，成为全国气象观测实时业务核心支撑系统。天衡天衍系统建设和运行过程，共发表科技论文 9 篇（其中 EI/SCI 共 2 篇），申获专利、软件著作权等知识产权 39 项，其中发明专利 13 项，外观专利 6 项，软件著作权 14 项，形成行业标准 3 个，出版著作 3 本。系统 2019 年获中国气象局气象服务技术创新奖三等奖。

3. 成果产生的影响或转化应用绩效和贡献

2017 年天衡天衍系统开展国家级及试点省应用，2021 年 1 月 1 日全国业务运行。目前系统成为国、省、市、县日常观测业务操作平台，管理气象观测元数据 7 万余站，运行保障业务记录超 100 万条；建立观测数据质量周报业务，有效推进观测元数据和观测数据质量提升，天气雷达、地面和高空数据正确率提升 5.3%、1.6% 和 10.0%。强对流、台风、寒潮等监测产品在会商中应用获好评，精细化产品和定制化产品在中华人民共和国成立 70 周年、中国共产党成立 100 周年、北京 2022 年冬奥会和冬残奥等重大气象保障活动展现出优异成绩。

中央电视台、气象频道等视频媒体、中国天气中国气象局官方微博等融媒体多次使用系统产品进行天气过程报道和科普宣传，《中国气象报》多次刊发系统应用相关报道。2017 年以来，各类媒体报道近百次。以观测业务系统发展为背景的“三代业务平台的变迁”在“致敬建党百年气象人讲气象故事”短视频展播中获“杰出作品奖”。

系统在气象、民航、通信等行业领域科技服务应用中产生较大影响。2021 年，首次完成北京市技术合同认定登记，打通科技服务到成果转化的壁垒，成果年转化 230 万元。先后与华风集团、中国民用航空局、湖南省气象局等单位签订产品技术服务合同，科技服务年收入突破 400 万元。

6.11 综合气象观测智能分析判识系统研制与应用

6.11.1 基本信息

完成单位：湖南省气象台、中国人民解放军国防科技大学气象海洋学院、湖南省气象科学研究所

完成人：叶成志、李昀英、刘炼烨、傅承浩、蔡荣辉、欧小锋、王青霞、华连生、杨有林、陈龙、姚蓉、徐靖宇、刘金卿、黄小玉、尹忠海

6.11.2 成果简介

1. 成果综述

本成果由 2018 年中国气象局小型业务建设项目“综合气象观测智能分析判识系统建设”、2013 年公益性行业（气象）科研专项“云状自动识别技术研究”等 5 个项目支撑，总经费 985 万元。针对 2014 年全国地面气象观测业务调整以来夜间人工观测资料缺失的问题，应用云大物联智等信息技术手段，综合天基、地基自动观测数据，对比人工观测，构建了物理意义明确、综合考虑区域特点、智能化的云和多种天气现象智能判识模型，建立了基于国家级气象大数据云平台的综合气象观测智能分析判识系统。生成的高时空分辨率、全天候、标准化的综合判识产品于 2020 年 4 月开始在全国气象部门业务应用，在科研和业务的有机衔接方面起到了引领及示范作用。

2. 创新程度、学术水平或科技进步

本成果创新程度主要体现在 7 个方面：

（1）结合天基和地基自动观测仪器的特点，提出了地基观测—卫星观测—数值预报模式统一的云分类体系。

（2）将描述湍流相似性结构的方法用于描述云图的多尺度自相似特性，提取了云的湍流结构特征，建立了基于卫星和地基联合流形特征和统计特征的云状自动识别算法。

（3）利用相关系数、台站高度、缺测限定筛选建模因子、K 均值聚类站点区域划分等方法，采用 Sigmoid 函数对高空、地面要素的线性回归结果进行二分类处理，建立基于站点的雨凇、雾凇逻辑回归判识模型。

（4）采用 Softmax 函数处理高空、地面要素的多元分类线性回归结果，利用逻辑回归算法对云

量、云高建模的同时，采用分站点实时滑动回归订正和选择性订正提高判识效果。

（5）首次建立基于台站的云量、云状、露、霜、雨凇、雾凇等14种气象观测要素标准图片库，并使用机器自动预分类和专家定点干预的半监督智能标注算法高效构建可验证的数据集。

（6）采用深度学习与图像识别技术，首次构建基于图像、时空序列信息和气象要素信息的云与多种天气现象多源融合AI识别算法模型。

（7）自主研发"综合气象观测智能分析判识系统"，完成判识产品在国家级气象大数据云平台上的部署和升级，在MICAPS系统中实现国家、省、市、县四级实时获取，全流程覆盖观测数据生成、判识、应用各个环节。

成果先后获实用新型专利3项、软件著作权7项、气象科技成果登记1项、湖南省气象科技成果转化奖一等奖1项，牵头撰写了气象业务规范中的重要章节，发表相关学术论文18篇，其中SCI或EI收录4篇、一级核心刊物7篇、二级核心刊物3篇，并获中国气象局创新工作奖2次、全国气象工作先进集体1次、全国气象科技活动周优秀展项2次、中国技术市场协会金桥奖优秀项目奖1次。对云分类和云状识别的研究成果经江苏省科技查新咨询中心查新，结论为国内外首创；中国气象局综合观测司证明本成果在气象部门的应用为国内首创。

3. 成果产生的影响或转化应用绩效和贡献

（1）支撑我国地面气象观测自动化改革发展。2020年3月，中国气象局下发了《中国气象局关于全国地面气象观测自动化改革正式业务运行的通知》（中气函〔2020〕42号），明确于2020年4月1日起，总云量、云高、露、霜、结冰、雷暴、雨凇、雾凇、积雪等项目由国家级业务单位采用自动综合判识开展观测。

（2）更好满足预报服务业务需求。基于本成果，建立了基于国家级气象大数据云平台的综合气象观测智能分析判识系统，国、省、市、县四级业务单位均能实时获取综合判识产品数据，对进一步提高全要素、全过程、全覆盖的精细化气象预报与服务能力，推动网格预报、智慧气象的发展具有重要的现实意义。总云量判识产品在春播春种、小春作物收晒和夏种等农事预报服务以及电力专业气象服务中取得了良好效益。

（3）助推观测业务和观测员转型发展。据中国气象局综合观测司评估测算，实现地面观测自动化后，台站观测业务人员工作量大幅减轻，投入地面观测业务的工作量下降60%，有助于统筹省、市、县三级地面气象观测业务布局和任务分工，以业务转型推动观测员转型，为强化基层台站预报预警服务、气象防灾减灾救灾、生态文明建设和乡村振兴战略气象保障服务等工作职能提供支撑。

附　录

国务院办公厅关于完善科技成果评价机制的指导意见

国办发〔2021〕26号

各省、自治区、直辖市人民政府，国务院各部委、各直属机构：

为健全完善科技成果评价体系，更好发挥科技成果评价作用，促进科技与经济社会发展更加紧密结合，加快推动科技成果转化为现实生产力，经国务院同意，现提出如下意见。

一、总体要求

（一）指导思想。以习近平新时代中国特色社会主义思想为指导，深入贯彻党的十九大和十九届二中、三中、四中、五中全会精神，深入实施创新驱动发展战略，深化科技体制改革，坚持正确的科技成果评价导向，创新科技成果评价方式，通过评价激发科技人员积极性，推动产出高质量成果、营造良好创新生态，促进创新链、产业链、价值链深度融合，为构建新发展格局和实现高质量发展提供有力支撑。

（二）基本原则。

坚持科技创新质量、绩效、贡献为核心的评价导向。充分发挥科技成果评价的“指挥棒”作用，全面准确反映成果创新水平、转化应用绩效和对经济社会发展的实际贡献，着力强化成果高质量供给与转化应用。

坚持科学分类、多维度评价。针对科技成果具有多元价值的特点，科学确定评价标准，开展多层次差别化评价，提高成果评价的标准化、规范化水平，解决分类评价体系不健全以及评价指标单一化、标准定量化、结果功利化的问题。

坚持正确处理政府和市场关系。充分发挥市场在资源配置中的决定性作用，更好发挥政府作用，引入第三方评价，加快技术市场建设，加快构建政府、社会组织、企业、投融资机构等共同参与的多元评价体系，充分调动各类评价主体的积极性，营造成果评价的良好创新生态。

坚持尊重科技创新规律。把握科研渐进性和成果阶段性的特点，创新成果评价方式方法，加强中长期评价、后评价和成果回溯，引导科研人员潜心研究、探索创新，推动科技成果价值早发现、早实现。

二、主要工作措施

（一）全面准确评价科技成果的科学、技术、经济、社会、文化价值。根据科技成果不同特点和评价目的，有针对性地评价科技成果的多元价值。科学价值重点评价在新发现、新原理、新方法方面的独创性贡献。技术价值重点评价重大技术发明，突出在解决产业关键共性技术问题、企业重大技术创新难题，特别是关键核心技术问题方面的成效。经济价值重点评价推广前景、预期效益、潜在风险等对经济和产业发展的影响。社会价值重点评价在解决人民健康、国防与公共安全、生态环境等重大瓶颈问题方面的成效。文化价值重点评价在倡导科学家精神、营造创新文化、弘扬社会主义核心价值观等方面的影响和贡献。

（二）健全完善科技成果分类评价体系。基础研究成果以同行评议为主，鼓励国际“小同行”评议，推行代表作制度，实行定量评价与定性评价相结合。应用研究成果以行业用户和社会评价为主，注重高质量知识产权产出，把新技术、新材料、新工艺、新产品、新设备样机性能等作为主要评价指标。不涉及军工、国防等敏感领域的技术开发和产业化成果，以用户评价、市场检验和第三方评价为主，把技术交易合同金额、市场估值、市场占有率、重大工程或重点企业应用情况等作为主要评价指标。探索建立重大成果研发过程回溯和阶段性评估机制，加强成果真实性和可靠性验证，合理评价成果研发过程性贡献。

（三）加快推进国家科技项目成果评价改革。按照“四个面向”要求深入推进科研管理改革试点，抓紧建立科技计划成果后评估制度。建设完善国家科技成果项目库，根据不同应用需求制定科技成果推广清单，推动财政性资金支持形成的非涉密科技成果信息按规定公开。改革国防科技成果评价制度，探索多主体参与评价的办法。完善高等院校、科研机构职务科技成果披露制度。建立健全重大项目知识产权管理流程，建立专利申请前评估制度，加大高质量专利转化应用绩效的评价权重，把企业专利战略布局纳入评价范围，杜绝简单以申请量、授权量为评价指标。

（四）大力发展科技成果市场化评价。健全协议定价、挂牌交易、拍卖、资产评估等多元化科技成果市场交易定价模式，加快建设现代化高水平技术交易市场。推动建立全国性知识产权和科技成果产权交易中心，完善技术要素交易与监管体系，支持高等院校、科研机构和企业科技成果进场交易，鼓励一定时期内未转化的财政性资金支持形成的成果进场集中发布信息并推动转化。建立全国技术交易信息发布机制，依法推动技术交易、科技成果、技术合同登记等信息数据互联互通。鼓励技术转移机构专业化、市场化、规范化发展，建立以技术经理人为主体的评价人员培养机制，鼓励技术转移机构和技术经理人全程参与发明披露、评估、对接谈判，面向市场开展科技成果专业化评价活动。提升国家科技成果转移转化示范区建设水平，发挥其在科技成果评价与转化中的先行先试作用。

（五）充分发挥金融投资在科技成果评价中的作用。完善科技成果评价与金融机构、投资公司的联动机制，引导相关金融机构、投资公司对科技成果潜在经济价值、市场估值、发展前景等进行商业化评价，通过在国家高新技术产业开发区设立分支机构、优化信用评价模型等，加大对科技成果转化和产业化的投融资支持。推广知识价值信用贷款模式，扩大知识产权质押融资规模。在知识产权已确权并能产生稳定现金流的前提下，规范探索知识产权证券化。加快推进国家科技成果转化引导基金管理改革，引导企业家、天使投资人、创业投资机构、专业化技术转移机构等各类市场主体提早介入研发活动。

（六）引导规范科技成果第三方评价。发挥行业协会、学会、研究会、专业化评估机构等在科技成果评价中的作用，强化自律管理，健全利益关联回避制度，促进市场评价活动规范发展。制定科技成果评价通用准则，细化具体领域评价技术标准和规范。建立健全科技成果第三方评价机构行业标准，明确资质、专业水平等要求，完善相关管理制度、标准规范及质量控制体系。形成并推广科技成果创新性、成熟度评价指标和方法。鼓励部门、地方、行业建立科技成果评价信息服务平台，发布成果评价政策、标准规范、方法工具和机构人员等信息，提高评价活动的公开透明度。推进评价诚信体系和制度建设，将科技成果评价失信行为纳入科研诚信管理信息系统，对在评价中弄虚作假、协助他人骗取评价、搞利益输送等违法违规行为“零容忍”、从严惩处，依法依规追究责任，优化科技成果评价行业生态。

（七）改革完善科技成果奖励体系。坚持公正性、荣誉性，重在奖励真正作出创造性贡献的科学家和一线科技人员，控制奖励数量，提升奖励质量。调整国家科技奖评奖周期。完善奖励提名制，规范提名制度、机制、流程，坚决排除人情、关系、利益等小圈子干扰，减轻科研人员负担。优化科技奖励项目，科学定位国家科技奖和省部级科技奖、社会力量设奖，构建结构合理、导向鲜明的中国特色科技奖励体系。强化国家科技奖励与国家重大战略需求的紧密结合，加大对基础研究和应用基础研究成果的奖励力度。培育高水平的社会力量科技奖励品牌，政府加强事中事后监督，提高科技奖励整体水平。

（八）坚决破解科技成果评价中的“唯论文、唯职称、唯学历、唯奖项”问题。全面纠正科技成果评价中单纯重数量指标、轻质量贡献等不良倾向，鼓励广大科技工作者把论文写在祖国大地上。以破除“唯论文”和“SCI 至上”为突破口，不把论文数量、代表作数量、影响因子作为唯一的量化考核评价指标。对具有重大学术影响、取得显著应用效果、为经济社会发展和国家安全作出突出贡献等高质量成果，提高其考核评价权重，具体由相关科技评价组织管理单位（机构）根据实际情况确定。不得把成果完成人的职称、学历、头衔、获奖情况、行政职务、承担科研项目数量等作为科技成果评价、科研项目绩效评价和人才计划评审的参考依据。科学确定个人、团队和单位在科技成果产出中的贡献，坚决扭转过分重排名、争排名的不良倾向。

（九）创新科技成果评价工具和模式。加强科技成果评价理论和方法研究，利用大数据、人工智能等技术手段，开发信息化评价工具，综合运用概念验证、技术预测、创新大赛、知识产权评估以及扶优式评审等方式，推广标准化评价。充分利用各类信息资源，建设跨行业、跨部门、跨地区的科技成果库、需求库、案例库和评价工具方法库。发布新应用场景目录，实施重大科技成果产业化应用示范工程，在重大项目和重点任务实施中运用评价结果。

（十）完善科技成果评价激励和免责机制。把科技成果转化绩效作为核心要求，纳入高等院校、科研机构、国有企业创新能力评价，细化完善有利于转化的职务科技成果评估政策，激发科研人员创新与转化的活力。健全科技成果转化有关资产评估管理机制，明确国有无形资产管理的边界和红线，优化科技成果转化管理流程。开展科技成果转化尽责担当行动，鼓励高等院校、科研机构、国有企业建立成果评价与转化行为负面清单，完善尽职免责规范和细则。推动成果转化相关人员按照法律法规、规章制度履职尽责，落实“三个区分开来”要求，依法依规一事一议确定相关人员的决策责任，坚决查处腐败问题。

三、组织实施

（一）加强统筹协调。科技部要发挥主责作用，牵头做好科技成果评价改革的组织实施、统筹指导与监督评估，教育部、中科院、工程院、中国科协等相关单位要积极主动协调配合。行业、地方科技管理部门负责本行业本地区成果评价的指导推动、监督服务工作。各有关部门、各地方要在本意见出台半年内完成本行业本地区有关规章制度制修订工作。

（二）开展改革试点。选择不同类型单位和地区开展有针对性的科技成果评价改革试点，探索简便实用的制度、规范和流程，解决改革落地难问题，形成可操作可复制的做法并进行推广。

（三）落实主体责任。科技成果评价实行“谁委托科研任务谁评价”、“谁使用科研成果谁评价”。各科技评价组织管理单位（机构）要切实承担主体责任，对照本意见要求在一年内完成相关科技成果评价标准或管理办法制修订任务，提升专业能力，客观公正开展科技成果评价活动。

（四）营造良好氛围。进一步落实“放管服”改革要求，严格制度执行，注重社会监督，强化评价活动的学术自律和行业自律，坚决反对“为评而评”、滥用评价结果，防止与物质利益过度挂钩，杜绝科技成果评价中急功近利、盲目跟风现象。要加强政策宣传解读，及时总结推广典型经验做法，积极营造良好的评价环境。

国务院办公厅

2021 年 7 月 16 日

（此件公开发布）

中国气象局关于印发《中国气象局气象科技成果评价暂行办法》的通知

各省（区、市）气象局，各直属单位，各内设机构，各有关单位：

为贯彻落实《国务院办公厅关于完善科技成果评价机制的指导意见》和中国气象局党组关于加强气象科技创新工作的有关要求，科学评价气象科技成果的质量、绩效和贡献，发挥科技成果评价在气象科技活动中的指挥棒作用，引导科技人员致力于核心技术突破，促进气象科技创新与气象业务服务紧密结合，提升气象科技成果转化为业务服务的能力，推动气象事业高质量发展，中国气象局组织制定了《中国气象局气象科技成果评价暂行办法》，并经局长办公会审议通过，现予以印发，请遵照执行。

2021年12月28日

中国气象局气象科技成果评价暂行办法

第一章 总 则

第一条 为贯彻落实《国务院办公厅关于完善科技成果评价机制的指导意见》(国办发〔2021〕26号)和中国气象局党组关于加强气象科技创新工作的有关要求，科学评价气象科技成果的质量、绩效和贡献，发挥科技成果评价在气象科技活动中的指挥棒作用，引导科技人员致力于核心技术突破，促进气象科技创新与气象业务服务紧密结合，提升气象科技成果转化为业务服务的能力，推动气象事业高质量发展，结合气象工作实际，制定本办法。

第二条 本办法所称的气象科技成果，是指气象领域具有研发实力的单位或科技人员，执行工作任务或主要利用所在单位物质技术条件，通过科学研究或技术开发所产生的具有科学性、创新性、实用性的成果。其中应用和技术开发类科技成果指已试用半年及以上(或已实现业务应用)的科技成果。

第三条 本办法所称的气象科技成果评价是指运用科学的方法和工具，对气象科技成果的科学、技术、经济、社会、文化等价值进行分析判断，全面准确反映其创新水平、转化应用绩效和对经济社会发展的实际贡献，着力强化高质量气象科技成果供给与转化应用的科技成果管理活动。

第四条 气象科技成果评价坚持遵循科技创新规律、分类、分级评价与多维度评价、谁委托科研任务谁评价、谁使用科技成果谁评价的原则。

第五条 本办法适用于气象及相关科技成果的评价工作。

第二章 评价管理

第六条 气象科技成果评价实行分级管理。中国气象局科技主管机构归口管理全国气象部门科技成果评价工作，负责气象行业科技成果评价的指导推动、监督服务工作；各省(区、市)气象局和中国气象局直属单位科技主管机构负责本地区、本单位科技成果评价的组织和管理。各省(区、市)气象局和中国气象局直属单位负责向中国气象局推荐事关气象事业发展核心、重大、关键、共性的科技成果。

第七条 中国气象局一般每年度组织开展一次气象科技成果评价工作。可根据实际工作需要，适时组织开展评价。各省(区、市)气象局和中国气象局直属单位气象科技成果评价根据需要适时开展。

第三章　评价指标和方法

第八条　根据不同类型、不同阶段气象科技成果特点和评价目的，有针对性地对气象科技成果的多元价值开展评价。包括：

（一）科学价值。重点评价成果在新发现、新原理、新方法方面的独创性贡献。

（二）技术价值。重点评价成果的重大技术发明，突出其在解决气象业务服务中的关键、核心、共性问题和重大技术创新难题，特别是解决问题的成效。

（三）经济价值。重点评价成果产生的经济效益、推广前景、预期效益以及潜在风险等。

（四）社会价值。重点评价成果在保障国家重大战略与重点工程、解决公共安全（生态环境、防灾减灾、水资源）和人民健康等重大瓶颈问题方面的成效。

（五）文化价值。重点评价成果在倡导科学家精神、营造气象创新文化、弘扬社会主义核心价值观、加强科学普及等方面的影响和贡献。

第九条　根据气象科技成果不同类型，分类构建气象科技成果评价指标体系，准确评价科技成果的科学、技术、经济、社会和文化等多元价值。科技成果支撑的有代表性的知识产权可作为评价的参考依据。

（一）基础研究成果。采用同行评议方式，评价基础研究成果的科学价值，重点评价其在大气科学和相关领域基础研究中，开拓新领域、提出新观点、构建新理论、作出新验证、取得新进展以及解决本学科或相关学科重要基础科学问题的质量和贡献。

（二）应用研究成果和技术开发成果。采用用户评价方式，评价其技术价值、经济价值、社会价值、文化价值，重点评价其技术水平和转化应用绩效。

技术水平是指：成果产出的新方法、新指标，开发的新系统、新平台，建立的数据集，研发的新仪器、新设备等的创新水平和技术进步。

转化应用绩效是指：成果对制定重大战略规划的支撑作用、对气象业务服务发展的贡献作用、对行业科技进步的推动作用和用户满意度的提升作用等。

面向社会企业使用的应用研究成果和技术开发成果采用企业用户评价或委托第三方机构评价的方式，评价其技术价值、经济价值、社会价值、文化价值，重点评价其技术交易合同金额、市场估值、市场占有率、重大工程或重点企业应用情况等。

第十条　各评价组织方应综合利用大数据、人工智能等技术手段，开发信息化评价工具，运用概念验证、技术预测、知识产权评估等方式，开展智能化、规范化、标准化评价。

第十一条　气象科技成果评价一般采用会议形式评价。视情况也可采用通讯形式评价。

第四章　评价机构

第十二条　气象部门设立的科研项目产出的科技成果评价和气象部门使用的科技成果评价由各级气象科技主管机构代表科研任务委托方和科技成果使用方（用户）组织专家开展评价。

事关气象事业发展核心、关键、重大科技成果或涉及区域乃至全国共性的科技成果由中国气象局气象科技主管机构组织评价。仅在一省（区、市）或一个直属单位有应用价值的科技成果由各省级气象部门或相关直属事业单位科技主管机构组织评价。

第十三条 气象部门以外使用的气象科技成果评价由科技成果使用方组织专家或委托其他评价机构开展评价。开展评价前应将评价方案报送中国气象局气象科技成果评价主管机构接受指导；评价结束后，应将评价结果报中国气象局气象科技成果评价主管机构备案，否则对其评价结果不予认可。

其他评价机构指具备下列条件，并在当地气象科技主管机构备案的行业协会、学会、研究会或专业化评估机构等：

（一）具有独立法人资格的企事业、社团组织等。

（二）具有从事科技评价的专职或兼职工作人员。

（三）熟悉气象科技成果评价政策，有健全的科技成果评价管理制度。

（四）具有从事科技咨询、科技评价等相关工作经历。

第十四条 评价机构及其工作人员，应当严格遵守科学道德和职业规范，保证科技成果评价的严肃性和科学性。

第五章 评价专家

第十五条 气象科技成果评价专家主要由同行专家和用户专家构成。

（一）同行专家。指从事与被评价科技成果一致或相关领域的科学研究或相关工作，熟悉国内外该领域科技发展动态，在该领域具有一定学术影响的专家。

（二）用户专家。指从事业务技术开发、科技成果中试、业务服务、业务管理、政策战略规划设计及产业应用等工作，熟悉被评价科技成果相关领域国内外技术发展状况，具有丰富的业务服务应用实践经验或管理经验的专家。

第十六条 评价专家应当遵守如下行为规范：

（一）提供的评价意见应当清晰、准确地反映被评价科技成果的实际情况，并对所出具的评价意见负责。

（二）维护被评价科技成果所有者的知识产权，保守被评价科技成果的技术秘密。

（三）自觉坚持回避原则，不接受邀请参加与被评价科技成果有利益关系或可能影响公正性的评价。

第十七条 建立气象科技成果评价专家库。气象部门科技成果评价专家库由各级气象科技主管机构负责构建。其他评价机构的专家库可以自行组建，也可以共享气象部门相关专家库。专家库构成应体现与气象相关的跨学科、跨行业、跨部门、互相共享的特点。

第十八条 气象科技成果评价专家库原则上由气象及相关领域具有高级专业技术职称的同行专家和用户专家组成。

第十九条 建立和完善气象科技成果评价专家库动态管理和共享机制，原则上每年更新一次。

第六章　评价程序

第二十条　制订评价工作方案。评价组织方制定评价工作方案，明确评价任务、指标、范围、进度要求等。

第二十一条　发布评价通知。评价组织方发布开展气象科技成果评价工作的通知，明确需提交的评价材料（包括科技成果基本信息、技术报告、产出的知识产权、测试报告、应用情况、绩效情况等）、时间要求等，相关单位按要求组织推荐。

第二十二条　开展评价。评价组织方开展评价工作，包括：

（一）形式审查。对科技成果评价材料进行形式审查，检查评价材料的准确性、完整性，确保评价材料满足评价要求。

（二）组建评价专家委员会。根据评价科技成果类型和专业领域组建评价专家委员会，评价专家委员由评价专家库分类随机抽取产生。评价专家委员会一般应由7名或以上专家构成。

其中：基础研究成果评价的同行专家比例应不少于三分之二；应用研究成果和技术开发成果评价的用户专家比例应不少于三分之二。

（三）召开评价专家委员会会议。评价组织方召开评价专家委员会会议，听取科技成果完成人的汇报、查阅相关科技成果材料，依据评价指标进行评价。

根据评价需要，可组织评价专家现场实地考察。

如果被评价的科技成果数量较多时，可以先根据科技成果类型和专业领域进行分组评价。分组评价完成后，将评价意见提交评价专家委员会进行综合评价。

（四）形成评价意见和结论。评价专家在对每项参评科技成果的科学价值、技术价值、经济价值、社会价值和文化价值等进行综合评判基础上形成每项科技成果的评价意见。

评价专家委员会综合各评价专家意见，以简单多数原则，给出评价结论。评价结论分优秀、良好、一般和较差四种类型。

（五）公示。评价组织方对被评价科技成果的基本信息、评价结论等在相关范围进行为期1周的公示。公示有异议的，由评价组织方会同有关评价专家组织异议相关方进行处理。如发现有弄虚作假、剽窃他人成果等不良现象，以及在评价过程中妨碍评价公平公正的行为，取消该科技成果的参评资格并记录为科研诚信失信行为，具体处理措施依据《科学技术活动违规行为处理暂行规定》（科学技术部令第19号）相关规定执行。

第二十三条　公布评价结果。由科技成果评价组织方负责公布评价结果。

第七章　评价总结

第二十四条　评价总结由科技成果评价组织方负责完成。

第二十五条　评价总结报告应包括评价组织方、评价科技成果基本信息、评价要求、评价过程、评价结论、评价专家委员会组成等说明。

评价科技成果基本信息应包括科技成果主要完成人、完成单位、简要技术说明、主要技术指标、测试情况等。

第八章　评价结果应用

第二十六条　气象科技成果评价是气象科技成果分级登记、科技成果库分级建设的重要依据，评价结果为一般及以上的科技成果，可以在国家及省级气象部门进行科技成果登记，进入科技成果库。

中国气象局科技主管机构、省（市、区）级与直属单位科技主管机构负责分级建立气象科技成果库，并分别负责开发气象科技成果共享应用平台。

第二十七条　气象科技成果评价是科技成果向业务服务转移、转化的重要参考依据，评价结果为良好及以上的科技成果适宜进入业务服务应用。

第二十八条　气象科技成果评价是各级气象部门推荐申报各类科技奖项的重要条件，评价结果为良好及以上的科技成果，可以推荐申报各类科技奖项。

第二十九条　对评价结论为良好及以上的科技成果完成人，同等情况下，在科研项目申报、各类人才推荐等给予优先考虑。

第九章　附　则

第三十条　涉及国家秘密的科技成果评价，依据国家相关规定执行。

第三十一条　各级气象部门开展科技成果评价工作所需经费由各单位统筹解决。其他评价机构开展科技成果评价工作所需经费自行解决。

第三十二条　各省（区、市）气象局和中国气象局直属单位可依据本办法制定本地区、本单位气象科技成果评价实施细则。

第三十三条　本办法印发后，其它文件中相关规定与本办法不一致的，依照本办法规定执行。

第三十四条　本办法由中国气象局科技主管机构负责解释。

第三十五条　本办法自印发之日起试行。